有限元技术及其在油井管工程中的应用

曹银萍 窦益华 著

西北工业大学出版社

【内容简介】 本书共分三篇,11章。第1篇(第1~4章)介绍了有限元法的工作原理,包括有限元法的理论基础、平面问题和空间问题的有限元法求解;第2篇(第5~6章)首先介绍了常用的有限元分析软件——ANSYS,接着以常见结构为例说明了采用 ANSYS 软件进行结构分析的过程,包括 ANSYS 软件的安装、界面、操作说明以及处理平面应力、平面应变、轴对称、梁、桁架、模态、瞬态响应、疲劳等典型问题的步骤;第3篇(第7~11章)结合油田现场,借助 ANSYS 软件分析了油井管工程中常见的强度安全性问题,包括在非均匀地应力作用下套管应力分析、磨损及射孔套管强度分析、振动对管体及油管接头的影响分析。

本书可以作为高校本科生和研究生以及油田科研人员的参考书,亦可供相关工程技术人员参考。

图书在版编目(CIP)数据

有限元技术及其在油井管工程中的应用/曹银萍,窦益华著 . —西安:西北工业大学出版社,2013.8
 ISBN 978-7-5612-3797-7

Ⅰ.①有… Ⅱ.①曹…②窦… Ⅲ.①有限元分析—应用—油管—管道工程 Ⅳ.①TE931

中国版本图书馆 CIP 数据核字(2013)第 207105 号

| 出版发行:西北工业大学出版社
| 通信地址:西安市友谊西路 127 号　　邮编:710072
| 电　　话:(029)88493844　88491757
| 网　　址:www.nwpup.com
| 印 刷 者:兴平市博闻印务有限公司
| 开　　本:787 mm×960 mm　　1/16
| 印　　张:15.5
| 字　　数:324 千字
| 版　　次:2013 年 8 月第 1 版　　2013 年 8 月第 1 次印刷
| 定　　价:42.00 元

前 言

有限元分析方法(简称有限元法)最早应用于航空、航天领域,用来求解线性结构问题。有限元法的核心思想是将结构离散化,将实际结构离散为有限数目的规则单元系统,即将无限自由度的求解问题转化为有限自由度的求解问题,通过建立数学方程获得有限自由度的解,这样可以解决许多采用理论分析无法求解的复杂工程问题。

ANSYS 软件是由美国 ANSYS 公司开发的一套功能强大的有限元通用分析程序,具有强大的前处理、求解和后处理能力,目前广泛应用于航空、航天、汽车、船舶、机械等科学应用领域。ANSYS 把 CAD、CAE、CAM 技术集成于一体,可以满足用户设计、计算、制造全过程的使用要求。

生产过程中,井下套管和油管在一定的载荷作用下工作,不可避免会受到损伤甚至破坏。例如,钻井磨损和完井射孔后,套管强度会有所降低;在交变载荷作用下,油管受到振动载荷作用,一方面会加大管体的工作应力,另一方面会造成螺纹接头的"松扣"现象。这些复杂的工程问题用常规的解析法难以解决,而借助 ANSYS 有限元软件强大的结构分析功能往往使问题迎刃而解。

全书共分三篇,11 章。第 1 篇(第 1~4 章)介绍了有限元法的工作原理,包括有限元法的理论基础、平面问题和空间问题的有限元法求解;第 2 篇(第 5~6 章)首先介绍了常用的有限元分析软件——ANSYS,接着以常见结构为例说明了采用 ANSYS 软件进行结构分析的过程,包括 ANSYS 软件的安装、界面、操作说明以及处理平面应力、平面应变、轴对称、梁、桁架、模态、瞬态响应、疲劳等典型问题的步骤;第 3 篇(第 7~11 章)根据油井管工程需要,借助 ANSYS 软件分析了油井管工程中常见的强度安全性问题,包括在非均匀地应力作用下套管应力分析、磨损及射孔套管强度分析、振动对管体及油管接头的影响分析。

本书第 1~6,10,11 章由曹银萍编写,第 7~9 章由窦益华编写,全书由窦益华审定。

本书油井管有限元分析部分是国家科技重大专项 2011ZX05046—04《超深超高压高温油气井试油、完井及储层改造配套技术应用示范》、中石油重大专项 2010E—2015《超深超高压高温气井试油完井及储层改造技术》和 2010E—2109《碳酸盐岩安全、快速、高效钻完井技术》研究成果之一,是西安石油大学科研创新团队"井下与地面装备安全评价及监控技术研究"的团队工作成果之一,同时受中石油油气勘探重点工程技术攻关项目《超深高温高压含硫化氢储层及复杂岩性低渗储层试油(含储层改造)配套技术研究》项目及大庆油田有限责任公司、塔里木油田分公司、新疆油田分公司、西南油气田分公司、大港油田分公司、吉林油田分公司、华北油田分公司科研项目支持,得到了中国石油天然气集团公司高级技术专家张福祥教授等很多合作油田领导与技术人员的指导和帮助,在此一并表示感谢。

  本书可以作为高等学校本科生和研究生以及油田科研人员的参考书,亦可供相关工程技术人员参考。

  由于水平有限,时间仓促,书中缺点和错误之处在所难免,欢迎读者就书中问题与笔者进行讨论。电子邮箱:caoyinping029@163.com 或 yhdou@vip.sina.com。

著 者
2013 年 6 月

目 录

第1篇 有限元技术及工作原理

第1章 有限元法简介 ... 1
1.1 有限元法的起源与发展 ... 1
1.2 有限元法中的常用术语 ... 2
1.3 有限元法的基本思想 ... 3
1.4 有限元法求解问题的基本步骤 ... 3
1.5 有限元法在结构分析中的应用 ... 4
1.6 有限元法的发展趋势 ... 5

第2章 有限元法中的理论基础 ... 6
2.1 位移法 ... 6
2.2 加权余量法 ... 7
2.3 变分原理和里兹方法 ... 9

第3章 平面问题的有限元法 ... 11
3.1 平面问题分类 ... 11
3.2 平面问题基本方程 ... 11
3.3 常用的平面单元 ... 12
3.4 单元位移模式和形函数的构造 ... 13
3.5 单元刚度矩阵和等效节点荷载列阵 ... 15
3.6 总体刚度矩阵和荷载列阵 ... 15
3.7 位移边界条件的处理 ... 15
3.8 总体方程求解和应力计算 ... 16

第4章 空间问题的有限元法 ... 17
4.1 四节点四面体单元 ... 17

4.2 六面体单元 ……………………………………………………………………… 20

第2篇 ANSYS有限元软件及结构分析实例

第5章 ANSYS有限元软件简介 …………………………………………………… 25
5.1 ANSYS软件的发展 ……………………………………………………………… 25
5.2 ANSYS软件的主要技术特征 …………………………………………………… 26
5.3 ANSYS软件的使用环境 ………………………………………………………… 26
5.4 ANSYS软件的基本操作 ………………………………………………………… 26
5.5 ANSYS结构分析 ………………………………………………………………… 38

第6章 基于ANSYS技术的常见结构有限元分析 ………………………………… 49
6.1 平面应力问题有限元分析 ……………………………………………………… 49
6.2 平面应变问题有限元分析 ……………………………………………………… 59
6.3 轴对称问题有限元分析 ………………………………………………………… 65
6.4 梁问题有限元分析 ……………………………………………………………… 82
6.5 桁架问题有限元分析 …………………………………………………………… 90
6.6 结构模态有限元分析 …………………………………………………………… 99
6.7 结构瞬态响应有限元分析 ……………………………………………………… 106
6.8 疲劳问题有限元分析 …………………………………………………………… 113

第3篇 有限元技术在油井管工程中的应用

第7章 非均匀地应力作用下套管应力分析 ……………………………………… 129
7.1 地应力简介 ……………………………………………………………………… 129
7.2 国内外套管损坏现状分析 ……………………………………………………… 130
7.3 常用套管挤毁压力计算公式 …………………………………………………… 131
7.4 非均匀地应力作用下套管应力计算公式 ……………………………………… 133
7.5 非均匀地应力作用下套管应力有限元计算 …………………………………… 139

第8章 磨损套管剩余强度分析 …………………………………………………… 144
8.1 套管磨损程度分析 ……………………………………………………………… 144
8.2 深井偏心磨损套管剩余强度理论分析 ………………………………………… 155
8.3 厚壁套管磨损后应力实例分析 ………………………………………………… 161
8.4 厚壁套管磨损后应力双极坐标解答与有限元对比分析 ……………………… 175

第9章 射孔段套管强度分析 ··· 177
9.1 射孔段套管抗外挤强度分析 ··· 177
9.2 非均匀地应力下射孔段套管抗外挤强度分析 ····················· 180
9.3 含孔边裂纹射孔套管抗内压强度分析 ···································· 184
9.4 射孔段套管 Von Mises 等效应力分析 ···································· 192

第10章 管柱振动特性及振动对管体影响分析 ······························· 197
10.1 管柱振动特性分析 ··· 197
10.2 完井管柱疲劳寿命分析 ·· 205
10.3 振动管柱与井壁磨损分析 ·· 210

第11章 螺纹接头完整性分析 ·· 213
11.1 螺纹接头完整性分析方法简介 ·· 213
11.2 API 标准螺纹接头完整性有限元分析 ···································· 214
11.3 特殊螺纹接头完整性有限元分析 ·· 219

参考文献 ··· 238

第 1 篇 有限元技术及工作原理

第 1 章 有限元法简介

科学技术领域的许多问题,如固体力学中的位移场和应力场分析、传热学中的温度场分析、流体力学中的流体分析以及振动特性分析等,都可看做是一定边界条件和初始条件下求解其基本微分方程或微分方程组的问题。只有几何形状相当规则、方程(组)性质相对简单的问题能用解析法精确求解,而对于大多数实际工程问题,由于求解对象几何形状的复杂性、问题的非线性,一般不能得到问题的解析解。要解决这类问题,一种方法是简化假设,将方程和几何边界简化为能够处理的问题,获得在简化条件下的解,但过多或不合理的简化可能会导致结果不正确;另一种方法是借助计算机,采用数值计算方法求解复杂工程问题,获得问题的近似解。

目前,解决实际工程问题的主要数值计算方法包括两大类:有限差分法(Finite Difference Method,FDM)和有限元法(Finite Element Method,FEM)。使用有限差分法,需要针对每一节点写微分方程,并且用差分代替导数。在此过程中产生一组线性方程,求解便可得到问题的近似数值解。使用有限差分法很容易求解简单的工程问题,但对于具有复杂几何条件和边界条件的实际工程问题就无能为力了。相比之下,有限元法使用直接公式法、最小总势能法和加权余量法等公式而不是微分方程建立系统的代数方程组,而且,有限元法假设代表每个元素的近似函数是连续的、元素间的边界是连续的,通过结合各单独的解产生系统的完整解,适用于各类工程问题的求解。有限元法已成为当今工程问题中应用最广泛的数值计算方法。

1.1 有限元法的起源与发展

约 300 年前,牛顿和莱布尼茨发明了积分法,证明了该运算具有整体对局部的可加性。虽然积分运算与有限元技术对定义域的划分是不同的,前者进行无限划分而后者进行有限划分,但积分运算为实现有限元技术提供了一个理论基础。

牛顿和莱布尼茨发明积分法之后约 100 年,著名数学家高斯提出了加权余量法及线性代数方程组的解法。前者被用来将微分方程改写为积分表达式,后者被用来求解有限元法所得出的代数方程组。

19世纪末至20世纪初,数学家瑞利和里兹首先提出可对全定义域运用展开函数来表达其上的未知函数。1915年,数学家伽辽金提出了选择展开函数中形函数的伽辽金法,该方法被广泛地用于有限元。1943年,数学家库朗德第一次提出了可在定义域内分片地使用展开函数来表达其上的未知函数,这实际上就是有限元的做法。至此,实现有限元技术的第二个理论基础也已确立了。

到了20世纪50年代,由于工程上的需要,特别是高速电子计算机的出现与应用,有限元法才在结构分析矩阵方法的基础上迅速发展起来,并得到愈来愈广泛的应用。

随着力学理论、计算数学和计算机技术等相关学科的发展,有限元理论也得到不断完善,成为工程分析中应用十分广泛的数值分析工具,特别是在现代机械工程、车辆工程、航空航天工程、土建工程中发挥着越来越大的作用,是现代CAE技术的核心内容之一。

由于有限元法的通用性,它已经成为解决各种问题的强有力和灵活、通用的工具。不少国家编制了大型通用的计算机程序,主要有德国的ASKA,英国的PAFEC,法国的SYSTUS,美国的ABAQUS、ADINA、ANSYS、BERSAFE、BOSOR、COSMOS、ELAS、MARC和STARDYNE等,而且涉及有限元分析的杂志也有几十种之多。

1.2 有限元法中的常用术语

1. 节点

用于确定单元形状、表述单元特征及连接相邻单元的点称为节点。节点是有限元模型中的最小构成元素。多个单元可以共用一个节点,节点起连接单元和实现数据传递的作用。

2. 单元

有限元模型中每一个小的块体称为一个单元。根据其形状的不同,可以将单元划分为线段单元、三角形单元、四边形单元、四面体单元和六面体单元等。一个有限元程序提供的单元种类越多,该程序功能就越强大。ANSYS程序提供了100多种单元种类,可以模拟和分析绝大多数的工程问题。

3. 载荷

工程结构受到的外在施加的力或力矩称为载荷,包括集中力、力矩及分布力等。在通常的结构分析过程中,载荷为力、位移等;在温度场分析过程中,载荷指温度等;在电磁场分析过程中,载荷是指结构所受的电场和磁场作用。

4. 边界条件

边界条件是指结构在边界上所受到的外加约束。在有限元分析过程中,施加正确的边界条件是获得正确的分析结果和较高的分析精度的关键。

5. 初始条件

初始条件是结构响应前所施加的初始速度、初始温度及预应力等。

1.3　有限元法的基本思想

有限元法与其他求解边值问题近似方法的根本区别在于它的近似性仅限于相对小的子域中。20世纪60年代初,首次提出结构力学计算有限元概念的 Clough 教授形象地将其描绘为"有限元法＝Rayleigh Ritz 法＋分片函数"。即有限元法是 Rayleigh Ritz 法的一种局部化情况,不同于求解满足整个定义域边界条件的允许函数的 Rayleigh Ritz 法。有限元法将函数定义在简单几何形状(如二维问题中的三角形或任意四边形)的单元域上,且不考虑整个定义域的复杂边界条件,这是有限元法优于其他近似方法的原因之一。有限元法的基础是变分原理和加权余量法。其基本思想可归纳如下:

首先,把连续的实际结构离散为有限单元,并在每一个单元中设定有限节点,从而将连续体看作仅在节点处相连接的一组单元的集合体。

其次,用每个单元内所假设的近似函数分块地表示全求解域内待求的未知场变量。每个单元内的近似函数用未知场变量函数在单元各个节点上的数值和与其对应的插值函数表示。由于在连接相邻单元的节点上,场变量函数应具有相同的数值,因而将它们用作数值求解的基本未知量,将求解原函数的无穷自由度问题转换为求解场变量函数节点值的有限自由度问题。

最后,通过和原问题数学模型(基本方程和边界条件)等效的变分原理或加权余量法,建立求解基本未知量的代数方程组或常微分方程组,应用数值方法求解,从而得到问题的解答。

工程问题一般是物理问题的数学模型,数学模型是带有边界条件、初始条件和初值条件的微分方程。有限元法是由离散的单元通过一个个微分方程组来模拟真实的物理结构,通过一些基本定律和原理(如力的平衡、变形协调方程、应力应变方程)推导出来的。对于不同物理性质和数学模型的问题,有限元求解法只是具体公式推导和运算求解不同,但基本步骤是相同的——把作为对象的物体分割成单元,再输入边界条件;把各个单元的结构特性用公式近似;把这些小的部分组合起来就可得到全部力的平衡方程式;使用给出的边界条件解出平衡方程式;从结果求得单元内部的应力、应变、位移等。

1.4　有限元法求解问题的基本步骤

1. 建立积分方程

根据变分原理或方程余量与权函数正交化原理,建立与微分方程初始值问题等价的积分表达式。

2. 区域单元剖分

根据求解区域的形状及实际问题的物理特点,将区域剖分为若干相互连接、不重叠的单元。区域单元剖分是采用有限元法的前期准备工作,这部分工作量较大,除了给计算单元和节点进行编号和确定相互之间的关系之外,还要表示节点的位置坐标,同时还需要列出自然边界和本质边界的节点序号和相应的边界值。

3. 确定单元基函数

根据单元中节点数目及对近似解精度的要求,选择满足一定插值条件的插值函数作为单元基函数。有限元方法中的基函数是在单元中选取的,由于各单元具有规则的几何形状,在选取基函数时可遵循一定的法则。

4. 单元分析

将各个单元中的求解函数用单元基函数的线性组合表达式进行逼近,再将近似函数代入积分方程,并对单元区域进行积分,可获得含待定系数的代数方程组。

5. 总体合成

得出单元有限元方程之后,将区域中所有单元有限元方程按一定法则进行累加,形成总体有限元方程。

6. 边界条件的处理

一般边界条件有三种形式:本质边界条件(狄里克雷边界条件)、自然边界条件(黎曼边界条件)和混合边界条件(柯西边界条件)。对于自然边界条件,一般在积分表达式中可自动得到满足。对于本质边界条件和混合边界条件,需按一定法则对总体有限元方程进行修正满足。

7. 解有限元方程

根据边界条件修正的总体有限元方程组,是含所有待定未知量的封闭方程组,采用适当的数值计算方法求解,可求得各节点的函数值。

简言之,采用有限元法求解实际问题的主要步骤:建立模型,推导有限元方程组,求解有限元方程组,数值结果表述。

1.5 有限元法在结构分析中的应用

有限元结构分析主要用于研究各种工程机械结构及零部件的以下性能:

1. 线性静力学分析

计算在固定载荷作用下结构的响应,即由于稳态外载荷引起的系统或部件的位移、应力和应变。结构静力分析还可以计算固定不变的惯性载荷以及可以近似等价为静力作用的随时间变化的载荷对结构的影响。

2. 非线性力学分析

非线性力学分析包括几何非线性(大变形、大应变、应力强化等)、材料非线性(塑性、黏弹性、黏塑性、蠕变等)、接触非线性(面面/点面/点点接触、柔体/柔体刚体接触、热接触)和单元非线性(死/活单元、非线性阻尼/弹簧单元、预紧力单元等)。

3. 动力学分析

动力学分析分为模态分析、谐响应分析、瞬态动力学分析和谱分析。

4. 稳定性分析

计算屈曲载荷和确定屈曲模态形状的特征值屈曲分析以及非线性屈曲分析。

5. 耦合场分析

耦合场分析位移(应力应变)场、电磁场、温度场和流场等耦合场的分析。

6. 耐久性分析

耐久性分析包括疲劳与断裂分析。

1.6 有限元法的发展趋势

1. 单纯的结构力学到多物理场

有限元分析方法最早是从结构化矩阵分析发展而来的,逐步推广到板、壳和实体等连续体固体力学分析。从理论上已经证明,只要用于离散求解对象的单元足够小,所得的解就可足够逼近于精确值。因此近年来有限元方法已发展到流体力学、温度场、电传导、磁场、渗流和声场等问题的求解计算,最近又发展到求解几个交叉学科的问题。

2. 线性问题到非线性问题

随着科学技术的发展,线性理论已经远远不能满足设计的要求。例如建筑行业中的高层建筑和大跨度悬索桥的出现,就要求考虑结构的大位移和大应变等几何非线性问题;航天和动力工程的高温部件存在热变形和热应力,也要考虑材料的非线性问题;诸如塑料、橡胶和复合材料等各种新材料的出现,仅靠线性计算理论不足以解决遇到的问题,只有采用非线性有限元算法才能解决。

3. 增强的可视化建模和数据处理

早期有限元分析软件的研究重点在于推导新的高效率求解方法和高精度的单元。随着数值分析方法的逐步完善,尤其是计算机运算速度的飞速发展,整个计算系统用于求解运算的时间越来越少,而数据准备和运算结果的表现问题却日益突出。工程师在分析计算一个工程问题时,80%以上的精力都花在数据准备和结果分析上。因此,目前几乎所有的商业化有限元程序系统都有功能很强的前置建模和后置数据处理模块。在强调"可视化"的今天,很多程序都建立了对用户非常友好的 GUI(Graphics User Interface)界面,使用户能以可视图形方式直观、快速地进行网格自动划分,生成有限元分析所需数据,并按要求将大量的计算结果整理成变形图、等值分布云图,以便于极值搜索和所需数据的列表输出。

4. 与 CAD 软件的无缝集成

当今有限元分析系统的另一个发展趋势是与通用 CAD 软件的集成使用,工程师可以在集成的 CAD 和 FEA 软件环境中快捷地解决一个在以前无法应付的复杂工程分析问题。目前,几乎所有的商业化有限元软件都提供了和著名的 CAD 软件的接口,如 Pro/ENGINEER、Unigraphics、SolidEdge、SolidWorks、IDEAS、Bentley 和 AutoCAD 等软件。

第2章　有限元法中的理论基础

2.1 位　移　法

在有限元法中,选择节点位移作为方程基本未知量时称为位移法;选择节点力作为基本未知量时称为力法;取一部分节点力和一部分节点位移作为基本未知量时称为混合法。位移法易于实现计算自动化,在有限单元法中应用范围最广。采用位移法时,物体或结构物离散化之后,就可把单元总的一些物理量如位移、应变和应力等由节点位移来表示。这时,可以对单元中位移的分布采用一些能逼近原函数的近似函数予以描述。在工程上,许多问题需要求解弹性连续体的应力与应变分布状况。一般有二维平面应力或应变问题、轴对称问题、板弯曲问题、壳问题以及三维问题,对这些问题可以用位移法求解。

2.1.1 位移函数

单元 e 由节点 i,j,m 以及直线边界确定,该单元中任意一点的位移 δ 为

$$\boldsymbol{\delta} = \sum_{k=i,j,m} N_k \delta_k = \begin{bmatrix} N_i & N_j & N_m \end{bmatrix} \begin{bmatrix} \delta_i \\ \delta_j \\ \delta_m \end{bmatrix} = \boldsymbol{N}\boldsymbol{\delta}^e \tag{2-1}$$

式中,$\boldsymbol{N}$ 为形函数;$\boldsymbol{\delta}^e$ 为单元的节点位移。

对于平面应力情况

$$\boldsymbol{\delta} = \begin{bmatrix} u(x,y) \\ v(x,y) \end{bmatrix} \tag{2-2}$$

2.1.2 应变

利用单元中各点处已知的位移,可确定任意一点处的应变为

$$\boldsymbol{\varepsilon} = \boldsymbol{L}\boldsymbol{\delta} \tag{2-3}$$

对于平面应力情况,线性算子 $\boldsymbol{L}$ 由位移关系式确定。

2.1.3 应力

一般情况下,单元边界内的材料承受初始应变 $\boldsymbol{\varepsilon}_0$,则应力由真实应变 $\boldsymbol{\varepsilon}$ 与初始应变之差引起。假设材料为线弹性材料,则应力与应变之间的关系是线性的。

$$\boldsymbol{\sigma} = \boldsymbol{D}(\boldsymbol{\varepsilon} - \boldsymbol{\varepsilon}_0) \tag{2-4}$$

对于平面应力情况,应力记为

$$\boldsymbol{\sigma} = \begin{bmatrix} \sigma_x \\ \sigma_y \\ \tau_{xy} \end{bmatrix} \tag{2-5}$$

弹性矩阵 $\boldsymbol{D}$ 可由弹性力学理论得到

$$\left.\begin{array}{l} \varepsilon_x - \varepsilon_0 = \dfrac{1}{E}\sigma_x - \dfrac{\mu}{E}\sigma_y \\[2mm] \varepsilon_y - \varepsilon_0 = -\dfrac{\mu}{E}\sigma_x + \dfrac{1}{E}\sigma_y \\[2mm] \gamma_{xy} - \gamma_0 = \dfrac{2(1+\mu)}{E}\tau_{xy} \end{array}\right\} \tag{2-6}$$

可得到

$$\boldsymbol{D} = \frac{E}{1-\mu^2}\begin{bmatrix} 1 & \mu & 0 \\ \mu & 1 & 0 \\ 0 & 0 & \dfrac{1-\mu}{2} \end{bmatrix} \tag{2-7}$$

2.1.4 等效节点力

物体离散化后,假定力是通过节点从一个单元传递到另一个单元的。但是对于实际的连续体,力是从单元的公共边传递到另一个单元中去的。因此,这种作用在单元边界上的表面力、体积力和集中力都需要等效地移到节点上去,也就是用等效的节点力来代替所有作用在单元上的力。用列阵 $\boldsymbol{F}^e$ 表示作用在单元上的集中力、分布载荷、体积力等静力等效的节点力。

$$\boldsymbol{F}^e = \begin{bmatrix} F_i^e \\ F_j^e \\ F_k^e \end{bmatrix} \tag{2-8}$$

2.2 加权余量法

2.2.1 微分方程的等效积分形式

工程或物理学中的许多问题,通常是以未知场函数应满足的微分方程和边界条件的形式提出来的。一般地,可以表示成未知函数 u 应满足的微分方程组

$$\boldsymbol{A}(u) = \begin{bmatrix} A_1(\delta) \\ A_2(\delta) \\ \vdots \end{bmatrix} \quad (\text{在域 } \Omega \text{ 内}) \tag{2-9}$$

$$\boldsymbol{B}(u) = \begin{bmatrix} B_1(\delta) \\ B_2(\delta) \\ \vdots \end{bmatrix} \quad \text{(在边界 } \Gamma \text{ 上)} \tag{2-10}$$

域 Ω 可以是体积域、面积域等，Γ 是域 Ω 的边界，如图 2-1 所示。

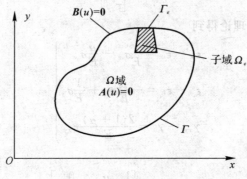

图 2-1 域 Ω 和边界 Γ

要求解的未知函数 u 可以是标量场（例如温度），也可以是几个变量组成的向量场（例如位移、应变、应力等）。$\boldsymbol{A}$，$\boldsymbol{B}$ 是对于独立变量（例如空间坐标、时间坐标等）的微分算子。

由于微分方程式（2-9）在域 Ω 中的每一个点都必须为零，因此有

$$\int_{\Omega} \boldsymbol{v}^{\mathrm{T}} \boldsymbol{A}(u) \mathrm{d}\Omega \equiv \int_{\Omega} [v_1 A_1(u) + v_2 A_2(u) + \cdots] \mathrm{d}\Omega \equiv 0 \tag{2-11}$$

式中，$\boldsymbol{v} = [v_1 \ v_2 \ \cdots \ v_n]^{\mathrm{T}}$ 是函数向量，其个数等于方程的数目。

式（2-11）是与微分方程式（2-9）完全等效的积分形式。若积分方程式（2-11）对于任意的 $\boldsymbol{v}$ 都能成立，则微分方程式（2-9）必然在域内任一点都得到满足。假如微分方程 $\boldsymbol{A}(u)$ 在域内某些点或一部分子域中不满足，即出现 $\boldsymbol{A}(u) \neq \boldsymbol{0}$，则可以找到适当的函数 $\boldsymbol{v}$ 使积分方程式（2-11）亦不等于零。

同理，假如边界条件式（2-10）亦同时在边界上每一个点都得到满足，则对于一组任意函数 $\bar{\boldsymbol{v}}$，下式应当成立：

$$\int_{\Omega} \bar{\boldsymbol{v}}^{\mathrm{T}} \boldsymbol{B}(u) \mathrm{d}\Omega \equiv \int_{\Omega} [\bar{v}_1 B_1(u) + \bar{v}_2 B_2(u) + \cdots] \mathrm{d}\Gamma \equiv 0 \tag{2-12}$$

合并式（2-11）和式（2-12），得到如下积分表达式：

$$\int_{\Omega} \boldsymbol{v}^{\mathrm{T}} \boldsymbol{A}(u) \mathrm{d}\Omega + \int_{\Gamma} \bar{\boldsymbol{v}}^{\mathrm{T}} \boldsymbol{B}(u) \mathrm{d}\Gamma = 0 \tag{2-13}$$

对于所有的 $\boldsymbol{v}$ 和 $\bar{\boldsymbol{v}}$ 都成立是等效于满足微分方程式（2-9）和边界条件式（2-10）。将式（2-13）称为微分方程的等效积分形式。

在式（2-13）中，$\boldsymbol{v}$ 和 $\bar{\boldsymbol{v}}$ 只是以函数自身的形式出现在积分中，因此对 $\boldsymbol{v}$ 和 $\bar{\boldsymbol{v}}$ 的选择只需是单值的，并分别在 Ω 内和 Γ 上可积的函数即可。这种限制并不影响上述"微分方程的等效积分

形式"提法的有效性。u 在积分中还将以导数或偏导数的形式出现,它的选择将取决于微分算子 A 或 B 中微分运算的最高阶次。

2.2.2 加权余量法

采用使余量的加权积分为零来求得微分方程近似解的方法称为加权余量法(Weighted Residual Method,WRM)。加权余量法是求解微分方程近似解的一种有效方法。显然,任何独立的完全函数集都可以用来作为权函数。按照对权函数的不同选择得到不同加权余量的计算方法并赋予不同的名称,如配点法、子域法、最小二乘法、力矩法、伽辽金法等。

在求解域 Ω 中,若场函数 u 是精确解,则在域 Ω 中任意一点都满足微分方程式(2-9),同时在边界 Γ 上任意一点都满足边界条件式(2-10)。但是对于复杂的实际问题,这样的精确解往往是很难找到的,因此人们需要设法找到具有一定精度的近似解。

对于微分方程式(2-9)和边界条件式(2-10)所表达的物理问题,假设未知场函数 u 可采用近似函数来表示。近似函数是一簇带有待定参数的已知函数:

$$u \approx \bar{u} = \sum_{i=1}^{n} N_i a_i = Na \qquad (2-14)$$

式中,a_i 是待定参数;n 是待定函数的个数;N_i 是称之为试探函数(或基函数、形式函数)的已知函数,它取自完全的函数序列,是线性独立的。所谓完全的函数序列是指任意函数都可以用次序列表示。近似解通常选择使之满足强制边界条件和连续性的要求。

加权余量法可以用于广泛的方程类型;选择不同的权函数,可以产生不同的加权余量法;通过采用合适的等效积分形式,可以降低对近似函数连续性的要求。如果近似函数取自完全的函数序列,并满足连续要求,当试探函数的项数不断增加时,近似解可趋近于精确解。但解的收敛性仍未有严格的理论证明,同时近似解通常也不具有明确的上、下界性质。变分原理和里兹方法可从理论上解决上述两方面的问题。

2.3 变分原理和里兹方法

如果微分方程具有线性和自伴随的性质,则不仅可以建立它的等效积分形式,并利用加权余量法求其近似解,还可以建立与之相等效的变分原理,并进而得到基于它的另一种近似求解方法,即里兹方法。

2.3.1 泛函与变分

设 $\{y(x)\}$ 为给定的某类函数,如果这类函数中的每个函数 $y(x)$ 都有某个数 H 与之对应,则称 H 为函数的泛函,记为 $H = H[y(x)]$,$y(x)$ 称为自变函数。

变分法是研究泛函的极大值或极小值的一种方法,变分计算的目的就是把满足具体边界条件的极值曲线 $y = y(x)$ 找出来。

2.3.2 泛函的极值性

设泛函

$$H[y(x)] = \int_{x_1}^{x_2} F[x, y(x), y'(x)] dx \qquad (2-15)$$

该泛函存在极值时，$\delta H = 0$，即

$$\delta H = \int_{x_1}^{x_2} \left[\frac{\partial F}{\partial y} - \frac{d}{dx}\left(\frac{\partial F}{\partial y'}\right) \right] \xi(x) dx = 0 \qquad (2-16)$$

由于 $\xi(x)$ 的任意性，可知式(2-16)达到极值的必要条件是

$$\frac{\partial F}{\partial y} - \frac{d}{dx}\left(\frac{\partial F}{\partial y'}\right) = 0 \qquad (2-17)$$

微分方程式(2-17)的边界问题的解，等价于相应泛函式(2-15)求极值问题的解，通常将这种等价性称为变分原理。应用这种等价性，就可以把式(2-17)的微分方程边值的求解问题转化为相应的泛函数求极值的问题。

2.3.3 能量变分原理

物体受到外力作用会发生变形，若忽略物体在加载和卸载时能量的损失，则载荷在结构上所做的功将全部转化为结构的变形势能，而在载荷卸除后它将产生使结构恢复原状的能力，这就是能量原理的物理依据。

对任意物体，在外力 $\boldsymbol{F}$ 的作用下，产生的应力为 $\boldsymbol{\sigma}$，假设虚位移为 $\bar{\boldsymbol{\delta}}$，相应的虚位移产生的应变为 $\bar{\boldsymbol{\varepsilon}}$，则外力在虚位移上所做的虚功为

$$W = (\bar{\boldsymbol{\delta}})^T \boldsymbol{F} \qquad (2-18)$$

整个物体的虚应变能为

$$U = \iiint (\bar{\boldsymbol{\varepsilon}})^T \boldsymbol{\sigma} dx dy dz \qquad (2-19)$$

由虚位移原理可知，若在虚位移发生之前，物体处于平衡状态，那么当发生虚位移时，外力所做的虚功等于物体的虚应变能，即

$$(\bar{\boldsymbol{\delta}})^T \boldsymbol{F} = \iiint (\bar{\boldsymbol{\varepsilon}})^T \boldsymbol{\sigma} dx dy dz \qquad (2-20)$$

物体的势能为

$$H = U - W \qquad (2-21)$$

由最小势能原理可知，弹性体在外力作用下发生变形，则在所有满足边界条件和协调要求的可能位移中，使总势能为最小值的位移满足静力平衡条件，即

$$\delta H = \delta U - \delta W = 0 \qquad (2-22)$$

最小势能原理表现为物体势能泛函取驻值，即势能的变分为0，方程式(2-22)称为变分方程。

第3章　平面问题的有限元法

3.1　平面问题分类

所谓平面问题指的是弹性力学的平面应力问题和平面应变问题。

当结构为均匀薄板,作用在板上的所有面力和体力的方向均平行于板面,而且不沿厚度方向发生变化时,可以近似认为只有平行于板面的三个应力分量 $\sigma_x, \sigma_y, \tau_{xy}$ 不为零,因此这种问题就被称为平面应力问题。

设有无限长的柱状体,在柱状体上作用的面力和体力的方向与横截面平行,而且不沿长度发生变化。此时,可以近似认为只有平行于横截面的三个应变分量 $\varepsilon_x, \varepsilon_y, \gamma_{xy}$ 不为零,因此这种问题就被称为平面应变问题。

1. 平面应力问题

厚度方向的尺寸远比其他两个方向的尺寸小得多,可视为一薄板。只承受作用在其平面内的荷载,且沿厚度方向不变。

$$\left.\begin{array}{l} \sigma_z = 0 \\ \tau_{xz} = \tau_{zx} = 0 \\ \tau_{yz} = \tau_{zy} = 0 \\ \varepsilon_z \neq 0 \end{array}\right\} \quad (3-1)$$

2. 平面应变问题

长度方向上的尺寸远比其他两个方向上的尺寸大得多,荷载沿长度方向均匀分布。

$$\left.\begin{array}{l} \varepsilon_z = 0 \\ \gamma_{xz} = 0 \\ \gamma_{yz} = 0 \\ \sigma_z \neq 0 \end{array}\right\} \quad (3-2)$$

3.2　平面问题基本方程

1. 平面应力问题

平衡方程:

$$\left.\begin{array}{l}\dfrac{\partial \sigma_x}{\partial x}+\dfrac{\partial \tau_{yx}}{\partial y}+f_x=0\\[2mm]\dfrac{\partial \tau_{xy}}{\partial x}+\dfrac{\partial \sigma_y}{\partial y}+f_y=0\end{array}\right\} \quad (3-3)$$

几何方程：

$$\left.\begin{array}{l}\varepsilon_x=\dfrac{\partial u}{\partial x}\\[2mm]\varepsilon_y=\dfrac{\partial v}{\partial y}\\[2mm]\gamma_{xy}=\dfrac{\partial v}{\partial x}+\dfrac{\partial u}{\partial y}\end{array}\right\} \quad (3-4)$$

物理方程：

$$\left.\begin{array}{l}\varepsilon_x=\dfrac{1}{E}(\sigma_x-\mu\sigma_y)\\[2mm]\varepsilon_y=\dfrac{1}{E}(\sigma_y-\mu\sigma_x)\\[2mm]\gamma_{xy}=\dfrac{2(1+\mu)}{E}\tau_{xy}\end{array}\right\} \quad (3-5)$$

2. 平面应变问题

将式(3-5)中的 E 用 $\dfrac{E}{1-\mu^2}$，μ 用 $\dfrac{\mu}{1-\mu}$ 来代替。

3.3 常用的平面单元

常用的平面单元如图3-1～图3-4所示。

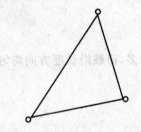

图3-1 3节点三角形1次单元

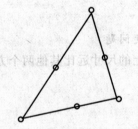

图3-2 6节点三角形2次单元

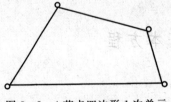

图3-3 4节点四边形1次单元

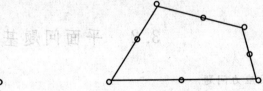

图3-4 8节点四边形2次单元

3.4 单元位移模式和形函数的构造

位移函数多采用坐标的多项式形式,3 节点三角形单元有 6 个自由度,节点位移为

$$\boldsymbol{\delta}^e = \begin{bmatrix} \delta_i \\ \delta_j \\ \delta_m \end{bmatrix} = \begin{bmatrix} u_i \\ v_i \\ u_j \\ v_j \\ u_m \\ v_m \end{bmatrix} \tag{3-6}$$

位移函数满足如下形式:

$$\left. \begin{aligned} u(x,y) &= \beta_1 + \beta_2 x + \beta_3 y \\ v(x,y) &= \beta_4 + \beta_5 x + \beta_6 y \end{aligned} \right\} \tag{3-7}$$

根据位移函数在单元节点上的值应等于节点位移,可求出 6 个待定系数 $\beta_1, \beta_2, \cdots, \beta_6$

$$\left. \begin{aligned} \beta_1 &= \frac{1}{2A}(a_i u_i + a_j u_j + a_m u_m), \beta_2 = \frac{1}{2A}(b_i u_i + b_j u_j + b_m u_m), \beta_3 = \frac{1}{2A}(c_i u_i + c_j u_j + c_m u_m) \\ \beta_4 &= \frac{1}{2A}(a_i v_i + a_j v_j + a_m v_m), \beta_5 = \frac{1}{2A}(b_i v_i + b_j v_j + b_m v_m), \beta_6 = \frac{1}{2A}(c_i v_i + c_j v_j + c_m v_m) \end{aligned} \right\}$$

$$\tag{3-8}$$

式中,$A = \frac{1}{2} \begin{bmatrix} 1 & x_i & y_i \\ 1 & x_j & y_j \\ 1 & x_m & y_m \end{bmatrix}$,$\begin{cases} a_i = x_j y_m - x_m y_j \\ b_i = y_j - y_m \\ c_i = -x_j + x_m \end{cases}$。对于 $a_j, b_j, c_j, a_m, b_m, c_m$,只需将表达式中的 i 用 m 替换,m 用 j 替换,j 用 i 替换。

将 $\beta_1 \sim \beta_6$ 代入形函数中得到如下矩阵形式:

$$\begin{bmatrix} u \\ v \end{bmatrix} = \begin{bmatrix} N_i & 0 & N_j & 0 & N_m & 0 \\ 0 & N_i & 0 & N_j & 0 & N_m \end{bmatrix} \begin{bmatrix} u_i \\ v_i \\ u_j \\ v_j \\ u_m \\ v_m \end{bmatrix}^e \tag{3-9}$$

式中,N_i, N_j, N_m 称为单元插值函数或形函数。

根据几何方程:

13

$$\boldsymbol{\varepsilon} = \begin{bmatrix} \varepsilon_x \\ \varepsilon_y \\ \gamma_{xy} \end{bmatrix} = \begin{bmatrix} \dfrac{\partial u}{\partial x} \\ \dfrac{\partial v}{\partial y} \\ \dfrac{\partial u}{\partial y} + \dfrac{\partial v}{\partial x} \end{bmatrix} = \dfrac{1}{2A} \begin{bmatrix} b_i & 0 & b_j & 0 & b_m & 0 \\ 0 & c_i & 0 & c_j & 0 & c_m \\ c_i & b_i & c_j & b_j & c_m & b_m \end{bmatrix} \begin{bmatrix} u_i \\ v_i \\ u_j \\ v_j \\ u_m \\ v_m \end{bmatrix} = \boldsymbol{B\delta}^e \quad (3-10)$$

式中，$\boldsymbol{B}$ 称为应变矩阵。

根据物理方程（以平面应力为例）：

$$\left. \begin{aligned} \varepsilon_x &= \dfrac{1}{E}(\sigma_x - \mu\sigma_y) \\ \varepsilon_y &= \dfrac{1}{E}(\sigma_y - \mu\sigma_x) \\ \gamma_{xy} &= \dfrac{2(1+\mu)}{E}\tau_{xy} \end{aligned} \right\} \quad (3-11)$$

$$\begin{bmatrix} \sigma_x \\ \sigma_y \\ \tau_{xy} \end{bmatrix} = \begin{bmatrix} \dfrac{E}{1-\mu^2} & \dfrac{\mu E}{1-\mu^2} & 0 \\ \dfrac{\mu E}{1-\mu^2} & \dfrac{E}{1-\mu^2} & 0 \\ 0 & 0 & \dfrac{E(1-\mu)}{2(1-\mu^2)} \end{bmatrix} \begin{bmatrix} \varepsilon_x \\ \varepsilon_y \\ \gamma_{xy} \end{bmatrix} \quad (3-12)$$

简记为

$$\boldsymbol{\sigma} = \boldsymbol{D\varepsilon} = \boldsymbol{DB\delta}^e = \boldsymbol{S\delta}^e$$

式中，$\boldsymbol{D}$ 称为弹性矩阵；$\boldsymbol{S}$ 称为应力矩阵。

对于平面应变问题，将 E 用 $\dfrac{E}{1-\mu^2}$，μ 用 $\dfrac{\mu}{1-\mu}$ 替代。

所假定的位移函数必须满足以下两个条件：

(1) 位移函数在单元节点上的值应等于节点位移；

(2) 由位移函数出发得到的有限元解收敛于真实解。

为保证解答收敛性，位移函数须满足以下 4 个条件：

(1) 能反映单元的常量应变；

(2) 能反映单元的刚体位移；

(3) 在单元内部必须是连续函数；

(4) 保证相邻单元间位移协调。

3.5 单元刚度矩阵和等效节点荷载列阵

根据虚位移原理,得到单元刚度矩阵为

$$K^e = \int_V B^T DB \, dV \qquad (3-13)$$

刚度矩阵可分为三行三列的子矩阵:

$$K^e = \begin{bmatrix} K_{ii} & K_{ij} & K_{im} \\ K_{ji} & K_{jj} & K_{jm} \\ K_{mi} & K_{mj} & K_{mm} \end{bmatrix} \qquad (3-14)$$

1. 平面应力问题

$$[K_{rs}] = [B_r]^T [D] [B_s] tA = \frac{Et}{4(1-\mu^2)A} \begin{bmatrix} b_r b_s + \frac{1-\mu}{2} c_r c_s & \mu b_r c_s + \frac{1-\mu}{2} c_r b_s \\ \mu c_r b_s + \frac{1-\mu}{2} b_r c_s & c_r c_s + \frac{1-\mu}{2} b_r b_s \end{bmatrix} \quad (r,s = i,j,m)$$

$$(3-15)$$

2. 平面应变问题

将式(3-15)中的 E 用 $\dfrac{E}{1-\mu^2}$,μ 用 $\dfrac{\mu}{1-\mu}$ 来代替。

3.6 总体刚度矩阵和荷载列阵

获得单元刚度矩阵 K^e 和单元荷载列阵 P^e 后,根据单元的节点自由度编码,即可"对号入座"地叠加到结构刚度矩阵 K 和结构荷载列阵 P 的相应位置。

需要注意的是,结构整体方程组 $K\delta = P$ 不能直接求解,要引入位移边界条件,排除刚体位移,在消除了整体刚度矩阵的奇异性后,才能求解出节点位移。

3.7 位移边界条件的处理

1. 对角线元素置 1 法

当给定位移值是 0 位移时,可令总刚度矩阵中与 0 位移相对应的行列中,将主对角元素改为 1,其他元素改为 0;在荷载列阵中将与 0 位移相对应的元素改为 0,此时结构整体方程组 $K\delta = P$ 为

$$\begin{bmatrix} K_{11} & K_{12} & \cdots & 0 & \cdots & K_{1n} \\ K_{21} & K_{22} & \cdots & 0 & \cdots & K_{2n} \\ \vdots & \vdots & & \vdots & & \vdots \\ 0 & 0 & \cdots & 1 & \cdots & 0 \\ \vdots & \vdots & & \vdots & & \vdots \\ K_{n1} & K_{n2} & \cdots & 0 & \cdots & K_{nn} \end{bmatrix} \begin{bmatrix} \delta_1 \\ \delta_2 \\ \vdots \\ \delta_j \\ \vdots \\ \delta_n \end{bmatrix} = \begin{bmatrix} p_1 \\ p_2 \\ \vdots \\ 0 \\ \vdots \\ p_n \end{bmatrix} \quad (3-16)$$

2. 对角元素乘大数法

当节点位移为给定值 $\delta_j = s$ 时，对角元素 K_{jj} 乘以大数（如 10^{10}），并将 p_j 用 $10^{10} s K_{jj}$ 替代，结构整体方程组为

$$\begin{bmatrix} K_{11} & K_{12} & \cdots & 0 & \cdots & K_{1n} \\ K_{21} & K_{22} & \cdots & 0 & \cdots & K_{2n} \\ \vdots & \vdots & & \vdots & & \vdots \\ K_{j1} & K_{j2} & \cdots & 10^{10} K_{jj} & \cdots & K_{jn} \\ \vdots & \vdots & & \vdots & & \vdots \\ K_{n1} & K_{n2} & \cdots & 0 & \cdots & K_{nn} \end{bmatrix} \begin{bmatrix} \delta_1 \\ \delta_2 \\ \vdots \\ \delta_j \\ \vdots \\ \delta_n \end{bmatrix} = \begin{bmatrix} p_1 \\ p_2 \\ \vdots \\ 10^{10} s K_{jj} \\ \vdots \\ p_n \end{bmatrix} \quad (3-17)$$

3. 直接代入法

将已知节点位移的自由度消去，得到一组缩减后的修正方程。设 δ_a 为待定位移，δ_b 为已知位移，则有

$$\begin{bmatrix} K_{aa} & K_{ab} \\ K_{ba} & K_{bb} \end{bmatrix} \begin{bmatrix} \delta_a \\ \delta_b \end{bmatrix} = \begin{bmatrix} P_a \\ P_b \end{bmatrix} \quad (3-18)$$

三种约束施加方法对比都可以消除有限元平衡方程的奇异性，得到符合实际边界条件的唯一一组解答。对角元素置 1 法和直接代入法是严格精确的，而乘大数法是一种近似约束处理方法，求解时可能造成解的失真，而且大数的大小也不好确定。对角元素置 1 法只适合零位移约束，其他两种适合任意给定位移约束。ANSYS 软件采用的是直接代入法进行位移边界条件的处理的。

3.8 总体方程求解和应力计算

使用直接法或迭代法求解总体线性代数方程组获得结构的节点位移，求解过程要充分利用矩阵的稀疏性提高计算效率。根据节点位移回到每个单元中，计算单元应变和应力。要获得节点应力，需要对节点周围单元应力进行平均。

第 4 章　空间问题的有限元法

在工程实际问题中,由于结构形状复杂,并且在三个方向上的尺寸量级相同,因此就不能将其看作平面问题来分析,需按空间问题来求解。空间问题的有限元法的原理、思路和解题方法与平面问题类似,不同的是将一个连续的空间弹性体变换成一个离散的空间结构物。由于空间问题采用的是三维坐标系,单元的自由度、刚度矩阵的元素个数、方程组内方程个数等要比平面问题多,因此空间问题的规模一般比平面问题大得多。在空间问题中,常见的单元类型为四面体单元和六面体单元。

弹性力学空间问题与平面问题的区别:在空间问题中有 3 个平衡方程,6 个几何方程和 6 个物理方程,而在平面问题中有 2 个平衡方程,3 个几何方程和 3 个物理方程;在空间问题中有 3 个位移分量,6 个应力分量和 6 个应变分量,而在平面问题中有 2 个位移分量,3 个应力分量和 3 个应变分量。

4.1　四节点四面体单元

在空间问题的有限元法中,最简单的是四节点四面体单元。它采用四面体单元和线性位移模式来处理空间问题,可以看作平面问题中三角形单元的推广。在采用四面体单元离散化后的空间结构物中,一系列不相互重叠的四面体之间仅在节点处以空间铰接。如图 4-1 所示为四节点四面体单元,仅在四个顶点处取为节点,其编号为 i,j,m,p。

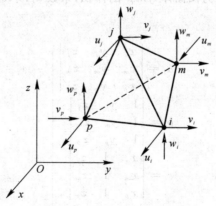

图 4-1　四节点四面体单元

承受载荷的空间弹性体处于三维应力状态,每个节点有 3 个位移分量 u,v,w,分别对应空间坐标系 Ox,Oy,Oz 轴方向的位移。四节点四面体单元共有 12 个位移分量,其节点位移列阵为

$$\boldsymbol{\delta}^e = [\boldsymbol{\delta}_i \quad \boldsymbol{\delta}_j \quad \boldsymbol{\delta}_m \quad \boldsymbol{\delta}_p]^T = [u_i \quad v_i \quad w_i \quad u_j \quad v_j \quad w_j \quad u_m \quad v_m \quad w_m \quad u_p \quad v_p \quad w_p]^T \tag{4-1}$$

4.1.1 单元位移函数

对四节点四面体单元,当单元足够小时,单元内各点的位移可用 x,y,z 的线性多项式来近似描述,即

$$\left.\begin{aligned} u &= k_1 + k_2 x + k_3 y + k_4 z \\ v &= k_5 + k_6 x + k_7 y + k_8 z \\ w &= k_9 + k_{10} x + k_{11} y + k_{12} z \end{aligned}\right\} \tag{4-2}$$

式中,$k_1, k_2, \cdots, k_{12}$ 是待定系数,可由单元的节点位移和坐标确定。假定节点 i,j,m,p 的坐标分别为 $(x_i, y_i, z_i), (x_j, y_j, z_j), (x_m, y_m, z_m), (x_p, y_p, z_p)$,将它们代入式(4-2)中的第一式,可得各个节点在 x 方向的位移满足如下线性方程组:

$$\left.\begin{aligned} u_i &= k_1 + k_2 x_i + k_3 y_i + k_4 z_i \\ u_j &= k_1 + k_2 x_j + k_3 y_j + k_4 z_j \\ u_m &= k_1 + k_2 x_m + k_3 y_m + k_4 z_m \\ u_p &= k_1 + k_2 x_p + k_3 y_p + k_4 z_p \end{aligned}\right\} \tag{4-3}$$

利用克莱姆法则,解上述线性方程组,可求得 k_1, k_2, k_3, k_4。引入系数 a_i, b_i, c_i, d_i,可得到

$$\boldsymbol{u} = \frac{1}{6\boldsymbol{V}} [(a_i + b_i x + c_i y + d_i z) u_i - (a_j + b_j x + c_j y + d_j z) u_j + (a_m + b_m x + c_m y + d_m z) u_m - (a_p + b_p x + c_p y + d_p z) u_p] \tag{4-4}$$

其中,$\boldsymbol{V} = \begin{bmatrix} 1 & x_i & y_i & z_i \\ 1 & x_j & y_j & z_j \\ 1 & x_m & y_m & z_m \\ 1 & x_p & y_p & z_p \end{bmatrix}$ 为四面体 $ijmp$ 的体积,系数 a_i, b_i, c_i, d_i 的表达式如下:

$$\left.\begin{aligned} a_i &= \begin{vmatrix} x_j & y_j & z_j \\ x_m & y_m & z_m \\ x_p & y_p & z_p \end{vmatrix} \\ b_i &= \begin{vmatrix} 1 & y_j & z_j \\ 1 & y_m & z_m \\ 1 & y_p & z_p \end{vmatrix} \\ c_i &= \begin{vmatrix} x_j & 1 & z_j \\ x_m & 1 & z_m \\ x_p & 1 & z_p \end{vmatrix} \\ d_i &= \begin{vmatrix} x_j & y_j & 1 \\ x_m & y_m & 1 \\ x_p & y_p & 1 \end{vmatrix} \\ (i,j,m,p) \end{aligned}\right\} \tag{4-5}$$

为了使四面体的体积 V 不为负值,单元四个节点的标号 i,j,m,p 必须遵循右手螺旋法则,即右手螺旋在按照 $i \to j \to m$ 的转向转动时,大拇指应指向 p 的方向前进,像图4-1中单元那样。

用同样方法,可以得出其余两个位移分量:

$$v = \frac{1}{6V}[(a_i + b_i x + c_i y + d_i z)v_i - (a_j + b_j x + c_j y + d_j z)v_j +$$
$$(a_m + b_m x + c_m y + d_m z)v_m - (a_p + b_p x + c_p y + d_p z)v_p] \quad (4-6)$$

$$w = \frac{1}{6V}[(a_i + b_i x + c_i y + d_i z)w_i - (a_j + b_j x + c_j y + d_j z)w_j +$$
$$(a_m + b_m x + c_m y + d_m z)w_m - (a_p + b_p x + c_p y + d_p z)w_p] \quad (4-7)$$

综合表达式(4-4)、式(4-6)及式(4-7),可以将位移分量表示成

$$\boldsymbol{\delta} = \begin{bmatrix} u & v & w \end{bmatrix}^T = \boldsymbol{N}\boldsymbol{\delta}^e = \begin{bmatrix} \boldsymbol{I}N_i & \boldsymbol{I}N_j & \boldsymbol{I}N_m & \boldsymbol{I}N_p \end{bmatrix}\boldsymbol{\delta}^e \quad (4-8)$$

式中,$\boldsymbol{I}$ 是三阶的单位矩阵;$\boldsymbol{N}$ 为形函数矩阵,

$$N_i = \frac{(a_i + b_i x + c_i y + d_i z)}{6V} \quad (i,j,m,p) \quad (4-9)$$

和平面问题相似,式(4-2)中的系数 k_1, k_5, k_6 代表刚性移动 u_0, v_0, w_0;系数 k_2, k_7, k_{12} 代表常量的正应变;其余6个系数反映了刚性转动 w_x, w_y, w_z 和常量剪应变。由于位移模式是线性的,两个相邻单元的共同边界在变形过程中,始终是相互贴合的,因而离散的模型在变形中保持为连续体。

4.1.2 单元应变矩阵

在空间问题中,应变分量有6个。根据弹性力学理论,应变向量为

$$\boldsymbol{\varepsilon} = \begin{bmatrix} \varepsilon_x & \varepsilon_y & \varepsilon_z & \gamma_{xy} & \gamma_{yz} & \gamma_{zx} \end{bmatrix}^T = \begin{bmatrix} \frac{\partial u}{\partial x} & \frac{\partial v}{\partial y} & \frac{\partial w}{\partial z} & \frac{\partial u}{\partial y} + \frac{\partial v}{\partial x} & \frac{\partial v}{\partial z} + \frac{\partial w}{\partial y} & \frac{\partial w}{\partial x} + \frac{\partial u}{\partial z} \end{bmatrix}^T$$
$$(4-10)$$

根据前面推导的四面体单元位移表达式(4-4)、式(4-6)和式(4-7),将其代入式(4-10)所示的几何方程,即得单元应变。用节点位移可表示为

$$\boldsymbol{\varepsilon} = \boldsymbol{B}\boldsymbol{\delta}^e = \begin{bmatrix} \boldsymbol{B}_i & -\boldsymbol{B}_j & \boldsymbol{B}_m & -\boldsymbol{B}_p \end{bmatrix}\boldsymbol{\delta}^e \quad (4-11)$$

应变矩阵子矩阵 $\boldsymbol{B}_i$ 为一个 6×3 阶矩阵:

$$\boldsymbol{B}_i = \frac{1}{6V}\begin{bmatrix} b_i & 0 & 0 \\ 0 & c_i & 0 \\ 0 & 0 & d_i \\ c_i & b_i & 0 \\ 0 & d_i & c_i \\ d_i & 0 & b_i \end{bmatrix} \quad (i,j,m,p) \quad (4-12)$$

由式(4-12)可知,单元应变矩阵是一个常量矩阵,采用线性位移模式的四面体单元是常应变单元。这与平面问题中的三角形单元是一样的,不同之处仅在于应变矩阵的阶数不同。

4.1.3 单元应力矩阵

将表达式(4-11)代入空间问题的物理方程,即可得出用单元节点位移表示的单元应力为

$$\boldsymbol{\sigma} = \boldsymbol{D\varepsilon} = \boldsymbol{DB\delta}^e = \boldsymbol{S\delta}^e \tag{4-13}$$

式中,$\boldsymbol{S} = \boldsymbol{DB}$,为应力矩阵。对于各向同性材料,弹性矩阵为

$$\boldsymbol{D} = \frac{E(1-\mu)}{(1+\mu)(1-2\mu)} \begin{bmatrix} 1 & \frac{\mu}{1-\mu} & \frac{\mu}{1-\mu} & 0 & 0 & 0 \\ \frac{\mu}{1-\mu} & 1 & \frac{\mu}{1-\mu} & 0 & 0 & 0 \\ \frac{\mu}{1-\mu} & \frac{\mu}{1-\mu} & 1 & 0 & 0 & 0 \\ 0 & 0 & 0 & \frac{1-2\mu}{2(1-\mu)} & 0 & 0 \\ 0 & 0 & 0 & 0 & \frac{1-2\mu}{2(1-\mu)} & 0 \\ 0 & 0 & 0 & 0 & 0 & \frac{1-2\mu}{2(1-\mu)} \end{bmatrix} \tag{4-14}$$

4.1.4 单元刚度矩阵

空间问题的单元刚度矩阵由虚功方程导出。假设该单元发生某虚位移,相应节点虚位移为 $\bar{\boldsymbol{\delta}}^e$,则虚应变为

$$\bar{\boldsymbol{\varepsilon}} = \boldsymbol{B}\bar{\boldsymbol{\delta}}^e \tag{4-15}$$

将式(4-15)及式(4-13)代入虚功方程,得到

$$(\bar{\boldsymbol{\delta}}^e)^{\mathrm{T}} \boldsymbol{F}^e = \iiint_v (\boldsymbol{B}\bar{\boldsymbol{\delta}}^e)^{\mathrm{T}} \boldsymbol{DB\delta}^e \mathrm{d}x\mathrm{d}y\mathrm{d}z \tag{4-16}$$

借用平面问题的处理思路,可以得到

$$\boldsymbol{F}^e = \iiint_v \boldsymbol{B}^{\mathrm{T}} \boldsymbol{DB} \mathrm{d}x\mathrm{d}y\mathrm{d}z \, \boldsymbol{\delta}^e = \boldsymbol{B}^{\mathrm{T}} \boldsymbol{DB\delta}^e V = \boldsymbol{K}^e \boldsymbol{\delta}^e \tag{4-17}$$

式中,$\boldsymbol{K}^e = \iiint_e \boldsymbol{B}^{\mathrm{T}} \boldsymbol{DB} \mathrm{d}x\mathrm{d}y\mathrm{d}z = \boldsymbol{B}^{\mathrm{T}} \boldsymbol{DB} V$ 为单元刚度矩阵。

4.2 六面体单元

4.2.1 8节点六面体单元

图4-2所示为常见8节点六面体单元,该单元具有8个节点,有3个坐标方向:ξ, η, ζ,共有

24个位移分量,单元的位移为

$$\left.\begin{array}{l}u=k_1+k_2\xi+k_3\eta+k_4\zeta+k_5\xi\eta+k_6\eta\zeta+k_7\zeta\xi+k_8\xi\mu\zeta\\ v=k_9+k_{10}\xi+k_{11}\eta+k_{12}\zeta+k_{13}\xi\eta+k_{14}\eta\zeta+k_{15}\zeta\xi+k_{16}\xi\mu\zeta\\ w=k_{17}+k_{18}\xi+k_{19}\eta+k_{20}\zeta+k_{21}\xi\eta+k_{22}\eta\zeta+k_{23}\zeta\xi+k_{24}\xi\mu\zeta\end{array}\right\} \quad (4-18)$$

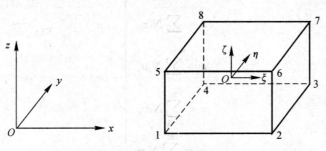

图 4-2 8 节点六面体单元

形函数 N_i 为

$$N_i(\xi,\eta,\zeta)=\frac{1}{8}(1+\xi_i\xi)(1+\eta_i\eta)(1+\zeta_i\zeta) \quad (i=1,2,\cdots,8) \quad (4-19)$$

式中,当 $i=1,2,5,6$ 时,$\xi_i=1$,其余 $\xi_i=-1$;当 $i=2,3,6,7$ 时,$\eta_i=1$,其余 $\eta_i=-1$;当 $i=5,6,7,8$ 时,$\zeta_i=1$,其余 $\zeta_i=-1$。

$$\boldsymbol{\varepsilon}=\boldsymbol{B}\boldsymbol{\delta}^e \quad (4-20)$$

式中,$\boldsymbol{B}=\begin{bmatrix}\boldsymbol{B}_1 & \boldsymbol{B}_2 & \boldsymbol{B}_3 & \cdots & \boldsymbol{B}_8\end{bmatrix}$。

$$\boldsymbol{B}_i=\begin{bmatrix}\frac{\partial N_i}{\partial x} & 0 & 0 & \frac{\partial N_i}{\partial y} & \frac{\partial N_i}{\partial z} \\ 0 & \frac{\partial N_i}{\partial y} & \frac{\partial N_i}{\partial x} & \frac{\partial N_i}{\partial z} & 0 \\ 0 & 0 & \frac{\partial N_i}{\partial z} & \frac{\partial N_i}{\partial y} & \frac{\partial N_i}{\partial x}\end{bmatrix} \quad (4-21)$$

$$\boldsymbol{\sigma}=\boldsymbol{DB}\boldsymbol{\delta}^e=\boldsymbol{S}\boldsymbol{\delta}^e \quad (4-22)$$

式中,$\boldsymbol{S}=\begin{bmatrix}\boldsymbol{S}_1 & \boldsymbol{S}_2 & \boldsymbol{S}_3 & \cdots & \boldsymbol{S}_8\end{bmatrix}$,$\boldsymbol{S}_i=\boldsymbol{DB}_i(i=1,2,\cdots,8)$。

4.2.2 20 节点六面体等参数单元

由于精度高,容易适应不同边界,在空间问题中常选用 20 节点六面体等参数单元,其子单元和母单元如图 4-3(a)和(b)所示。

母单元与子单元的坐标变换和位移模式可统一写成如下格式:

$$\left.\begin{aligned} x &= \sum_{i=1}^{20} N_i x_i \\ y &= \sum_{i=1}^{20} N_i y_i \\ z &= \sum_{i=1}^{20} N_i z_i \\ u &= \sum_{i=1}^{20} N_i u_i \\ v &= \sum_{i=1}^{20} N_i v_i \\ w &= \sum_{i=1}^{20} N_i w_i \end{aligned}\right\} \quad (4-23)$$

其形函数为

$$\left.\begin{aligned} N_i &= (1+\xi_0)(1+\eta_0)(1+\zeta_0)(\xi_0+\eta_0+\zeta_0-2)/8 & (i=1,2,\cdots,8) \\ N_i &= (1-\xi^2)(1+\eta_0)(1+\zeta_0)/4 & (i=9,10,11,12) \\ N_i &= (1-\eta^2)(1+\zeta_0)(1+\xi_0)/4 & (i=13,14,15,16) \\ N_i &= (1-\zeta^2)(1+\xi_0)(1+\eta_0)/4 & (i=17,18,19,20) \end{aligned}\right\} \quad (4-24)$$

式中,$\xi_0 = \xi_i\xi$;$\eta_0 = \eta_i\eta$;$\zeta_0 = \zeta_i\zeta$。

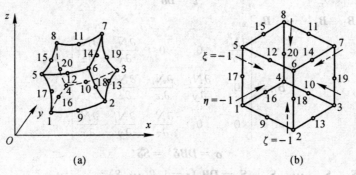

图 4-3 20 节点六面体等参数单元
(a) 子单元; (b) 母单元

按照空间问题的几何关系式,得到单元的应变为

$$\varepsilon = B\delta^e = [B_1 \quad B_2 \quad \cdots \quad B_{20}]\delta^e \quad (4-25)$$

式中,$\delta^e = [u_1 \ v_1 \ w_1 \ u_2 \ v_2 \ w_2 \ \cdots \ u_{20} \ v_{20} \ w_{20}]^T$。

子块矩阵

$$B_i = \begin{bmatrix} \dfrac{\partial N_i}{\partial x} & 0 & 0 \\ 0 & \dfrac{\partial N_i}{\partial y} & 0 \\ 0 & 0 & \dfrac{\partial N_i}{\partial z} \\ \dfrac{\partial N_i}{\partial y} & \dfrac{\partial N_i}{\partial x} & 0 \\ 0 & \dfrac{\partial N_i}{\partial z} & \dfrac{\partial N_i}{\partial y} \\ \dfrac{\partial N_i}{\partial z} & 0 & \dfrac{\partial N_i}{\partial x} \end{bmatrix} \quad (i=1,2,\cdots,20)$$

根据复合函数的求导规则,有

$$\begin{bmatrix} \dfrac{\partial N_i}{\partial x} \\ \dfrac{\partial N_i}{\partial y} \\ \dfrac{\partial N_i}{\partial z} \end{bmatrix} = J^{-1} \begin{bmatrix} \dfrac{\partial N_i}{\partial \xi} \\ \dfrac{\partial N_i}{\partial \varphi} \\ \dfrac{\partial N_i}{\partial \xi} \end{bmatrix} \tag{4-26}$$

式中,J 为雅可比矩阵,其表达式为

$$J = \begin{bmatrix} \dfrac{\partial x}{\partial \xi} & \dfrac{\partial y}{\partial \xi} & \dfrac{\partial z}{\partial \xi} \\ \dfrac{\partial x}{\partial \varphi} & \dfrac{\partial y}{\partial \eta} & \dfrac{\partial z}{\partial \eta} \\ \dfrac{\partial x}{\partial \xi} & \dfrac{\partial y}{\partial \xi} & \dfrac{\partial z}{\partial \xi} \end{bmatrix} = \begin{bmatrix} \dfrac{\partial N_1}{\partial \xi} & \dfrac{\partial N_2}{\partial \xi} & \cdots & \dfrac{\partial N_{20}}{\partial \xi} \\ \dfrac{\partial N_1}{\partial \eta} & \dfrac{\partial N_2}{\partial \eta} & \cdots & \dfrac{\partial N_{20}}{\partial \eta} \\ \dfrac{\partial N_1}{\partial \xi} & \dfrac{\partial N_2}{\partial \xi} & \cdots & \dfrac{\partial N_{20}}{\partial \xi} \end{bmatrix} \begin{bmatrix} x_1 & y_1 & z_1 \\ x_2 & y_2 & z_2 \\ \vdots & \vdots & \vdots \\ x_{20} & y_{20} & z_{20} \end{bmatrix}$$

单元的应力为

$$\sigma = D\varepsilon = DB\delta^e = S\delta^e \tag{4-27}$$

单元刚度矩阵为

$$k = \int_{-1}^{1}\int_{-1}^{1}\int_{-1}^{1} B^T D B \mid J \mid \mathrm{d}\xi \mathrm{d}\eta \mathrm{d}\xi \tag{4-28}$$

第 2 篇
ANSYS 有限元软件及结构分析实例

第 5 章 ANSYS 有限元软件简介

国际上早在 20 世纪 50 年代末 60 年代初就投入大量的人力和物力开发具有强大功能的有限元分析程序。目前,通用的有限元分析软件有德国的 ASKA、英国的 PAFEC、法国的 SYSTUS、美国的 ABAQUS、ADINA、ANSYS、BERSAFE、BOSOR、COSMOS、ELAS、MARC、STARDYNE、MSC. NASTRAN 和我国的 FEPG。这些软件各有自己的特点和侧重点,比较而言,ANSYS 软件是一个多用途的有限元法计算机设计程序,目前已经成为集结构、热、流体、电磁、声学的高级多物理场耦合分析程序于一体,同时还提供目标设计优化、拓扑优化、概率有限元设计、二次开发技术、子结构、单元生死和疲劳断裂等先进计算技术。目前,已广泛应用于航空航天、汽车工业、石油化工、生物医学、桥梁、建筑、电子产品等工业领域。

5.1 ANSYS 软件的发展

ANSYS 公司成立于 1970 年,是由美国匹兹堡大学力学系教授、有限元法的权威、著名的力学专家 John Swanson 博士创建的,其总部位于美国宾夕法尼亚州的匹兹堡市,目前是世界 CAE 行业最大公司之一。几十年来,ANSYS 公司一直致力于设计分析软件的开发,不断吸取新的计算方法和计算技术,领导着世界有限元技术的发展。ANSYS 软件的最初版本与现在最新的版本相比有很大的不同,最初版本仅仅提供了热分析及线性结构分析,是一个批处理程序,只能在大型计算机上使用。20 世纪 70 年代初,随着非线性、子结构以及更多的单元类型的加入,ANSYS 程序做了很大的改进,新糅和进来的功能进一步满足了用户的需求。20 世纪 70 年代末,图形技术和交互方式的加入使模型生成和结果评价得到了极大简化,也使 ANSYS 的使用进入到了一个全新的阶段。

5.2 ANSYS软件的主要技术特征

与其他有限元软件相比，ANSYS软件具有以下技术特征：
(1)能实现多场及多场耦合功能。
(2)最早采用并行计算机技术的FEA软件。
(3)具有强大的非线性处理功能。
(4)有独一无二的优化功能，唯一具有流场优化功能的CFD软件。
(5)支持从PC、WS到巨型机的所有硬件平台。
(6)集前后处理、分析求解及多场分析于一体。

5.3 ANSYS软件的使用环境

ANSYS及ANSYS/LS—DYNA程序可运行于PC机、UNIX工作站以及巨型计算机等各类计算机及操作系统中，其数据文件在其所有的产品系列和工作平面上均兼容。其多物理场耦合的功能允许在同一模型上进行各种耦合计算，保证了ANSYS用户对多领域多变工程问题的求解。

ANSYS软件可与多种常用的CAD(如AutoCAD、Pro/Engineer等)软件进行数据共享。利用ANSYS的数据接口，可以精确地将在CAD系统下生成的几何数据传递到ANSYS，通过必要的修补可准确地在该模型上划分网格并进行求解，这样就可以节省建模时所花费的大量时间，大幅度提高用户的工作效率。

5.4 ANSYS软件的基本操作

5.4.1 ANSYS软件的安装

本节以ANSYS 14.0为例说明ANSYS软件的安装过程。

(1)下载ANSYS 14.0软件的安装包。所下载的安装包由[ansys14].m—ans14a.iso和[ansys14].m—ans14b.iso两个文件组成。若仅用于结构分析，用第一个安装包即可(见图5-1)。

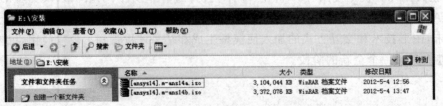

图5-1 32位ANSYS 14.0安装包

(2) 打开虚拟光驱,点击左边的"添加映像"按钮,选择[ansys14].m—ans14a.iso。

(3) 点击虚拟光驱中的"载入"按钮。

(4) 进入 MAGNiTUDE 目录,将目录中 AP14_Calc.exe 复制到桌面。

(5) 运行桌面上的 AP14_Calc.exe,在询问 Do you want a license for current host(Y/N) 时输入"Y",按回车键,然后等待,直到出现 Press any key... 时按任意键退出。

(6) 此时桌面上出现一个 license.txt,备用。

(7) 回到虚拟光驱,双击 setup.exe。

(8) 先选择倒数第二项"Install ANSYS.Inc. License Manager"(见图 5-2)。

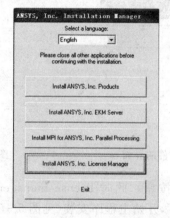

图 5-2　Install ANSYS.Inc License Manager 对话框

(9) 在弹出的提示框中点 OK 键。然后选 I AGREE,再连续 5 次点击 Next 按钮(见图 5-3)。

(10) 安装开始,等待。

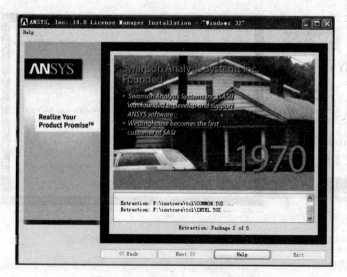

图 5-3　ANSYS 14.0 安装界面

(11) 在安装好后的提示界面中,点击 Next 按钮,继续等待,在随后出现的界面中连续两次点击 Continue 按钮。

(12) 弹出选择文件对话框,插入桌面上的 license.txt 文件(见图 5-4)。

(13) 连续两次点击 Continue 按钮,并等待。

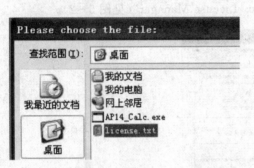

图 5-4 插入 license.txt 文件的界面

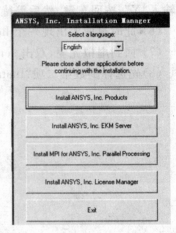

图 5-5 ANSYS14.0 主程序安装界面

(14) 连续 3 次点击 Exit 按钮。此时 license manager 安装完毕,这时再运行第一项 "Install ANSYS,Inc. Products",开始主程序安装(见图 5-5)。

(15) 同样,点击"I AGREE",然后点击 Next 按钮。按图 5-6 所示界面进行勾选,安装目录可自己更改,最好用默认目录,点击 Next 按钮。

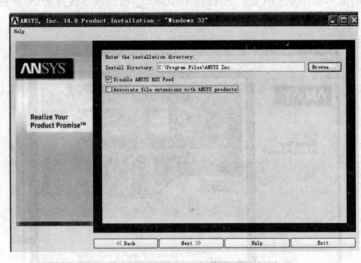

图 5-6 ANSYS 14.0 安装目录选择界面

第 5 章　ANSYS 有限元软件简介

(16) 接下来选择安装内容,因为只涉及结构工程方面,全选(默认,不要更改勾选项),按图 5-7 所示界面进行勾选。连续三次点击 Next 按钮。

(17) 安装开始,在等待结束后出现的界面上点击 Next 按钮并出现等待界面。

(18) 连续两次点击 Exit 按钮后会弹出一个网页,是 ANSYS 在做调查,关掉即可。

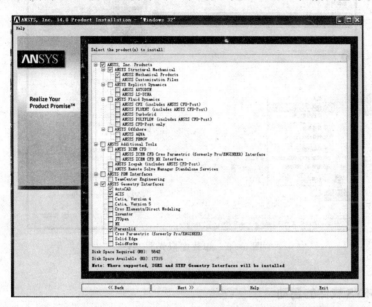

图 5-7　ANSYS 14.0 安装内容选择界面

(19) 点击 Finish 按钮,安装结束,并点击 Exit 按钮退出(见图 5-8)。

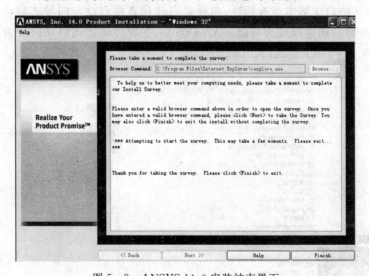

图 5-8　ANSYS 14.0 安装结束界面

（20）在虚拟光驱中光盘图标上点右键，选择卸载，移除虚拟光驱文件，然后关闭虚拟光驱（见图5-9）。

图5-9　卸载虚拟光驱文件

5.4.2　ANSYS软件的启动

完成ANSYS安装后，就可以使用和学习了。用户在进行一个有限元分析之前，必须要定义一个工作目录，ANSYS会把生成的分析文件全部存放在这个工作目录下，方便管理和查找。ANSYS 14.0的启动基本上有两种：向导式启动和直接启动。向导式启动给用户设置工作路径、产品模块等启动选项成为可能。ANSYS 14.0软件向导式启动路径为："开始"→"程序"→ANSYS 14.0→Mechanical APDL Product Launcher 14.0，其界面如图5-10所示。

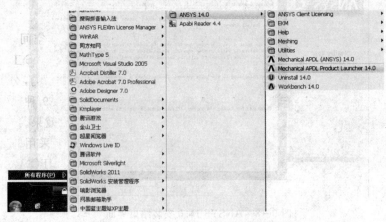

图5-10　ANSYS 14.0软件启动菜单

第 5 章 ANSYS 有限元软件简介

点击进入图 5-10 所示的软件启动菜单后,可进入 ANSYS 启动交互式界面,如图 5-11 所示。可以看到界面上有 Stimulation Environment 和 License 两个复选框以及【File Management】、【Customization/Preferences】和【High Performance Computing Setup】三个标签。Stimulation Environment 复选框可以选择运行环境,有 ANSYS 和 ANSYS Batch 两个选项,License 复选框可以选择 ANSYS 产品,有 ANSYS Multiphysics、ANSYS Multiphysics/LS—DYNA、ANSYS Mechanical、ANSYS Mechanical/FLOTRAN 等,用户可根据分析类型进行相应 ANSYS 产品的选择。在【File Management】选项卡中,用户可以设定工作目录和工作文件名。如图 5-11 所示,可以在 Working Directory 输入框中输入工作目录,也可通过单击 Browse 按钮进行选择,此目录一旦选定,所有生成文件都自动写在此目录下;在 Job Name 一栏中输入工作名,也可单击 Browse 按钮进行选择,默认名为 File。

图 5-11 ANSYS 启动交互式界面

在【Customization/Preferences】标签中,用户可以设置 ANSYS 工作空间、数据库的大小以及是否配置 3D 卡。如图 5-12 所示,可以在 Memory 选项中设置 ANSYS 工作空间和数据库的大小。在 Graphics Device Name 中可以选择不同的图形设备驱动,分别为 Win32、Win32c 和 3D 选项。Win32 选项适用于大多数的图形显示,可提供 9 种颜色的等值线;Win32c 选项能提供 128 种颜色;3D 选项对 3 维图形的显示具有良好的效果。

可以在【High Performance Computing Setup】标签中设置运算时所采用的高性能运算性能。如图 5-13 所示,可通过 Type of High Performance Computing(HPC)Run 中不同选项的选择实现共享存储并行计算(SMP)或者分布式计算(MPP)。

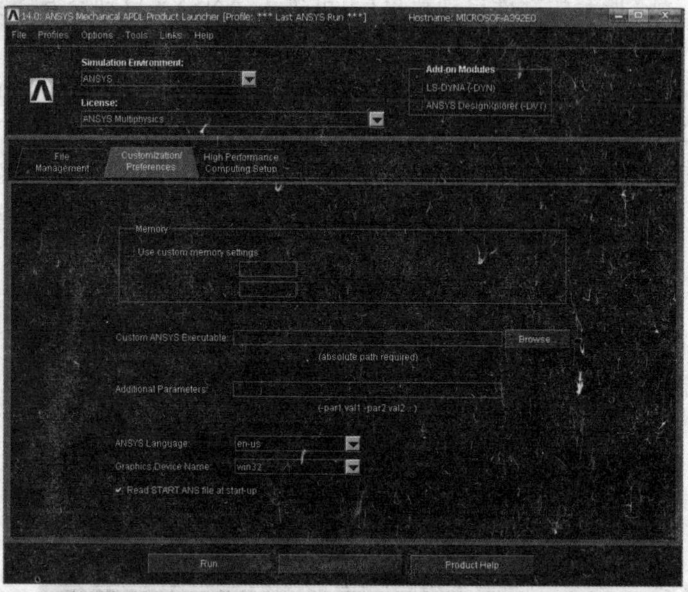

图 5-12 ANSYS 设置工作空间、数据库大小以及是否配置 3D 卡界面

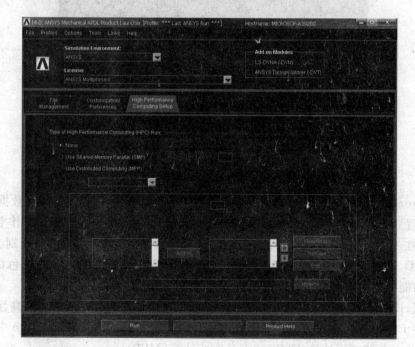

图 5-13 ANSYS 设置高性能运算性能界面

在以上各种参数设置完毕之后,就可以单击 Run 按钮运行 ANSYS 14.0 软件了。

5.4.3 ANSYS 软件常用图形界面

启动 ANSYS 软件后,可以看到程序的图形用户界面(Graphical User Interface,GUI),其结构基本包括下述几个方面,如图 5-14 所示。

图 5-14 ANSYS14.0 图形用户界面

1. 应用菜单(Utility Menu)

应用菜单窗口包括了 ANSYS 的各种应用命令,如图 5-14 所示,包括文件管理(File)、选择(Select)、列表(List)、图形(Plot)、图形控制(PlotCtrls)、参数设置(Parameters)、宏(Macro)、菜单控制(MenuCtrls)、帮助(Help)等功能。该菜单为下拉式结构,可直接完成某项功能或弹出菜单窗口。

2. 常用工具栏(General Toolbar)

常用工具栏包括常用的新建模型、打开模型、保存模型、缩放命令和帮助等功能。

3. 工具条(Toolbar)

工具条包括了一些常用的 ANSYS 命令和函数,是执行命令的快捷方式。ANSYS 可将常用的命令制成工具按钮的形式,以方便调用。用户可以根据自己的需要对工具栏进行编辑、添加或删减工具栏中的命令按钮。

表 5-1 ANSYS 工具栏默认按钮功能

按钮名称	功　能
SAVE_DB	保存当前数据库
RESUME_DB	从保存的文件中恢复数据库
QUIT	退出 ANSYS 软件
POWRGRPH	切换图形显示模式,默认 PowerGraph 模式的 on 状态

4. 主菜单(Main Menu)

主菜单是使用 GUI 模式进行有限元分析的主要操作窗口,基本上涵盖了 ANSYS 分析过程中的所有菜单命令,包括参数选择(Preferences)、前处理(Preprocessor)、求解器(Solution)、通用后处理(General Postprocessor)、时间历程后处理(Time Postprocessor)、优化设计(Design Opt)等。执行不同的菜单项将会得到不同的结果。

5. 输入窗口(Input Window)

利用输入窗口可以直接在文本输入区域输入命令或其他文本。单击右边的▼按钮,以前执行的命令将会出现在下拉列表中。选中某一行命令并单击,则该命令即出现在文本框中,此时可以对其进行适当的编辑。

6. 视图窗口(Graphic Window)

图形窗口是 ANSYS 工作环境中占据最大位置的窗口,用来显示由 ANSYS 创建或传递到 ANSYS 的模型以及分析结果等图形信息。用户可以单击标题栏上的按钮对视图窗口进行最小化和最大化操作。

7. 视图工具栏(Graphic Toolbar)

该工具栏是在 ANSYS 8 以后的版本中才出现的,包括窗口选择、视图显示操作、图形放大、缩小、旋转、平移等,为用户提供快捷的操作方式。图形显示控制按钮及其作用见表 5-2。

表 5-2 图形显示控制按钮及其作用

按钮	作　用	按钮	作　用
1▼	选择显示窗口,ANSYS 可提供 4 个图形显示窗口	⊖	全局缩小
⬛	查看模型的正等轴视图	⬛	左移
⬛	查看模型的斜视图	⬛	右移
⬛	查看模型的前视图	⬛	上移
⬛	查看模型的右视图	⬛	下移
⬛	查看模型的俯视图	⬛	绕 x 轴顺时针旋转
⬛	查看模型的后视图	⬛	绕 x 轴逆时针旋转
⬛	查看模型的左视图	⬛	绕 y 轴顺时针旋转
⬛	查看模型的仰视图	⬛	绕 y 轴逆时针旋转

续表

按钮	作 用	按钮	作 用
	缩放至合适大小		绕 z 轴顺时针旋转
	局部放大		绕 z 轴逆时针旋转
	恢复		控制每次平移的增量或者旋转角度的增量
	全局放大		动态控制按钮

8. 状态栏（Status Bar）

状态栏用于提示目前正在进行的操作。

9. 输出窗口（Output Window）

和主界面一起启动的还有一个 DOS 输出窗口，如图 5-15 所示。该窗口以文本形式显示用户对 ANSYS 的操作信息，包括操作过程信息、计算过程信息、错误提示信息等。该窗口通常位于其他窗口之后，用户可以通过单击该窗口将其提到最前，以查看命令执行信息。此外，ANSYS 将输出信息存放在记事本文件中，这些文件存放在 ANSYS 的工作目录下，文件名称和工程名称相同，后缀为 .txt 和 .err（错误信息文件）。

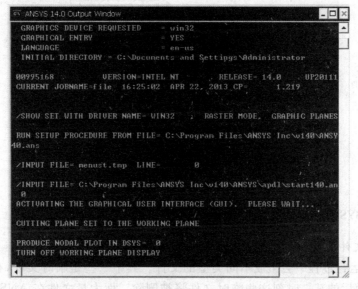

图 5-15　ANSYS 14.0 输出窗口

5.4.4 ANSYS 软件的退出

退出 ANSYS 软件有以下 3 种方式：
(1)从工具条退出：
Toolbar→QUIT
(2)从应用菜单退出：
Utility Menu→File→Exit
(3)从命令窗口退出：
/EXIT

执行上述操作后,将会出现如图 5-16 所示的关闭 ANSYS 对话框。其中 4 个按钮的功能如下：

Save Geom+Loads：退出 ANSYS 时保存几何模型、载荷和约束。
Save Geo+Ld+Solu：退出 ANSYS 时保存几何模型、载荷和约束及求解结果。
Save Everything：退出 ANSYS 时保存所有数据。
Quit-No Save：退出 ANSYS 时不保存任何数据。

选择完成后,单击 OK 按钮退出 ANSYS。

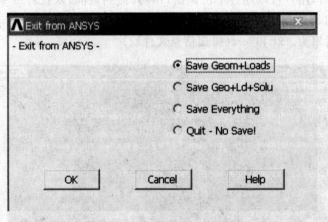

图 5-16　ANSYS 退出对话框

5.4.5 ANSYS 文件类型及文件操作

1. ANSYS 文件类型

在 ANSYS 运行过程中会生成不同类型的文件。其中一些是临时文件,在 ANSYS 运行结束前产生,在随后的某一时刻这些临时文件将被删除。而大量文件在 ANSYS 运行结束后仍然保留,用于保存数据的永久性文件。

ANSYS 的这些永久性文件,有些采用的是文本格式,有些采用的是二进制格式,用户可以在文本编辑器中对文本格式的文件进行读写操作。ANSYS 常用的一些永久性文件见表 5-3。

表 5-3 ANSYS 常用的永久性文件列表

文件名	文件类型	说　明
Jobname.db	二进制	ANSYS 数据库文件，记录 ANSYS 单元、节点、载荷等数据
Jobname.log	文本	ANSYS 日志文件，以追加方式记录所有执行过的命令
Jobname.emat	二进制	ANSYS 单元矩阵文件，记录有限元单元矩阵数据
Jobname.esav	二进制	ANSYS 单元数据存储文件，保持单元求解数据
Jobname.err	文本	ANSYS 出错记录文件，记录所有运行中的警告、错误信息
Jobname.rst	二进制	ANSYS 结果文件，记录一般结构分析的结果数据
Jobname.rth	二进制	ANSYS 结果文件，记录一般热分析的结果数据
Jobname.out	文本	ANSYS 输出文件，记录命令执行情况

2. 数据库文件的存储和恢复

(1) 保存数据库文件。

从工具条按钮快捷存储：

Toolbar→SAVE_DB

按工作文件名存储：

Utility Menu→File→Save as Jobname.db

按指定工作文件名存储：

Utility Menu→File→Save as...

从命令输入：

SAVE 命令

(2) 恢复数据库文件。

从工具条按钮快捷恢复：

Toolbar→RESUME_DB

按工作文件名恢复：

Utility Menu→File→Resume Jobname.db

按指定工作文件名恢复：

Utility Menu→File→Resume from...

从命令恢复：

RESUME 命令

(3) 数据库文件的管理。

重命名文件：
Utility Menu→File Operations→Rename

删除文件：
Utility Menu→File Operations→Delete

复制文件：
Utility Menu→File Operations→Copy

5.5 ANSYS结构分析

5.5.1 ANSYS结构分析概述

结构分析是有限元分析最常用的一个应用领域。结构这个概念是一个广义的概念，包括土木工程结构和机械零部件等。结构分析中可直接计算得到的基本未知量是位移，其他未知量如应变、应力和反作用力等，均可通过节点位移得到。ANSYS结构分析类型包括结构线性静力分析、结构动力学分析、结构非线性分析、复合材料结构分析、结构疲劳分析和结构断裂分析等。

5.5.2 ANSYS组成与特点

ANSYS的分析过程分为前处理、求解及后处理3个阶段，相应的ANSYS软件由前处理、求解及后处理3个模块组成。

1. 前处理

前处理模块用于选择坐标系和单元、定义实常数和材料特性、建立实体模型并进行网格划分、控制节点和单元，以及定义耦合和约束方程等。

ANSYS中坐标系统用于定义空间几何结构的位置、节点自由度的方向、材料特性的方向，以及图形显示和列表。可用的坐标系类型有笛卡儿坐标系（直角坐标系）、柱坐标系、球坐标系、椭球坐标系和环坐标系，这些坐标系均能在空间的任意方向设置。用户在前处理阶段输入的数据将成为ANSYS集中数据库的一部分，该数据库由坐标系表、单元类型表、材料特性表、关键点表、节点表及载荷表等组成。定义某个表中的数据后，该数据即可通过表项编号被引用。用户定义多个坐标系后，可通过简单地引用相应的坐标系编号激活它们。ANSYS提供了3种不同的建模方法，即模型导入、实体建模及直接生成，用户可快捷地建立实际工程系统的有限元模型。

2. 求解

前处理阶段完成建模后，用户在求解阶段通过求解器可获得分析结果。在该阶段用户可以定义分析类型、分析选项、载荷数据及载荷步选项，然后开始有限元求解。ANSYS提供称为PowerSolver的高效预条件共轭梯度（PCG）求解器、Jacobi共轭梯度（JCG）求解器，以及不完全 Cholesky 共轭梯度(ICCG)求解器。针对特定问题,用户可从中任选一个最合适的求解器求解,从而最大限度地提高效率。

3. 后处理

ANSYS 程序提供两种后处理器:通用后处理器(POST1)和时间历程后处理器(POST26)。通用后处理器用于分析处理整个模型在某个载荷步的某个子步,或者某个结果序列,或者某特定时间或频率下的结果;时间历程后处理器用于分析处理指定时间范围内模型指定节点上的某结果项随时间或频率的变化情况。

5.5.3 ANSYS 建模基本过程

ANSYS 软件使用的模型可分为实体模型和有限元模型两大类。实体模型类似于 CAD,是以数学的方式表达结构几何形状的,可以在其中填充节点和单元,也可以在模型边界上施加载荷及约束;有限元模型是由节点和单元组成的,专门供有限元分析。实体模型不参与有限元分析,所有施加在实体模型边界上的载荷或约束必须传递到有限元模型上(即节点和单元上)进行求解。

1. ANSYS 软件建模基本方法

ANSYS 程序提供了直接建模、实体建模、输入在计算机辅助设计系统(CAD)中创建的实体模型、输入在计算机辅助设计系统中创建的有限元模型等 4 种建模方法。

(1)直接建模。这种建模方法是在 ANSYS 显示窗口直接创建节点和单元,模型中没有点、线、面等实体出现。该建模方法适用于小型模型、简单模型以及规律性较强的模型,可实现对每个节点和单元编号的完全控制。但该方法需人工处理的数据量大、效率低,不能使用自适应网格划分功能,网格修正非常困难,容易出错。

(2)实体建模。实体建模是先创建由关键点、线段、面和体构成的几何模型,然后利用 ANSYS 网格划分工具对其进行网格划分,生成节点和单元,最终建立有限元模型的一种建模方法。该建模方法适用于复杂模型,尤其适用于 3D 实体建模,需人工处理的数据量小、效率高,允许对节点和单元实施不同的几何操作,支持布尔操作(相加、相减、相交等),也可以进行自适应网格划分,可以进行局部网格细化。但该方法有时需要大量的 CPU 处理时间,对小型、简单的模型有时很烦琐,在待定的条件下可能会失败(即程序不能生成有限元网格)。

(3)输入在计算机辅助设计系统中创建的实体模型。ANSYS 程序为不同的软件提供了导入导出接口,利用这些接口,用户可以将在 CAD 系统建立的实体模型以一定的格式导入 ANSYS 程序进行分析。如果从 CAD 系统导入的实体模型不适合进行网格划分,则需要进行大量的修补工作。此时需要利用 ANSYS 提供的拓扑和几何修复工具,并经过相应的几何简化才能满足使用要求。

从 CAD 系统导入实体模型的 GUI 操作方法:

Utility Menu→File→Import

(4)输入在计算机辅助设计系统中创建的有限元模型。该方法是利用 CAD 系统在网格划分方面的优势,预先将实体模型划分为有限元模型,然后通过一定的格式导入到 ANSYS。导入到 ANSYS 中的有限元模型在使用之前一般需要经过校验和修正。

从 CAD 系统导入有限元模型的 GUI 操作方法:

Utility Menu→File→Import

2. ANSYS 软件坐标系与工作平面

ANSYS 坐标系和工作平面对建模结果影响很大,在进行建模之前,必须要了解 ANSYS 坐标系和工作平面的定义和使用方法。

(1) 坐标系。坐标系用于定义几何结构的空间位置,规定节点的自由度,以及改变图形显示和列表。ANSYS 中有总体坐标系、局部坐标系、节点坐标系、单元坐标系、显示坐标系和结果坐标系等 6 种坐标系。尽管 ANSYS 可以定义多个坐标系,但在同一时刻只能有一个坐标系被激活。系统总是首先激活笛卡儿坐标系,如果定义了新的局部坐标系,该新坐标系就会被系统自动激活。ANSYS 在运行的任意时刻都可以激活任何一个坐标系,激活坐标系的 GUI 方法如下:

Utility Menu→WorkPlane→Change Active CS to

在创建实体时,不管当时哪个坐标系被激活,ANSYS 都将坐标显示为 X,Y,Z,如果当前坐标系不是笛卡儿坐标系,则对柱坐标系而言,坐标 X,Y,Z 代表 R,θ,Z;对于球坐标系而言,坐标 X,Y,Z 代表 R,θ,ϕ。

上述 6 种坐标系的定义和使用方法如下:

1) 总体坐标系。总体坐标系用于确定几何结构的空间位置,是一个绝对参考系。ANSYS 中有 3 种总体坐标系可供选择:笛卡儿坐标系、柱坐标系、球坐标系,并且都是右手系,具有共同的原点。这 3 种总体坐标系的 GUI 定义方法如下:

a. 定义笛卡儿坐标系:

Utility Menu→WorkPlane→Change Active CS to→Global Cartesian

b. 定义柱坐标系:

Utility Menu→WorkPlane→Change Active CS to→Global Cylindrical

c. 定义球坐标系:

Utility Menu→WorkPlane→Change Active CS to→Global Spherical

2) 局部坐标系。在某些情况下,用户必须要创建自己的局部坐标系,局部坐标系的特点:原点相对于总体坐标系的原点偏离了一定的距离或各轴相对于总体坐标系偏转了一定的角度。

a. 局部坐标系的 GUI 定义方法:

Utility Menu→WorkPlane→Local Coordinate Systems→Create Local CS

还可以通过 CLOCAL 命令将已激活的坐标系定义为局部坐标系。该命令没有相对应的 GUI。

b. 局部坐标系的删除方法:

Utility Menu→WorkPlane→Local Coordinate Systems→Delete Local CS

c. 局部坐标系的 GUI 查看方法：

Utility Menu→List →Local Other→Local Coord Sys

3) 节点坐标系。节点坐标系用于定义节点自由度的方向。每个节点都有自己的节点坐标系，在默认的情况下总是平行于总体笛卡儿坐标系，并与其他坐标系无关。

a. 节点坐标系的定义方法：

Main Menu→Preprocessor→Modeling→Creat→Nodes→Rotate Node CS

b. 节点坐标系的显示方法：

Utility Menu→List→Nodes

4) 单元坐标系。单元坐标系用于规定正交材料特性的方向和面力结果的输出方向，每个单元均有各自的单元坐标系，并且均为正交右手系。

在大多数情况下，单元坐标系的默认方向遵循以下原则：

a. 线单元 X 轴正方向由该单元的 I 节点指向 J 节点。

b. 壳单元 X 轴正方向由该单元的 I 节点指向 J 节点，Z 轴与壳面垂直并且过 I 点，其正方向由单元的 I,J,K 节点按右手准则确定。

c. 2D 实体和 3D 实体单元的单元坐标系总是平行于总体笛卡儿坐标系。

对于面单元和体单元，可通过以下方法修改单元坐标系的方向：

Main Menu→Preprocessor→Meshing→Mesh Attributes→Default Attribs

5) 显示坐标系。在默认情况下，节点和单元列表显示采用总体笛卡儿坐标系。改变显示坐标系的方法：

Utility Menu→WorkPlane→Change Display CS to

6) 结果坐标系。在默认情况下，结果数据显示采用总体笛卡儿坐标系。改变显示坐标系的方法：

Main Menu→General Postproc→Options for Output

(2) 工作平面。工作平面是一个可以移动的参考平面，相当于一个虚拟的绘图板，所有的实体模型都将在工作平面上生成。工作平面是无限平面，由原点、二维坐标系、捕捉增量和显示栅格组成。在同一时刻只能定义一个工作平面，若定义新的工作平面，ANSYS 会自动删除原来的工作平面。ANSYS 默认的工作平面为总体笛卡儿坐标系的 XOY 面，该坐标系的 X 轴和 Y 轴分别为工作平面的 WX 轴和 WY 轴。工作平面的相关 GUI 操作如下：

a. 显示工作平面：

Utility Menu→List→Status→Working Plane

b. 定义工作平面：

Utility Menu→WorkPlane→Aline WP with

c. 移动和旋转工作平面：

Utility Menu→WorkPlane→Offset WP to

在 ANSYS 中,工作平面不能存储,但可以通过在工作平面的原点创建局部坐标系来还原已定义的工作平面。

a. 在工作平面的原点创建局部坐标系:

Utility Menu→WorkPlane→Local Coordinate Systems→Create Local CS→At WP Origin

b. 利用局部坐标系还原已定义的工作平面:

Utility Menu→WorkPlane→Align WP with

3. 实体建模

ANSYS 程序提供了两种实体建模方法:自底向上建模与自顶向下建模。自底向上进行实体建模时,用户从最低级的图元向上构造模型,即用户首先定义关键点,然后依次是相关的线、面、体。自顶向下进行实体建模时,用户定义一个模型的最高级图元,如球、多面体、棱柱等,称为基元,程序则自动定义相关的面、线及关键点。用户利用这些高级图元直接构造几何模型,如二维的圆和矩形以及三维的块、球、锥和柱。

无论是使用自底向上或是自顶向下方法建模,用户均能使用布尔运算来组合数据集,从而形成一个实体模型。ANSYS 程序提供了相加、相减、相交、分割、黏合和叠合等完整的布尔运算。创建复杂实体模型时,对线、面、体、基元的布尔操作能减少相当可观的建模工作量。ANSYS 程序还提供了拖拉、延伸、旋转、移动、延伸和复制实体模型图元的功能。附加的功能还包括圆弧构造,切线构造,通过拖拉与旋转生成面和体,线和面的自动相交运算,自动倒角生成,用于网格划分的硬点的建立、移动、复制和删除等。

(1)自底向上建模。自底向上的建模过程是先创建关键点,再依次创建相关的线、面和体等高级图元。相应的 GUI 操作如下:

a.(关键点、线、面、体)的生成操作:

Main Menu→Preprocessor→Modeling→Create→(Keypoints、Lines、Areas、Volumes)

b.(关键点、线、面、体)的选择操作:

Utility Menu→Select→Entites(Keypoints、Lines、Areas、Volumes)

c.(关键点、线、面、体)的列表显示操作:

Utility Menu→List→(Keypoints、Lines、Areas、Volumes)

d.(关键点、线、面、体)的图形显示操作:

Utility Menu→Plot→(Keypoints、Lines、Areas、Volumes)

e.(线、面、体)的布尔操作:

Main Menu→Preprocessor→Modeling→Operate→Booleans(Lines、Areas、Volumes)

f.(关键点、线、面、体)的删除操作:

Main Menu→Preprocessor→Modeling→Delete→(Keypoints、Lines、Areas、Volumes)

(2)自顶向下建模。自顶向下的建模过程指的是一开始便从较高级的实体图元构造模型。在这种方法下,ANSYS 在生成一种体素时会自动生成所有的从属于该体素的较低级的图元。

1)生成 2D 基本图元。

a. 生成矩形面：
Main Menu→Preprocessor→Modeling→Create→Areas→Rectangle
b. 生成圆形面：
Main Menu→Preprocessor→Modeling→Create→Areas→Circle
c. 生成多边形面：
Main Menu→Preprocessor→Modeling→Create→Areas→Polygon
2) 生成3D基本图元。
ANSYS共提供块体、圆柱体、棱柱体、球体、圆台等多种3D体素。
a. 生成块体：
Main Menu→Preprocessor→Modeling→Create→Volumes→Block
b. 生成圆柱体：
Main Menu→Preprocessor→Modeling→Create→Volumes→Cylinder
c. 生成棱柱体：
Main Menu→Preprocessor→Modeling→Create→Volumes→Prism
d. 生成球体：
Main Menu→Preprocessor→Modeling→Create→Volumes→Sphere
e. 生成圆台：
Main Menu→Preprocessor→Modeling→Create→Volumes→Cone

4. 网格划分

除直接生成有限元模型外，所有实体模型在进行分析求解之前，必须对其划分网格（分为定义单元类型、定义网格生成控制和生成网格3个步骤），生成有限元模型。

(1) 定义单元类型。在划分网格之前，通常需要定义单元类型。主要包括3个基本类型的常数定义：单元类型和单元类型属性定义、实常数定义、材料属性定义。

1) 单元类型和单元类型属性定义。ANSYS提供了200余种单元用于工程分析。经常使用的单元有线单元（用于单个单元上应力为常数的情况）、梁单元（用于螺纹、薄壁管件、角钢、型材或细长薄膜构件等模型）、杆单元（用于弹簧、螺杆、预应力螺杆或桁架等模型）、弹簧单元（用于弹簧、螺杆、细长结构或通过刚度等效替代复杂结构等模型）、壳单元（用于薄板或曲面模型，面板厚度需小于其面板尺寸的1/10）、面单元（普遍适用于各种2D模型或可简化为2D的模型）和实体单元（用于各种3D实体模型）。

选择单元的基本原则是在满足求解精度的前提下尽量采用低维数的单元，即选择单元优先级从高到低依次为点、线、面、壳、实体。同时还应注意两点：一是线单元的扭曲变形可能引起求解精度损失；二是在求解精度方面，线单元和二次单元之间的差别远没有平面单元和三维实体单元之间的差别大。

2) 定义实常数。为了准确求解，有必要对所选择单元的几何特征进行补充，这些补充以实常数的形式体现出来。单元实常数通常包括壳单元的厚度、梁单元的横截面面积、惯性矩、平面单元的轴对称特性等。

3）定义材料属性：

Main Menu→Preprocessor→Material Props→Material Model

执行上述命令后，ANSYS会打开材料模型对话框，用户可在此对话框中选择相应的材料模型。ANSYS提供了100余种材料模型供用户选用。

（2）网格密度控制。在一般情况下，采用默认网格控制可以使模型生成足够的网格，此时不需指定任何网格划分控制。但如果要得到更精确的网格划分结果，则需在对模型进行网格划分前实施网格划分控制：

Main Menu→Preprocessor→Meshing→Size Cntrls→Manual Size

（3）网格划分方法。ANSYS提供了使用便捷、高质量的对几何模型进行网格划分的功能。主要包括自由网格划分、映射网格划分、延伸网格划分和自适应网格划分等4种网格划分方法。

1）自由网格划分。ANSYS程序的自由网格划分功能十分强大，这种网格划分方法没有单元形状的限制，网格也不遵循任何模式，适用于对复杂形状的面和体进行网格划分，这就避免了用户对模型各个部分分别划分网格后进行组装时各部分网格不匹配带来的麻烦。

对面进行网格划分，自由网格可以只由四边形单元组成，或者只由三角形单元组成，或者两者混合。对体进行自由网格划分，一般指定网格为四面体单元、六面体单元作为过渡，也可以加入到四面体网格中。

2）映射网格划分。映射网格划分允许用户将几何模型分解成简单的几部分，然后选择合适的单元属性和网格控制，生成映射网格。映射网格划分主要适用于规则的面和体，单元成行并具有明显的规则形状，仅适用于四边形单元（对面）和六面体（对体）。

3）延伸网格划分。延伸网格划分可将一个二维网格延伸成一个三维网格，主要是利用体扫掠，从体的某一边界面扫掠贯穿整个体而生成体单元。如果需扫掠的面由三角形网格组成，体将生成四面体单元；如果面网格由四边形网格组成，体将生成六面体单元；如果面由三角形和四边形单元共同组成，则体将由四面体和六面体单元共同填充。

4）自适应网格划分。自适应网格划分是在生成了具有边界条件的实体模型以后，用户指示程序自动地生成有限元网格、分析、估计网格的离散误差，然后重新定义网格大小，再次分析计算、估计网格的离散误差，直至误差低于用户定义的值或达到用户定义的求解次数。

5.5.4 ANSYS结构分析过程

典型的ANSYS结构分析过程主要包括创建有限元模型、施加载荷进行求解和查看求解结果等三个步骤。建立有限元模型包括指定工作文件名和工作标题、定义单元类型和单元关键字、定义单元实常数、定义材料属性、创建几何模型和进行有限元网格划分等环节；加载求解包括定义分析类型和分析选项、加载、指定载荷步选项和求解初始化等环节；程序计算完成之后，可以通过通用后处理器POST1和时间历程后处理器POST26查看求解结果。其中，

POST1 用于查看整个模型或部分模型在某一时间步的计算结果;POST26 用于查看模型的特定点在所有时间步内的计算结果(见图 5-17)。

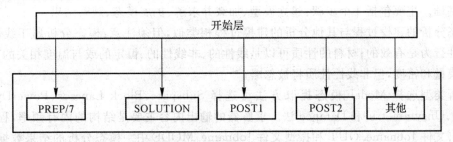

图 5-17 ANSYS 程序的组织结构

1. 结构线性静力分析基本过程

ANSYS 程序中的结构静力分析可用来计算在固定不变的载荷作用下结构的响应,即由于稳态外载荷引起的系统或部件的位移、应力、应变和力。同时,结构静力分析还可以计算那些固定不变的惯性载荷以及那些可以近似等价为静力作用的随时间变化的载荷对结构的影响。ANSYS 进行结构线性静力分析有以下主要步骤:

(1)建立有限元模型。在建立有限元模型的过程中,应该首先确立所要进行分析工程的工作文件名、工作标题并定义单元类型、单元实常数、材料模型及其参数。在结构线性静力分析过程中,应注意以下几个问题:可以使用线性或非线性的单元类型;选择的材料模型可以使线性或非线性、各向同性或各向异性、和温度相关或无关。另外,在选择材料特性时,必须定义材料属性;若结构需要施加惯性载荷,必须定义能求出质量的参数;若进行热-结构耦合分析,必须定义线膨胀系数。

(2)建立载荷和边界条件,进行求解。包括定义分析类型和分析选项、施加载荷、定义边界条件、设置输出格式、进行求解计算等子步骤。

分析类型选择 Static(静态)或 Steady-State(稳态)。如果分析中存在大挠度变形或大应变时,大变形或大应变选项中应选择 ON;若不产生大应变,选择 OFF,程序默认值为 OFF。一般只在小变形分析中,希望通过应力刚化明显提高或降低结构中的刚度,或在大变形中,希望通过应力刚化提高收敛精度等两种情况下使用应力刚化效应选项。如果要在结构上施加惯性载荷,可以使用质量矩阵方程选项。可使用 Frontal、JCG、ICCG、PCG、Sparse、Iterative 等求解器中的任何一个。可以在实体(关键点、线、面)上施加载荷,也可以在有限元模型(节点、单元)上施加载荷。可以使用的载荷有位移约束、集中力和力矩、表面压力、温度载荷、能量密度、重力、旋转惯性力等。

(3)结果评价和分析。在结构静力分析中,结果文件被写入到结构文件 Jobname.RST 中。一般结果文件中包括基本数据即节点位移信息(UX、UY、UZ、ROTX、ROTY、ROTZ)和导出数据即节点和单元应力、应变、支反力等。在结果的检查中,可以使用通用后处理器 POST1,也可以使用时间历程后处理器 POST26。

2. 结构动力学分析基本过程

(1)模态分析。模态分析主要用于确定结构或机器部件的振动特性,同时也是其他动力学分析的基础。主要包括 4 个步骤:建立模型、加载并求解、扩展模态、观察结果。

模态分析的建模过程与其他分析的建模过程相类似,但须注意:模态分析属于线性分析,只有线性行为是有效的;材料的性质可以是线性的、非线性的、恒定的或与温度相关的,必须指定弹性模量和密度,但非线性性质将被忽略。

分析类型选择 Modal,模态提取方法可选择 Subspace、Block Lanczos、PowerDynamic、Reduced、Unsymmetric 和 Damped 法。求解器的输出内容主要是结构的固有频率,程序将其写到输出文件 Jobname.OUT 和振型文件 Jobname.MODE 中。模态分析的结果数据包括结构的固有频率、已扩展的振型、相对的应力和力分布等。模态分析的后处理与一般分析的后处理相似。

(2)谐响应分析。谐响应分析是用于确定线性结构在承受随时间按正弦规律变化的载荷时的稳态响应的一种技术。其分析的目的是计算出结构在几种频率下的响应,并得到响应值和频率的变化关系曲线。这种分析技术只是计算结构的稳态受迫振动,发生在激励开始时的瞬态振动,不在谐响应分析中考虑。谐响应分析过程主要包括建模、加载求解及观察求解结果 3 个主要步骤。

和模态分析相同,谐响应分析也属于线性分析,任何非线性特性,即使被定义在分析过程中也将被忽略。但在分析中可以包含非对称矩阵,如分析流体-结构耦合作用的问题。谐响应可以采用完全法、缩减法和模态叠加法 3 种分析方法。

谐响应分析的建模过程与其他分析的建模过程相类似,需要注意的是谐响应分析中只有线性行为是有效的;材料的性质可以是线性的、非线性的、恒定的或与温度相关的。

分析类型应选择 Harmonic Response,求解器可使用 Frontal solver、JCG solver、ICCG solver 和 SPAR solver 中任何一个。模型加载时,指定一个完整的简谐载荷需要输入 Amplitude、Phase Angle 和 Forcing Frequency Range 三条消息。

谐响应分析结果被保存到结果文件 Jobname.RST 中。如果定义了阻尼,响应将与载荷异步,所有结果将是复数形式的,并以实部和虚部存储。通常可以用 POST26 和 POST1 观察结果。一般后处理顺序是首先用 POST26 后处理器找到临界强制频率,然后用 POST1 观察此临界频率处整个模型。

(3)瞬态动力学分析。瞬态动力学分析是用于确定结构承受任意随时间变化的载荷的动力学响应的一种方法。它可以确定结构在静载荷、瞬态载荷和简谐载荷的随意组合作用下的随时间变化的位移、应变、应力及力。载荷和时间的相关性使得惯性力和阻尼作用比较显著。瞬态动力学分析可以采用完全法、缩减法和模态叠加法 3 种分析方法。瞬态动力学分析过程主要包括建模、加载求解及观察求解结果 3 个主要步骤。

瞬态动力学分析的建模过程与其他分析的建模过程相类似,需要注意的是瞬态动力学分析中可以使用线性和非线性单元;必须指定弹性模量和密度,但非线性材料特性将被忽略。

分析类型应选择 Transient，求解器可使用 Frontal、JCG、ICCG、PCG 和 Spar solver 中的任何一个。瞬态动力学分析结果被保存到结果文件 Jobname.RST 中，可以用 POST26 和 POST1 观察结果。

(4) 谱分析。谱分析是一种将模态分析的结果与一个已知的谱联系起来计算结构的位移和应力的分析技术。它主要用于时间-历程分析，以便确定结构对随机载荷或随时间变化载荷的动力响应情况。谱分析主要有响应谱、动力设计分析方法和功率谱密度等 3 种形式。

单点响应谱分析主要有建立模型、获得模态解、获得谱分析解、扩展模态、合并模态和查看求解结果等 6 个主要步骤。

谱分析的建模过程与其他分析的建模过程相类似，需要注意的是谱分析中只有线性行为是有效的；必须指定弹性模量和密度，但非线性材料特性将被忽略。

需要注意的是，在谱分析中必须使用 Subspace 法、Block Lanczos 法、Reduced 法提取模态，其他模态提取方法对后续的谱分析是无效的；必须对施加激励谱的位置添加自由度约束；材料的阻尼特性必须在模态分析中指定；所提取的模态数应足以表征在感兴趣的频率范围内结构所具有的响应。

谱分析的结果存储于模态合并文件 Jobname.MCOM 中，包括总位移、总速度、总加速度、总应力、总应变和总反作用力。可以用 POST1 观察结果，基本过程同其他类型的后处理过程。

3. 结构非线性分析基本过程

引起结构非线性的原因很多，主要可分为状态变化（包括接触）、几何非线性和材料非线性 3 种类型。尽管非线性分析比线性分析更加复杂，但处理过程基本相同，只是在非线性分析的适当过程中，添加了需要的非线性性质。非线性静态分析是静态分析的一种特殊形式，如同任何静态分析，处理流程由建模、加载与求解、查看结果 3 个主要步骤组成。

非线性分析的建模过程与线性分析十分相似，只是非线性分析中可能包括特殊的单元或非线性材料特性。并不是所有的非线性分析都将产生大变形，若产生大变形则需开启大变形或大应变选项。另外还需使用牛顿-拉普森选项，用于指定在求解期间每隔多长时间修改一次正切矩阵。

非线性静态分析的结果主要包括位移、应力、应变和反作用力，可以用 POST1 通用后处理器或 POST26 时间历程后处理器来考察这些结果。

4. 复合材料结构分析基本过程

复合材料是由两种或两种以上性质不同的材料复合在一起而形成的一种材料，其主要优点是具有很高的比刚度。ANSYS 提供了层单元来模拟复合材料。

复合材料结构分析也包括建模、加载求解及后处理 3 个基本步骤，其中加载求解和后处理基本同于一般的结构分析过程，建模过程具有其特殊性。

与一般的各向同性材料相比，复合材料的建模过程要相对复杂些。由于各层材料性能为任意正交各向异性，材料性能与材料主轴取向有关，所以在定义各层材料性能和方向时要特别注意选择合适的单元类型、定义材料层的配置、确定失效准则、确定应遵循的建模和后处理准则。其中可用的单元有 SHELL99、SHELL91、SHELL181、SOLID46 和 SOLID191 五种；可通过定义各层的材料性质或通过定义表征宏观力、力矩与宏观应变、曲率之间相互关系的本构矩阵两种方法定义材料层的配置；可采用最大应力失效准则、最大应变失效准则和 Tsai-Wu 失效准则。

5. 结构疲劳分析基本过程

疲劳是结构在一定的载荷水平范围内（小于极限静载荷）承受重复性载荷而产生的一种现象。主要受经历的循环载荷次数、每一个循环载荷的应力范围、每一个循环载荷的平均应力、局部应力集中现象的存在等因素的影响。

ANSYS 程序可根据应力求解结果，计算疲劳参数；可以在一系列预先选定的位置上确定一定数目的应力循环和应力循环载荷，并存储这些位置上的应力；可以在每一个选定位置上定义应力集中系数并为每一个应力循环定义标定参数。

疲劳计算通常是在完成结构静力分析之后进行的，主要包括 5 个步骤：

a. 进入 POST1，恢复数据库；

b. 建立疲劳计算规模，定义材料疲劳参数，设置疲劳计算参数；

c. 存储应力、指定事件循环次数和比例因子；

d. 激活疲劳计算；

e. 查看计算结果。

6. 结构断裂分析基本过程

在许多结构和零部件中存在微观裂纹和缺陷，这些裂纹和缺陷往往会导致灾难性的后果。断裂力学是研究受载结构中裂纹的扩展过程，并对相关的实验结果进行验证的。通常是通过计算裂纹区域的断裂参数（如应力强度因子、J 积分和能量释放率）来进行预测的。一般情况下，裂纹的扩展程度是随着作用在构件上的循环载荷次数而增加的。

求解断裂力学问题的步骤：首先进行弹性分析或弹塑性静力分析，然后再用特殊的后处理命令或宏命令计算所需的断裂参数。

第6章 基于 ANSYS 技术的常见结构有限元分析

6.1 平面应力问题有限元分析

6.1.1 问题描述

图 6-1 所示为一中心有圆孔的薄板,薄板弹性模量为 2.1×10^5 MPa,泊松比为 0.3,薄板平均厚度为 0.01 mm,其在两端受均布载荷 $q = 2\ 000$ Pa。求薄板内部的应力场分布(图中单位为 mm)。

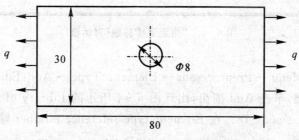

图 6-1 承受均匀载荷作用带孔薄板示意图

6.1.2 问题分析

对于涉及薄板问题的结构问题,若只承受薄板长度和宽度方向所构成的平面载荷时(厚度方向无载荷),一般沿薄板厚度方向上的应力变化不予考虑,即该问题可简化为平面应力问题,根据该薄板结构的对称性,选择整体结构的 1/4 建立几何模型,进行分析求解。

6.1.3 求解步骤

1. 定义工作文件名和工作标题

(1)选择 Utility Menu→File→Change Jobname 命令,出现 Change Jobname 对话框,在[/FILNAM]Enter new jobname 输入框中输入工作文件名 PLATE(文件名可按自己的需要确定),并将 New log and error files? 设置为 Yes,如图 6-2 所示,点击 OK 按钮关闭该对话框。

(2)选择 Utility Menu→File→Change Title 命令,出现 Change Title 对话框,在输入框中输入 plate stress with circle,如图 6-3 所示,单击 OK 按钮关闭该对话框。

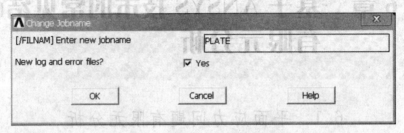

图 6-2 "指定工作文件名"对话框

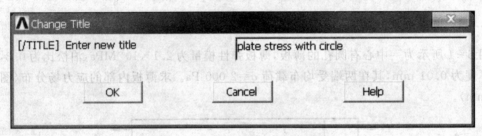

图 6-3 "指定工作标题"对话框

2. 定义单元类型

(1)选择 Main Menu→Preprocessor→Element Type→Add/Edit/Delete 命令,出现 Element Types 对话框,单击 Add 按钮,出现图 6-4 所示的 Library of Element Types 对话框。选择 Solid,Quad 4 node 182,在 Element type reference number 输入框中输入 1,单击 OK 按钮,关闭该对话框。

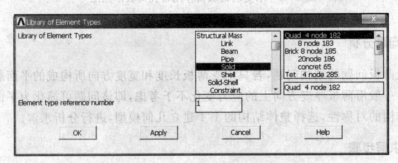

图 6-4 "指定单元类型"对话框

(2)单击 Element Types 对话框上的 Close 按钮,关闭该对话框。

3. 定义材料常数

(1)选择 Main Menu→Preprocessor→Material Props→Material Models 命令,出现 Define Material Model Behavior 对话框。

(2)在 Material Models Available 一栏中依次双击 Structural、Linear、Elastic、Isotropic 选项，出现 Linear Isotropic Properties for Material Number 1 对话框，在 EX 输入框中输入 2.1E+011，在 PRXY 输入框中输入 0.3，如图 6-5 所示，单击 OK 按钮关闭该对话框。

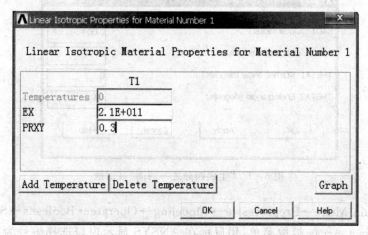

图 6-5 "输入材料弹性模量和泊松比"对话框

(3)在 Define Material Model Behavior 对话框上选择 Material→Exit 命令，关闭该对话框。

4. 创建几何模型

(1)选择 Main Menu→Preprocessor→Modeling→Create→Areas→Rectangle→By Dimensions 命令，出现 Create Rectangle By Dimensions 对话框，在 X1, X2 X-coordinates 输入框中输入 0, 0.04；在 Y1, Y2 Y-coordinates 输入框中输入 0, 0.015，如图 6-6 所示，单击 OK 按钮关闭该对话框。

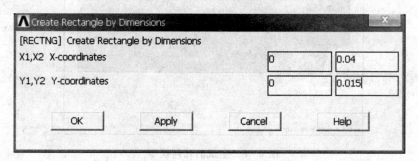

图 6-6 "生成矩形面"对话框

(2)选择 Main Menu→Preprocessor→Modeling→Create→Areas→Circle→By Dimensions 命令，出现 Create Area By Dimensions 对话框，在 RAD1 Outer radius 输入框中输入 0.004；在 RAD2 Optional inner radius 输入框中输入 0，在 THETA1 Starting angle 输入

51

框中输入0,在THETA2 Ending angle 输入框中输入90,如图6-7所示,单击OK按钮关闭该对话框。

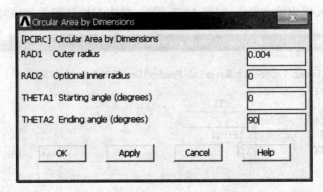

图6-7 "生成四分之一圆面"对话框

(3)选择 Main Menu→Preprocessor→Modeling→Operate→Booleans→Subtract→Area 命令,出现 Subtract Areas 拾取菜单,用鼠标在 ANSYS 显示窗口选择编号为 A1 的面,单击 OK 按钮,用鼠标在 ANSYS 显示窗口选择编号为 A2 的面,单击 OK 按钮关闭该对话框。

(4)选择 Utility Menu→Plot→Area 命令,ANSYS 显示窗口将显示生成的几何模型,如图6-8所示。

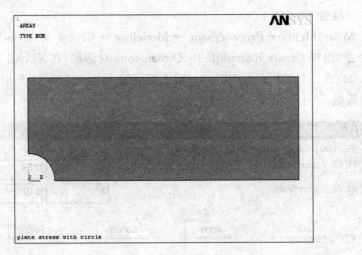

图6-8 生成的几何模型

5. 划分网格

(1)选择 Main Menu→Preprocessor→Meshing→Size contrls→ManualSize→Global→Size 命令,出现 Global Element Sizes 对话框,在 SIZE Element length 输入框中输入0.002,单击 OK 按钮关闭该对话框。

(2)选择 Main Menu→Preprocessor→Meshing→Areas→Mapped→By Corners 命令,出现 Map Mesh Area by 拾取菜单,用鼠标在 ANSYS 显示窗口选择编号为 A1 的面,单击 OK 按钮,再次用鼠标依次选择编号为 1,4,5,3 的关键点,单击 OK 按钮关闭该对话框。

(3)选择 Utility Menu→Plot→Elements 命令,ANSYS 显示窗口将显示网格划分后的结果,如图 6-9 所示。

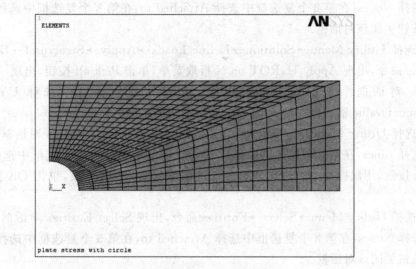

图 6-9 网格划分后的结果

6. 加载求解

(1)选择 Main Menu→Solution→Analysis Type→New Analysis 命令,出现 New Analysis 对话框。选择分析类型为 Static,如图 6-10 所示,单击 OK 按钮关闭该对话框。

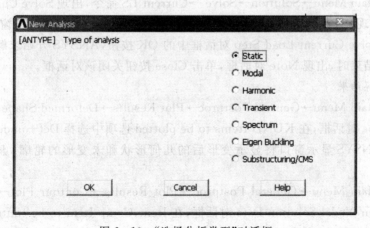

图 6-10 "选择分析类型"对话框

(2)选择 Utility Menu→Select→Entities 命令,出现 Select Entities 对话框。在第 1 个复选框中选择 Lines,在第 2 个复选框中选择 By Num/pick,在第 3 个复选框中选择 From Full,单击 OK 按钮,用鼠标在 ANSYS 显示窗口选取编号为 L4 的线段,单击 OK 按钮关闭该对话框。

(3)选择 Utility Menu→Select→Entities 命令,出现 Select Entities 对话框。在第 1 个复选框中选择 Nodes,在第 2 个复选框中选择 Attached to,在第 3 个复选框中选择 Lines,all,单击 OK 按钮关闭该对话框。

(4)选择 Utility Menu→Solution→Define Loads→Apply→Structural→Displacement→On Nodes 命令,出现 Apply U,ROT on N 拾取菜单,单击 Pick all 按钮,出现 Apply U,ROT on Nodes 对话框。在 Lab2 DOFs to be constrained 复选框中选择 UY,在 VALUE Displacement value 输入框中输入 0,单击 OK 按钮关闭该对话框。

(5)选择 Utility Menu→Select→Entities 命令,出现 Select Entities 对话框。在第 1 个复选框中选择 Lines,在第 2 个复选框中选择 By Num/pick,在第 3 个复选框中选择 From Full,单击 OK 按钮,用鼠标在 ANSYS 显示窗口选取编号为 L5 的线段,单击 OK 按钮关闭该对话框。

(6)选择 Utility Menu→Select→Entities 命令,出现 Select Entities 对话框。在第 1 个复选框中选择 Nodes,在第 2 个复选框中选择 Attached to,在第 3 个复选框中选择 Lines,all,单击 OK 按钮关闭该对话框。

(7)选择 Utility Menu→Solution→Define Loads→Apply→Structural→Pressure→On Nodes 命令,出现 Apply PRES on Nodes 拾取菜单,单击 Pick all 按钮,出现 Apply PRES on Nodes 对话框。在 VALUE Load PRES value 输入框中输入 −2000,单击 OK 按钮关闭该对话框。

(8)选择 Main Menu→Solution→Solve→Current LS 命令,出现 Solve Current Load Step 对话框,同时出现/STATUS Command 窗口,单击 File→Close 命令,关闭该窗口。

(9)单击 Solve Current Load Step 对话框中的 OK 按钮,ANSYS 开始求解计算。

(10)求解结束时,出现 Note 对话框,单击 Close 按钮关闭该对话框。

7. 查看求解结果

(1)选择 Main Menu→General Postproc→Plot Results→Deformed Shape 命令,出现 Plot Deformed Shape 对话框,在 KUND Items to be plotted 选项中选择 Def+under edge 选项,单击 OK 按钮,ANSYS 显示窗口将显示变形后的几何形状和未变形的轮廓(虚线所示),如图 6−11 所示。

(2)选择 Main Menu→General Postproc→Plot Results→Contour Plot→Nodal Solu 命令,出现 Contour Nodal Solution Data 对话框,在 Item,Comp Item to be contoured 选项中选择 DOF solution Translation USUM,其余选项采用默认设置,单击 OK 按钮,ANSYS 显示窗口将显示位移场分布等值线图,如图 6−12 所示。

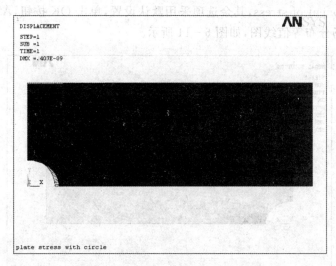

图 6-11 变形前后薄板的几何形状

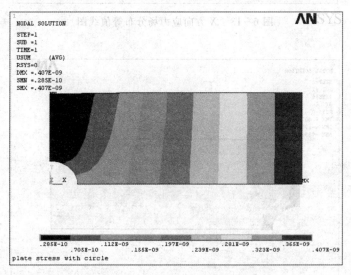

图 6-12 位移场分布等值线图

(3)选择 Main Menu→General Postproc→Plot Results→Contour Plot→Nodal Solu 命令,出现 Contour Nodal Solution Data 对话框,在 Item,Comp Item to be contoured 选项中选择 Stress X-component of stress,其余选项采用默认设置,单击 OK 按钮,ANSYS 窗口将显示 X 方向应力场分布等值线图,如图 6-13 所示。

(4)选择 Main Menu→General Postproc→Plot Results→Contour Plot→Nodal Solu 命令,出现 Contour Nodal Solution Data 对话框,在 Item,Comp Item to be contoured 选项中选

择 Stress Y-component of stress,其余选项采用默认设置,单击 OK 按钮,ANSYS 显示窗口将显示 Y 方向应力场分布等值线图,如图 6-14 所示。

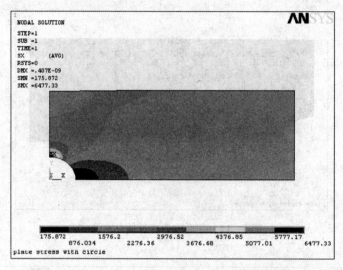

图 6-13　X 方向应力场分布等值线图

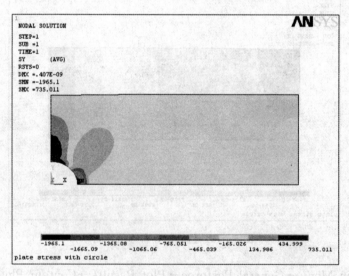

图 6-14　Y 方向应力场分布等值线图

(5)选择 Main Menu→General Postproc→Plot Results→Contour Plot→Nodal Solu 命令,出现 Contour Nodal Solution Data 对话框,在 Item,Comp Item to be contoured 选项中选择 Stress von Mises stress,其余选项采用默认设置,单击 OK 按钮,ANSYS 显示窗口将显示等效应力场分布等值线图,如图 6-15 所示。

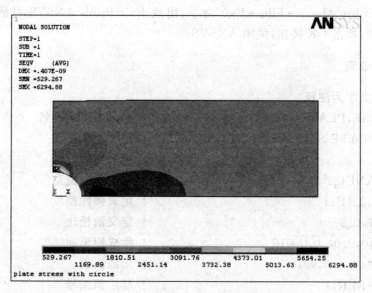

图 6-15 等效应力场分布等值线图

（6）选择 Utility Menu → PlotCtrls → Style → Symmetry Expansion → Periodic/Cyclic Symmetry 命令，出现 Periodic/Cyclic Symmetry Expansion 对话框，在 Select type of cyclic symmetry 选项中选择 1/4 Dihedral Sym，单击 OK 按钮，ANSYS 显示窗口将显示扩展后的结果，如图 6-16 所示。

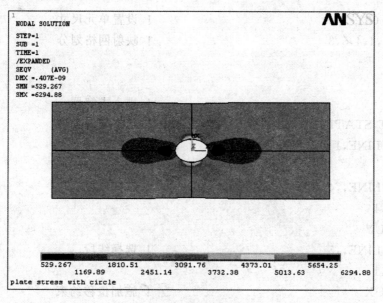

图 6-16 扩展后的结果显示

(7)选择 Utility Menu→File→Exit 命令，出现 Exit From ANSYS 对话框，选择 Save Everything 选项，单击 OK 按钮，关闭 ANSYS。

6.1.4 命令流

"!"号后的文字为注释。

```
/FILENAME,PLATE                    ! 定义工作文件名
/TITLE,PLATE STRESS WITH CIRCLE    ! 定义工作标题
/PREP7                             ! 进入前处理器
ET,1,PLANE182                      ! 选择单元类型
MP,EX,1,2.1E11                     ! 定义弹性模量
MP,PRXY,0.3                        ! 定义泊松比
RECTNG,0,0.04,0,0.015              ! 生成矩形面
PCIRC,0.004,0,0,90                 ! 生成圆面
/PNUM,ARER,1                       ! 显示面编号
APLOT                              ! 显示面
ASBA,1,2                           ! 面相减
NUMCMP,ALL                         ! 压缩编号
APLOT
/PNUM,KP,1
LPLOT
ESIZE,0.002                        ! 设置单元尺寸
AMAP,1,1,4,5,3                     ! 映射网格划分
EPLOT
FINISH
/SOLU                              ! 进入求解器
ANTYPE,STATIC                      ! 指定求解类型
/PNUM,LINE,1
LPLOT
LSEL,S,LINE,,4                     ! 选择线段
NSLL,S,1
D,ALL,UY
LSEL,S,LINE,,5                     ! 选择线段
NSLL,S,1
D,ALL,UX                           ! 施加位移约束
LSEL,S,LINE,,1
```

```
NSLL,S,1
SF,ALL,PRES,-2000           ! 施加压力载荷
ALLSEL
OUTPR,BASIC,ALL
SOLVE                       ! 开始求解计算
FINISH
/POST1                      ! 进入后处理器
PLDISP,2                    ! 显示变形形状和未变形轮廓
PLNSOL,U,SUM                ! 绘制位移等值线图
PLNSOL,S,X                  ! 绘制 X 方向应力等值线图
PLNSOL,S,Y                  ! 绘制 Y 方向应力等值线图
PLNSOL,S,EQV                ! 绘制等效应力等值线图
/EXPAND,4,POLAR,HALF,,90    ! 将 1/4 模型的结果扩展至整个模型
PLNSOL,S,EQV
FINISH
/EXIT                       ! 退出 ANSYS
```

6.2 平面应变问题有限元分析

6.2.1 问题描述

图 6-17 所示为一厚壁圆筒,圆筒弹性模量为 2.1×10^5 MPa,泊松比为 0.3,其内半径 $r_1=50$ mm,外半径 $r_2=100$ mm,作用在内孔上的压力 $p=100$ MPa,无轴向压力,轴向长度很大,可视为无穷。要求计算厚壁圆筒的径向应力 σ_r 和切向应力 σ_t 沿半径 r 方向的分布。

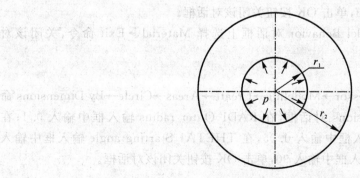

图 6-17 承受均匀内压作用的厚壁圆筒示意图

6.2.2 问题分析

由于厚壁圆筒轴向长度很大,可视为无穷,因此在计算过程中可以忽略厚壁圆筒的端面效应,将该问题简化为平面应变问题进行分析。另外,根据对称性,可取圆筒的1/4并施加垂直于对称面的约束进行分析。

6.2.3 求解步骤

1. 定义工作文件名和工作标题

(1)选择 Utility Menu→File→Change Jobname 命令,出现 Change Jobname 对话框,在[/FILNAM]Enter new jobname 输入框中输入工作文件名 thick cylinder(文件名可按自己的需要确定),并将 New log and error files? 设置为 Yes,点击 OK 按钮关闭该对话框。

(2)选择 Utility Menu→File→Change Title 命令,出现 Change Title 对话框,在输出框中输入 thick cylinder with inner pressure,单击 OK 按钮关闭该对话框。

2. 定义单元类型

(1)选择 Main Menu → Preprocessor → Element Type → Add/Edit/Delete 命令,出现 Element Type 对话框。

(2)单击 Add 按钮,出现 Library of Element Types 对话框。选择 Structural Solid,Quad 8 node 183,在 Element type reference number 输入框中输入 1,单击 OK 按钮。

(3)单击 Options 按钮,选择 K3 为 Plane strain(平面应变),单击 OK 按钮。

3. 定义材料常数

(1)选择 Main Menu → Preprocessor → Material Props → Material Models 命令,出现 Define Material Model Behavior 对话框。

(2)在 Material Models Available 一栏中依次双击 Structural、Linear、Elastic、Isotropic 选项,出现 Linear Isotropic Properties for Material Number 1 对话框,在 EX 输入框中输入2.1E11,在 PRXY 输入框中输入 0.3,单击 OK 按钮关闭该对话框。

(3)在 Define Material Model Behavior 对话框上选择 Material→Exit 命令,关闭该对话框。

4. 创建几何模型

选择 Main Menu→Preprocessor→Modeling→Create→Areas→Circle→By Dimensions 命令,出现 Create Area By Dimensions 对话框,在 RAD1 Outer radius 输入框中输入 0.1;在 RAD2 Optional inner radius 输入框中输入 0.05,在 THETA1 Starting angle 输入框中输入 0,在 THETA2 Ending angle 输入框中输入 90,单击 OK 按钮关闭该对话框。

5. 划分网格

(1)选择 Main Menu→Preprocessor→Meshing→MeshTool 命令,单击 Size Controls 区域中 Lines 后 Set 按钮,弹出拾取窗口,拾取面的任一直线边,单击 OK 按钮,在 NDIV 文本框中

输入6,单击 Apply 按钮,再次弹出拾取窗口,拾取面的任一圆弧边,单击 OK 按钮,在 NDIV 文本框中输入8,单击 OK 按钮。

(2)在 Mesh 区域,选择单元形状为 Quad(四边形),选择划分单元的方法为 Mapped(映射)。单击 Mesh 按钮,弹出拾取窗口,拾取面,单击 OK 按钮。

(3)选择 Utility Menu→Plot→Elements 命令,ANSYS 显示窗口将显示网格划分后的结果,如图6-18所示。

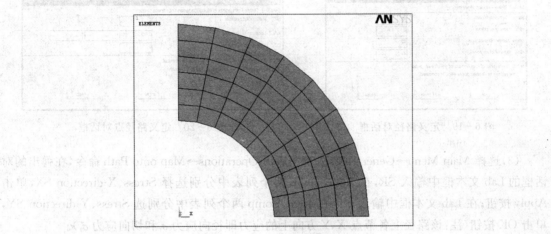

图6-18 网格划分结果

6. 加载求解

(1)选择 Main Menu→Solution→Analysis Type→New Analysis 命令,选择分析类型为 Static。

(2)选择 Main Menu→Solution→Define Loads→Apply→Structural→Displacement→On Lines。弹出拾取窗口,拾取面的水平直线边,单击 OK 按钮,在弹出的对话框列表中选择 UY,单击 Apply 按钮,再次弹出拾取窗口,拾取面的垂直直线边,单击 OK 按钮,在对话框列表中选择 UX,单击 OK 按钮。

(3)选择 Utility Menu→Solution→Define Loads→Apply→Structural→Pressure→On Lines 命令,出现 Apply PRES on Lines 拾取菜单,拾取面的内侧圆弧边(较短的一条圆弧),单击 OK 按钮,在弹出的对话框的 VALUE 文本框中输入 100E6,单击 OK 按钮。

(4)选择 Main Menu→Solution→Solve→Current LS 命令,出现 Solve Current Load Step 对话框,同时出现/STATUS Command 窗口,单击 File→Close 命令,关闭该窗口。

(5)单击 Solve Current Load Step 对话框中的 OK 按钮,ANSYS 开始求解计算。

(6)求解结束时,出现 Note 对话框,单击 Close 按钮关闭该对话框。

7. 查看求解结果

(1)选择 Utility Menu→Plot→Nodes 命令,显示节点。

61

(2) 选择 Main Menu→General Postproc→Path Operations→Define Path→By Location 命令,弹出如图 6-19 所示的对话框,在 Name 文本框中输入 p1,在"nPts"文本框中输入 2,单击 OK 按钮。接着弹出如图 6-20 所示的对话框,在"NPT"文本框中输入 1,在 X 文本框中分别输入 0.05,单击 OK 按钮。再次弹出如图 6-20 所示的对话框,在 NPT 文本框中输入 2,在 X 文本框中分别输入 0.1,单击 OK 按钮,最后单击 Cancel 按钮,关闭对话框。

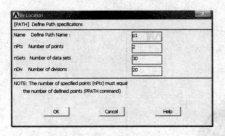 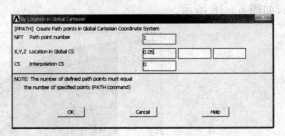

图 6-19 定义路径对话框　　　　　　　　图 6-20 定义路径点对话框

(3) 选择 Main Menu→General Postproc→Path Operations→Map onto Path 命令,在弹出的对话框的 Lab 文本框中输入 SR,在 Item,Comp 两个列表中分别选择 Stress、X-direction SX,单击 Apply 按钮;在 Lab 文本框中输入 ST,在 Item,Comp 两个列表中分别选 Stress、Y-direction SY,单击 OK 按钮(注:该路径上各节点 X,Y 方向上的应力即径向应力 σ_r 和切向应力 σ_t)。

(4) 选择 Main Menu→General Postproc→Path Operations→Plot Path Item→On Graph 命令,在列表中选 SR,ST,单击 OK 按钮,得到图 6-21 所示的路径图,即为径向应力 σ_r 和切向应力 σ_t 关于半径的分布曲线。图中横轴为径向尺寸(单位:m),横轴的零点对应着厚壁圆筒的内径,纵轴为应力(单位:Pa)。

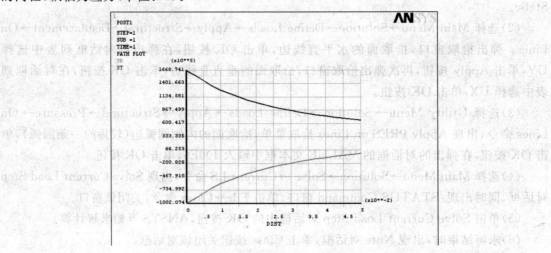

图 6-21 径向应力 σ_r 和切向应力 σ_t 随半径分布图

6.2.4 命令流

```
/FILENAME, thick cylinder              ! 定义工作文件名
/TITLE, thick cylinder with inner pressure  ! 定义工作标题
/PREP7                                 ! 进入前处理器
ET,1,PLANE183                          ! 选择单元类型
KEYOPT,1,1,0
KEYOPT,1,3,2                           ! 定义平面应变分析
KEYOPT,1,6,0
MP,EX,1,2.1e11                         ! 定义弹性模量
MP,PRXY,0.3                            ! 定义泊松比
PCIRC,0.1,0.05,0,90,                   ! 生成厚壁圆筒
FLST,5,2,4,ORDE,2
FITEM,5,2
FITEM,5,4
CM,_Y,LINE
LSEL, , , ,P51X
CM,_Y1,LINE
CMSEL,,_Y
LESIZE,_Y1, , ,6, , , ,1               ! 设定单元尺寸
FLST,5,2,4,ORDE,2
FITEM,5,1
FITEM,5,3
CM,_Y,LINE
LSEL, , , ,P51X
CM,_Y1,LINE
CMSEL,,_Y
LESIZE,_Y1, , ,8, , , ,1               ! 设定单元尺寸
MSHAPE,0,2D
MSHKEY,1
CM,_Y,AREA
ASEL, , , ,       1
CM,_Y1,AREA
CHKMSH,'AREA'
CMSEL,S,_Y
```

```
AMESH,_Y1
CMDELE,_Y
CMDELE,_Y1
CMDELE,_Y2
FINISH
/SOLU                              ! 进入求解器
ANTYPE,STATIC                      ! 指定求解类型
FLST,2,1,4,ORDE,1
FITEM,2,4
/GO
DL,P51X, ,UY,                      ! 施加位移约束
FLST,2,1,4,ORDE,1
FITEM,2,2
/GO
DL,P51X, ,UX,                      ! 施加位移约束
FLST,2,1,4,ORDE,1
FITEM,2,3
/GO
SFL,P51X,PRES,100e6,               ! 施加压力载荷
/STATUS,SOLU
SOLVE                              ! 开始求解计算
FINISH
/POST1
PATH,p1,2,30,20,                   ! 定义路径
PPATH,1,0,0.05, , ,0,
PPATH,2,0,0.1, , ,0,
AVPRIN,0, ,
PDEF,SR,S,X,AVG                    ! 定义径向应力
/PBC,PATH, ,0
AVPRIN,0, ,
PDEF,ST,S,Y,AVG                    ! 定义切向应力
/PBC,PATH, ,0
PLPATH,SR,ST                       ! 显示径向应力和切向应力随半径分布图
FINISH
/EXIT                              ! 退出 ANSYS
```

6.3 轴对称问题有限元分析

很多结构是可以由一个截面绕某固定轴旋转而生成的,如果这种结构所受的外载荷和边界条件也沿此轴对称,则称此结构为轴对称结构。在 ANSYS 中可以通过结构的轴对称性简化模型,减少模型规模,缩短计算时间,提高计算效率。

6.3.1 问题描述

图 6-22 所示为压气机盘鼓结构件,盘转速为 11373 r/min,盘材料为 TC4 钛合金,弹性模量为 1.15×10^5 MPa,泊松比为 0.30782,密度为 4.48×10^{-9} t/mm³。叶片数目为 74 个,叶片和其安装边总共产生的离心力等效为 628232 N,假定这些力均匀作用于轮盘边缘。位移约束施加于鼓桶上,在鼓桶的上表面施加径向约束,在鼓桶的侧面施加轴向约束。盘上各关键点的坐标见表 6-1。

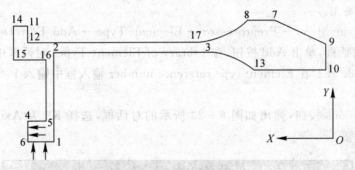

图 6-22 压气机盘鼓结构件

表 6-1 压气机盘鼓结构件上各关键点坐标　　　　　　　　（单位:mm）

点编号	X	Y	点编号	X	Y	点编号	X	Y
1	226	208.8	7	126	276.7	13	135	248.7
2	226	258.7	8	138	276.7	14	243.85	273.8
3	157	258.7	9	102.5	263	15	243.85	254.8
4	237.5	220.3	10	102.5	248.7	16	229.2	254.8
5	229.2	220.3	11	237.5	273.8	17	162.5	264.1
6	237.5	208.8	12	237.5	264.1			

6.3.2 问题分析

在进行整体分析时,可以通过对模型的简化(比如去除盘上小孔等)将模型简化为符合轴对称性质的结构,并将叶片的离心效果作为线分布力施加于轮盘的边缘。本实例的模型为一平面模型,其位于总体 XOY 平面内,为便于划分网格,在建立盘面模型后还需要对其进行适当的切分。

6.3.3 求解步骤

1. 定义工作文件名和工作标题

(1)选择 Utility Menu→File→Change Jobname 命令,在输入框中输入工作文件名 axi-symmetric,并将 New log and error files? 设置为 Yes,点击 OK 按钮关闭该对话框。

(2)选择 Utility Menu→File→Change Title 命令,在输入框中输入 static analysis of compressor structure,单击 OK 按钮关闭该对话框。

2. 定义单元类型

(1)选择 Main Menu→Preprocessor→Element Type→Add/Edit/Delete 命令,出现 Element Type 对话框,单击 Add 按钮,在 Library of Element Types 对话框中选择 Structural Solid,Quad 4 node 182,在 Element type reference number 输入框中输入 1,单击 OK 按钮,关闭该对话框。

(2)单击 Options 按钮,弹出如图 6-23 所示的对话框,选择 K3 为 Axisymmetric(轴对称),单击 OK 按钮。

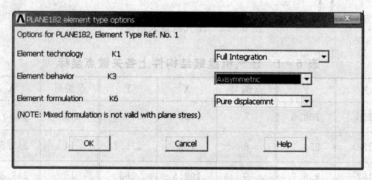

图 6-23 单元选项设置对话框

(3)单击 Element Types 对话框上的 Close 按钮,关闭该对话框。

3. 定义材料常数

(1)选择 Main Menu→Preprocessor→Material Props→Material Models 命令,出现 Define Material Model Behavior 对话框。

(2)在 Material Models Available 一栏中依次双击 Structural、Linear、Elastic、Isotropic 选

项,出现 Linear Isotropic Properties for Material Number 1 对话框,在 EX 输入框中输入 1.15E5,在 PRXY 输入框中输入 0.30782,单击 OK 按钮关闭该对话框。

(3)双击 Structural、Density,弹出定义密度对话框,在 DENS 文本框中输入密度数值 4.48E-9,单击 OK 按钮关闭该对话框。

(4)在 Define Material Model Behavior 对话框上选择 Material→Exit 命令,关闭该对话框。

4. 创建几何模型

(1)单击菜单项 Main Menu→Preprocessor→Modeling→Create→Keypoints→In Active CS,弹出 Create Keypoints in Active Coordinate System(在激活坐标系中创建关键点)对话框,在 Keypoint number(关键点编号)文本框中输入 1,在 X,Y,Z Location in active CS(关键点在激活坐标系中坐标值)文本框中依次输入关键点 1 的 X,Y 坐标值 226 和 208.8。

(2)单击 Apply 按钮创建关键点 1,同时继续创建下一个关键点。

(3)重复(1)~(2)步,直到将表 6-1 中所列出的所有点创建完毕(将表中的点编号作为关键点编号),在创建最后一个关键点 17 时,单击 OK 按钮,关闭创建关键点对话框。

(4)单击菜单项 Utility Menu→PlotCtrls→Numbering,弹出 Plot Numbering Controls (图元编号显示控制)对话框。单击 Keypoint numbers(关键点编号)复选框使其选中,单击 Line numbers(线编号)复选框使其选中,在 Numbering shown with(编号显示形式)下拉列表中选择 Numbers only(仅显示编号)。

(5)单击 OK 按钮,使设置生效,单击 Pan-Zoom-Rotate 对话框上的按钮,使所创建的图形充满图形窗口。

(6)单击菜单项 Main Menu→Modeling→Create→Lines→Lines→Straight Line,弹出关键点选择对话框,要求选择要创建的直线的两个端点。

(7)用鼠标在图形窗口中点取关键点 1 和 2(或者在选择对话框的输入框中输入"1,2"然后按回车键),创建出端点为关键点 1,2 的直线。

(8)同样,依次选取关键点 2,3;1,6;6,4;4,5;5,16;16,15;15,14;14,11;11,12;12,17;8,7;7,9;9,10;10,13 创建直线(每两个点创建一条线,以分号相隔)。

(9)单击 OK 按钮,关闭关键点选择对话框。

(10)单击菜单项 Utility Menu→Plot→Multi-Plots,在图形窗口显示所有图元,如图 6-24 所示。

(11)单击菜单项 Main Menu→Modeling→Create→Lines→Lines→Tangent to Line 创建一条与已知线相切的线,弹出线选择对话框,要求选择与将要创建的线相切的线。

(12)选择 L11 的线,单击 Apply 按钮,弹出点选择对话框,要求选择切点。

(13)选择关键点 17,单击 Apply 按钮,弹出点选择对话框,要求选择欲创建的线的另外一个端点。

(14)选择关键点 8,单击 Apply 按钮。

(15)单击 Apply 按钮,创建出要求的切线,同时弹出线选择对话框,进行下一条切线的创建。

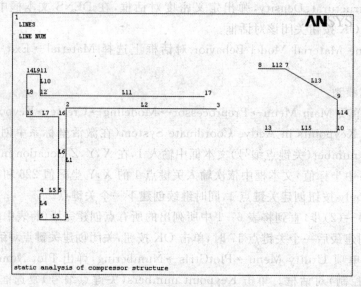

图 6-24 创建的线和关键点

(16)选择线 L2,单击 OK 按钮,弹出点选择对话框,要求选择切点。

(17)选择关键点 3,单击 OK 按钮,弹出点选择对话框,要求选择欲创建的线的另外一个端点。

(18)选择关键点 13,单击 OK 按钮,创建出要求的切线,关闭对话框。

(19)单击菜单项 Main Menu→Preprocessor→Modeling→Create→Areas→Arbitrary→By Lines,弹出线选择对话框,要求选择围成面的边界线,单击 Loop 前的单选按钮使其选中,表示将进行自动循环选择。

(20)选择所创建的任意一条边界线,ANSYS 会自动选择其余与其首尾相接的线,直到所有选择的线能够组成一封闭区域为止。单击 OK 按钮,创建出轮盘截面。

(21)单击菜单项 Utility Menu→PlotCtrls→Numbering,弹出 Plot Numbering Controls 对话框,单击 Line numbers 复选框,使其处于非选中状态,关闭线编号的显示。

(22)单击菜单项 Utility Menu→Plot→Areas,图形窗口显示如图 6-25 所示的面图元。

(23)单击菜单项 Main Menu→Preprocessor→Modeling→Create→Keypoints→In Active CS,弹出 Create Keypoints in Active Coordinate System 对话框。依次创建用于分割轮盘截面进而可进行映射网格划分所需要的 18~21 号关键点。其中 18 号关键点 X,Y 坐标分别为(237.5,254.8),19 号关键点 X,Y 坐标分别为(229.2,264.1),20 号关键点 X,Y 坐标分别为(226,264.1),21 号关键点 X,Y 坐标分别为(226,220.3)。

(24) 单击菜单项 Main Menu→Modeling→Create→Lines→Lines→Straight Line,弹出创建线的关键点选取对话框。依次取点 12,18;16,19;2,20;5,21;17,3;7,13,创建出 6 条线。

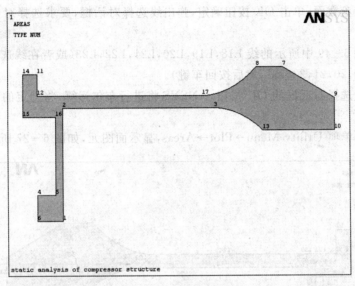

图 6-25 创建的轮盘截面

(25) 单击菜单项 Utility Menu→PlotCtrls→Numbering,弹出 Plot Numbering Controls 对话框中,单击 Line numbers 复选框使其选中,打开线编号的显示,单击 Keypoint numbers 复选框,使其处于非选中状态,关闭关键点编号的显示,然后单击 OK 按钮确定。

(26) 单击菜单项 Utility Menu→Plot→Lines,显示线图元,如图 6-26 所示。

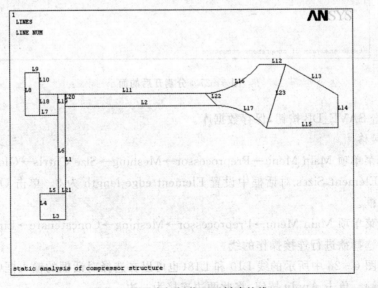

图 6-26 为切割截面而创建的线

(27)单击菜单项 Main Menu→Preprocessor→Modeling→Operate→Divide→Area by Line,弹出面选择对话框,要求选择将要被分割的面。

(28)选择轮盘截面,单击 OK 按钮确定,弹出线选择对话框,要求选择对面进行分割所用的线。

(29)选择图 6-49 中所示的线 L18,L19,L20,L21,L22,L23(或者在线选择对话框的输入框中输入"18,19,20,21,22,23",然后按回车键)。

(30)单击线选择对话框的 OK 按钮,ANSYS 将进行布尔运算,将选定的面分割用选择的线分割开来。

(31)单击菜单项 Utility Menu→Plot→Areas,显示面图元,如图 6-27 所示。

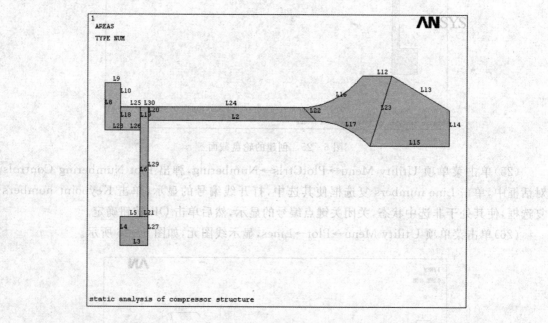

图 6-27 分割开后的面

(32)单击 SAVE_DB 按钮,保存数据库。

5.划分网格

(1)单击菜单项 Main Menu→Preprocessor→Meshing→Size Cntrls→Global→Size,在弹出的 Global Element Sizes 对话框中设置 Element edge length 为 3。单击 OK 按钮,接受设定,关闭对话框。

(2)单击菜单项 Main Menu→Preprocessor→Meshing→Concatenate→Lines,弹出线选择对话框,要求选择欲进行连接操作的线。

(3)选择图 6-26 中所示的线 L10 和 L18(也可以在选择对话框的输入框中输入"10,18",然后按回车键)。单击 Apply 按钮,将此两边连接为一边。

(4)重复第(2)和第(3)步操作,分别将线 L19 和 L6,L20 和 L29,L5 和 L21,L22 和 L17 连接。

(5)单击菜单项 Main Menu→Preprocessor→Meshing→MeshTool,在弹出的 MeshTool 对话框中选择分网对象为 Area(面),网格形状为 Quad(四边形),选择分网形式为 Mapped(映射),在附加选项中选择"3 or 4 sided"。

(6)单击 Mesh 按钮,弹出面选择对话框,选择欲进行网格划分的面。

(7)单击 Pick All 按钮,ANSYS 将会对所有面进行网格划分,生成单元和节点(在此过程中,将会弹出一个警告对话框,不用理会,将其关闭即可)。

(8)单击菜单项 Main Menu→Preprocessor→Meshing→Concatenate→Del Concats→Lines,删除连接操作生成的线。

(9)单击菜单项 Utility Menu→PlotCtrls→Numbering,弹出 Plot Numbering Controls 对话框,单击 Line numbers 复选框使其处于未选中状态,关闭线编号的显示。

(10)单击菜单项 Utility Menu→Plot→Elements,图形窗口中将只显示刚刚生成的单元,如图 6-28 所示。

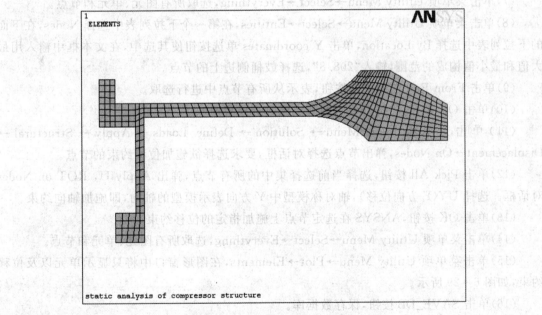

图 6-28 划分了网格的截面

(11)单击 SAVE_DB 按钮,保存数据库。

6. 加载求解

(1)单击菜单项 Utility Menu→Select→Entities,在第一个下拉列表中选择 Nodes,在下面

的下拉列表中选择 By Location(通过位置),单击 X coordinates 按钮,在文本框中输入用最大值和最小值构成的范围,输入"237.5",选择鼓桶上边缘上的节点。单击 From Full 前的单选按钮,表示从所有节点中进行选取。单击 Apply 按钮,将符合要求的节点添入选择集中。

(2)单击在 Y coordinates 前的单选按钮,使其选中。在文本框中输入用最大值和最小值构成的范围,输入"220.3,208.8",选择鼓桶上边缘上的节点。单击 Reselect 前的单选按钮使其选中,表示从当前选择集中的节点中进一步选取。

(3)单击 OK 按钮,手动剔除在选择集中不符合指定要求的部分节点。本步操作结束后,当前选择集中的节点坐标位置满足 X 坐标为 237.5,Y 坐标位于 220.3 到 208.8 之间。

(4)单击菜单项 Main Menu → Solution → Define Loads → Apply → Structural → Displacement→On Nodes,弹出节点选择对话框,要求选择欲施加位移约束的节点。

(5)单击 Pick All 按钮,选择当前选择集中的所有节点,弹出 Apply U,ROT on Nodes (在节点上施加位移约束)对话框,选择 UX(X 方向位移),轴对称模型中 X 方向表示模型的径向,即施加径向约束。

(6)单击 OK 按钮,ANSYS 在选定节点上施加指定的位移约束。

(7)单击菜单项 Utility Menu→Select→Everything,选取所有图元、单元和节点。

(8)单击菜单项 Utility Menu→Select→Entities,在第一个下拉列表中选择 Nodes,在下面的下拉列表中选择 By Location,单击 Y coordinates 单选按钮使其选中,在文本框中输入用最大值和最小值构成的范围,输入"208.8",选择鼓桶侧边上的节点。

(9)单击 From Full 前的单选按钮,表示从所有节点中进行选取。

(10)单击 OK 按钮,将符合要求的节点添入选择集中。

(11)单击菜单项 Main Menu → Solution → Define Loads → Apply → Structural → Displacement→On Nodes,弹出节点选择对话框,要求选择欲施加位移约束的节点。

(12)单击 Pick All 按钮,选择当前选择集中的所有节点,弹出 Apply U,ROT on Nodes 对话框。选择 UY(Y 方向位移),轴对称模型中 Y 方向表示模型的轴向,即施加轴向约束。

(13)单击 OK 按钮,ANSYS 在选定节点上施加指定的位移约束。

(14)单击菜单项 Utility Menu→Select→Everything,选取所有图元、单元和节点。

(15)单击菜单项 Utility Menu→Plot→Elements,在图形窗口中将只显示单元以及位移约束,如图 6-29 所示。

(16)单击 SAVE_DB 按钮,保存数据库。

(17)单击菜单项 Main Menu→Solution→Define Loads→Apply→Structural→Inertia→Angular Veloc→Global,在 Global Cartesian Y-comp 文本框中输入 1191.11,如图 6-30 所示。

(18)单击 OK 按钮,施加转速引起的惯性载荷。

(19)单击菜单项 Utility Menu→Select→Entities,在第一个下拉列表中选择 Nodes,在下

面的下拉列表中选择 By Location，单击 X coordinate 单选按钮使其选中，在文本框中输入用最大值和最小值构成的范围，输入"243.5"，选择轮盘上边缘上的节点。单击 From Full 前的单选按钮，表示从所有节点中进行选取。

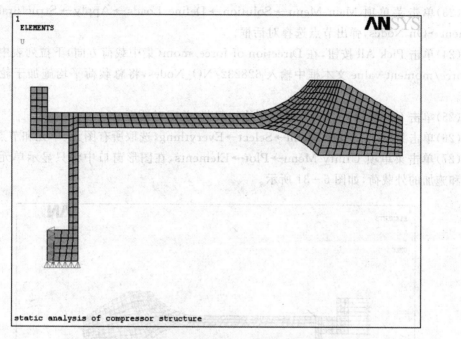

图 6-29 在鼓桶上施加的径向和轴向位移约束

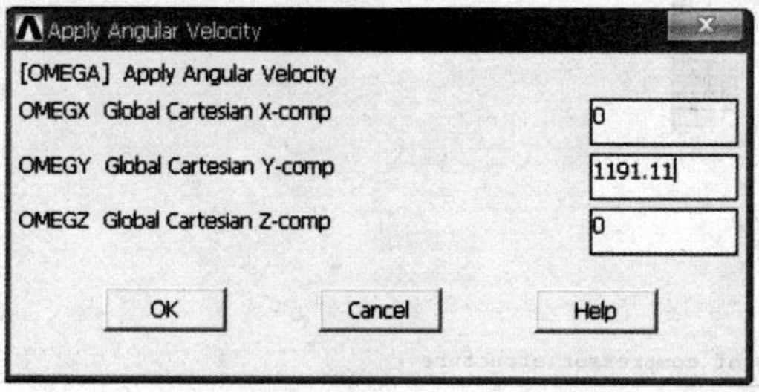

图 6-30 施加角速度对话框

(20)单击 OK 按钮，将符合要求的节点添入选择集中。

(21)单击菜单项 Utility Menu→Parameters→Get Scalar Data，弹出 Get Scalar Data(提取数值参量)对话框，在左边列表框中选择 Model data(模型数据)项，在右边列表框中选择 For selected set(从选择集)项，单击 OK 按钮，在弹出的 Get Data for Selected Entity set 对话框中输入 NO_Nodes 作为 Name of parameter to be defined，在 Data to be retrieved(要提取的数据)域左边的列表框中选择 Current node set(当前节点集)。在右边的列表框中选择 NO.

of nodes(节点数目)。

(22)单击 OK 按钮,则 ANSYS 会从数据库中提取指定的数据,并以其值定义一个以指定变量名命名的参变量。

(23)单击菜单项 Main Menu→Solution→Define Loads→Apply→Structural→Force/Moment→On Nodes,弹出节点选择对话框。

(24)单击 Pick All 按钮,在 Direction of force/mom(集中载荷方向)下拉列表中选择 FX,在 Force/moment value 文本框中输入 628232/NO_Nodes,将总载荷平均施加于轮盘边缘节点上。

(25)单击 OK 按钮,ANSYS 对模型施加载荷,关闭对话框。

(26)单击菜单项 Utility Menu→Select→Everything,选取所有图元、单元和节点。

(27)单击菜单项 Utility Menu→Plot→Elements,在图形窗口中将只显示单元以及位移约束和施加的外载荷,如图 6-31 所示。

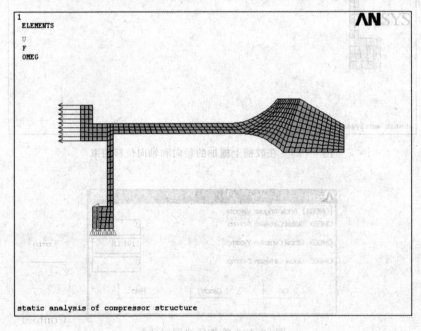

图 6-31 施加的集中载荷

(28)单击 SAVE_DB 按钮,保存数据库。

(29)选择 Main Menu→Solution→Solve→Current LS 命令,出现 Solve Current Load Step 对话框,同时出现/STATUS Command 窗口,单击 File→Close 命令,关闭该窗口。

(30)单击 Solve Current Load Step 对话框中的 OK 按钮,ANSYS 开始求解计算。

(31)求解结束时,出现 Note 对话框,单击 Close 按钮关闭该对话框。

7. 查看求解结果

求解完成后,就可以利用 ANSYS 程序生成的结果文件(对于静力分析来说就是 Jobname.RST)进行后处理,静力分析中通常通过 POST1 后处理器已经可以处理和显示大多感兴趣的结果数据。

周向位移在轴对称结构为零,但周向应力却是存在的,在 ANSYS 中用总体笛卡儿坐标系的 Z 方向代表轴对称结构的周向。

(1)单击菜单项 Main Menu→General Postproc→Plot Results→Contour Plot→Nodal Solu,选择 Translation UX(X 方向位移),即为轴对称结构的径向位移。单击 Def + undef edge 单选按钮,使其选中。

(2)单击 OK 按钮,即可显示变形后和未变形轮廓线,如图 6-32 所示。

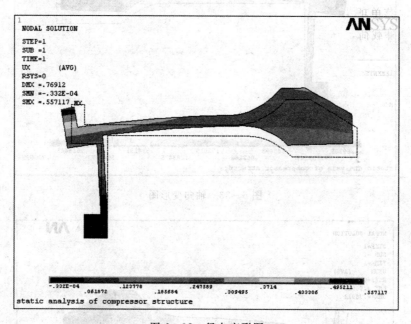

图 6-32 径向变形图

(3)单击菜单项 Main Menu→General Postproc→Plot Results→Contour Plot→Nodal Solu,弹出 Contour Nodal Solution Data 对话框。在右侧的列表框中选择 Y 方向位移(UY),即轴对称结构的轴向位移。

(4)单击 OK 按钮,图形窗口显示总变形图,如图 6-33 所示。

(5)单击菜单项 Main Menu→General Postproc→Plot Results→Contour Plot→Nodal Solu,弹出 Contour Nodal Solution Data 对话框。在右侧的列表框中选择总位移(USUM)。

(6)单击 OK 按钮,图形窗口显示总变形图,如图 6-34 所示。

(7)单击菜单项 Main Menu→General Postproc→Plot Results→Contour Plot→Nodal

Solu,弹出 Contour Nodal Solution Data(等值线显示节点解数据)对话框。在 Item to be contoured(等值线显示结果项)域的左边的列表框中选择 Stress(应力)。在右边的列表框中选择 X-direction SX(X 方向)应力。单击 Def shape only(仅显示变形后模型)单选按钮,使其选中。

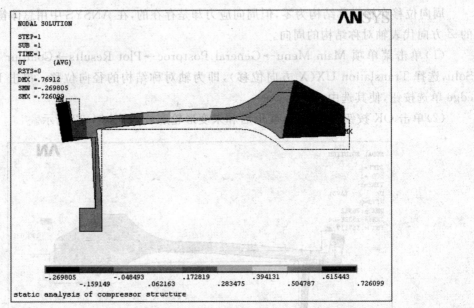

图 6-33 轴向变形图

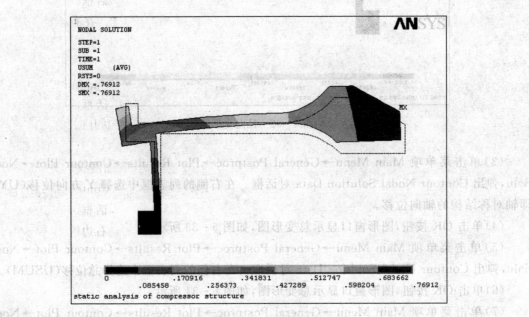

图 6-34 总变形图

(8) 单击 OK 按钮,图形窗口中显示出 X 方向(径向)应力分布图,如图 6-35 所示。

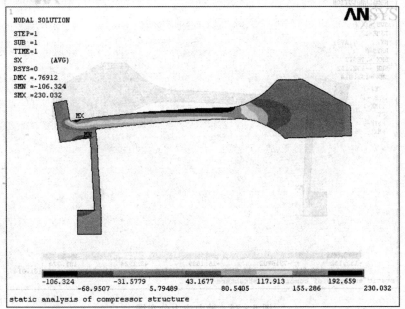

图 6-35 径向应力分布图

(9) 单击菜单项 Main Menu→General Postproc→Plot Results→Contour Plot→Nodal Solu,弹出 Contour Nodal Solution Data(等值线显示节点解数据)对话框。在 Item to be contoured(等值线显示结果项)域的左边的列表框中选择 Stress(应力)。在右边的列表框中选择 Y-direction SY(Y 方向)应力,即轴向应力。

(10) 单击 OK 按钮,图形窗口中显示出 Y 方向(轴向)应力分布图,如图 6-36 所示。

(11) 单击菜单项 Main Menu→General Postproc→Plot Results→Contour Plot→Nodal Solu,弹出 Contour Nodal Solution Data(等值线显示节点解数据)对话框。在 Item to be contoured(等值线显示结果项)选择域的左边的列表框中选择 Stress(应力)。在右边的列表框中选择 Z-direction SZ(Z 方向)应力,即周向应力。

(12) 单击 OK 按钮,图形窗口中显示出 Z 方向(周向)应力分布图,如图 6-37 所示。

(13) 单击菜单项 Main Menu→General Postproc→Plot Results→Contour Plot→Nodal Solu,弹出 Contour Nodal Solution Data(等值线显示节点解数据)对话框。在 Item to be contoured(等值线显示结果项)选择域的左边的列表框中选择 Stress,在右边的列表框中选择 Von Mises SEQV。

(14) 单击 Def shape only 单选按钮,使其选中。单击 OK 按钮,图形窗口中显示出 Von Mises 等效应力分布图,如图 6-38 所示。

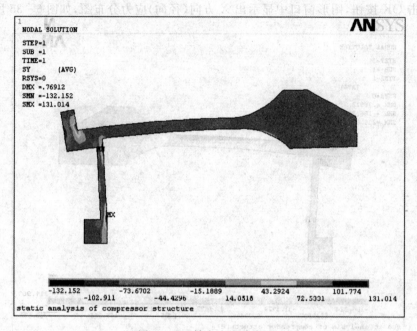

图6-36 轴向应力分布图

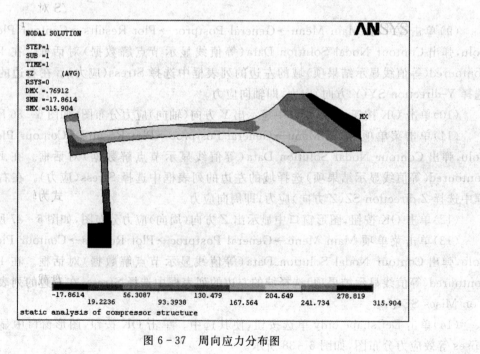

图6-37 周向应力分布图

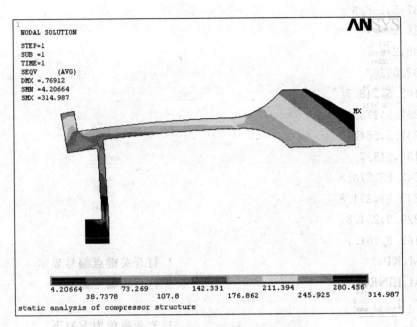

图 6-38 Von Mises 等效应力图

(15) 选择 Utility Menu→File→Exit 命令,出现 Exit From ANSYS 对话框,选择 Save Everything 选项,单击 OK 按钮,关闭 ANSYS。

6.3.4 命令流

"!"号后的文字为注释。

/FILNAME, axi-symmetric	! 定义工作文件名
/TITLE, static analysis of compressor structure	! 定义工作标题
/PREP7	! 进入前处理器
ET,1,PLANE182	! 选择单元类型
KEYOPT,1,3,1	! 指定单元行为方式为轴对称
MP,EX,1,1.15e5	! 定义弹性模量
MP,PRXY,1,0.30782	! 定义泊松比
MP,DENS,1,4.48e−9	! 定义密度
K,1,226,208.8	! 根据坐标创建轮盘截面关键点
K,2,226,258.7	
K,3,157,258.7	
K,4,237.5,220.3	
K,5,229.2,220.3	

```
K,6,237.5,208.8
K,7,126,276.7
K,8,138,276.7
K,9,102.5,263
K,10,102.5,248.7
K,11,237.5,273.8
K,12,237.5,264.1
K,13,135,248.7
K,14,243.85,273.8
K,15,243.85,254.8
K,16,229.2,254.8
K,17,162.5,264.1
/PNUM,KP,1                    ！打开关键点编号显示
/PNUM,LINE,1                  ！打开线编号显示
/VIEW,1,,,-1
/AUTO,1                       ！改变视角为BACK
LSTR,1,2                      ！创建轮盘截面轮廓线
LSTR,2,3
LSTR,1,6
LSTR,6,4
LSTR,4,5
LSTR,5,16
LSTR,16,15
LSTR,15,14
LSTR,14,11
LSTR,11,12
LSTR,12,17
LSTR,8,7
LSTR,7,9
LSTR,9,10
LSTR,10,13
LPLOT                         ！显示线
LTAN,11,8                     ！创建切线
LTAN,2,13
AL,ALL                        ！创建轮盘截面
```

```
/PNUM,LINE,0              ! 关闭线编号显示
K,18,237.5,254.8          ! 创建用于切割面的线
K,19,229.2,264.1
K,20,226,264.1
K,21,226,220.3
LSTR,12,18
LSTR,16,19
LSTR,2,20
LSTR,5,21
LSTR,17,3
LSTR,7,13
/PNUM,KP,0                ! 关闭关键点编号显示
/PNUM,LINE,1              ! 打开线编号显示
ASEL,S,,,1
LSLA,U
ASBL,1,ALL,,,KEEP         ! 对截面进行分割
ALLSEL,ALL
SAVE
ESIZE,3                   ! 指定全局单元尺寸
LCCAT,10,18
LCCAT,19,6
LCCAT,20,29
LCCAT,5,21
LCCAT,22,17
TYPE,1
MSHAPE,0,2D
MSHKEY,1
AMESH,ALL                 ! 对面划分网格
LSEL,S,LCCA
LDELE,ALL
ALLSEL,ALL
/PNUM,LINE,0
EPLOT                     ! 显示单元
SAVE
/SOLU
```

```
ANTYPE,STATIC                          ! 定义分析类型为静力分析(ANSYS缺省)
NSEL,S,LOC,X,237.5
NSEL,R,LOC,Y,220.3,208.8
D,ALL,UX                               ! 对鼓桶上表面施加径向约束
ALLSEL
NSEL,S,LOC,Y,208.8
D,ALL,UY                               ! 对鼓桶侧面施加轴向约束
ALLSEL
EPLOT
SAVE
OMEGA,,1191.11                         ! 施加转速
NSEL,S,LOC,X,243.5
*GET,NO_Nodes,NODE,,COUNT
F,ALL,FX,628232/NO_Nodes               ! 对这些节点平均施加载荷
ALLSEL
SAVE
SOLVE
FINISH
/POST1
PLNSOL,U,X,2,1                         ! 显示径向变形图
PLNSOL,U,Y,2,1                         ! 显示轴向变形图
PLNSOL,U,SUM,2,1                       ! 显示总变形图
PLNSOL,S,X,0,1                         ! 显示径向应力图
PLNSOL,S,Y,0,1                         ! 显示轴向应力图
PLNSOL,S,Z,0,1                         ! 显示周向应力图
PLNSOL,S,EQV,0,1                       ! 显示等效应力分布图
FINISH
/EXIT                                  ! 退出 ANSYS
```

6.4 梁问题有限元分析

6.4.1 问题描述

图 6-39 所示为一工字钢梁,材料弹性模量 $E=2.06\times10^5$ MPa,泊松比 $\mu=0.3$,密度 $\rho=7\,800$ kg/m³,两端均为固定端,其截面尺寸为 $l=1.0$ m,$a=0.16$ m,$b=0.2$ m,$c=0.02$ m,

$d=0.03$ m，分布力 $F_y=-5\,000$ N 作用于梁的上表面沿长度方向中线处。试建立该工字钢梁的三维实体模型，并在考虑重力的情况下对其进行结构静力分析，重力加速度 $g=9.8$ m/s²。

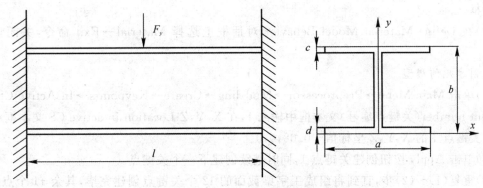

图 6-39　工字钢梁结构示意图

6.4.2　问题分析

一般 ANSYS 静力分析时未考虑重力的影响，进行静力分析时不需要定义与重力相关的参数——密度。在该节中将重力的影响考虑在内，可通过添加沿 Y 向（重力方向）加速度实现。

6.4.3　求解步骤

1. 定义工作文件名和工作标题

(1) 选择 Utility Menu→File→Change Jobname 命令，输入工作文件名 beam，并将 New log and error files? 设置为 Yes，点击 OK 按钮关闭该对话框。

(2) 选择 Utility Menu→File→Change Title 命令，在输出框中输入 I beam，单击 OK 按钮关闭该对话框。

2. 定义单元类型

(1) 选择 Main Menu→Preprocessor→Element Type→Add/Edit/Delete 命令，单击 Add 按钮，选择 Structural Solid，Brick 8 node 185，在 Element type reference number 输入框中输入 1，单击 OK 按钮，关闭该对话框。

(2) 单击 Element Types 对话框上的 Close 按钮，关闭该对话框。

3. 定义材料常数

(1) 选择 Main Menu→Preprocessor→Material Props→Material Models 命令，出现 Define Material Model Behavior 对话框。

(2) 在 Material Models Available 一栏中依次双击 Structural、Linear、Elastic、Isotropic 选项，出现 Linear Isotropic Properties for Material Number 1 对话框，在 EX 输入框中输入

2.06E11,在 PRXY 输入框中输入 0.3,单击 OK 按钮关闭该对话框。

(3)双击 Structural、Density,在 DENS 文本框中输入密度数值 7800,单击 OK 按钮关闭该对话框。

(4)在 Define Material Model Behavior 对话框上选择 Material→Exit 命令,关闭该对话框。

4. 创建几何模型

(1)单击 Main Menu→Preprocessor→Modeling→Create→Keypoints→In Active CS,在 Keypoint number(关键点编号)文本框中输入 1,在 X,Y,Z Location in active CS 文本框中依次输入关键点 1 的 X,Y,Z 坐标值−0.08,0,0。

(2)单击 Apply 按钮创建关键点 1,同时继续创建下一个关键点。

(3)重复(1)~(2)步,直到将组成工字梁截面的 12 个关键点创建完毕,其余 11 个点为 2(0.08,0,0),3(0.08,0.02,0),4(0.015,0.02,0),5(0.015,0.18,0),6(0.08,0.18,0),7(0.08,0.20,0),8(−0.08,0.20,0),9(−0.08,0.18,0),10(−0.015,0.18,0),11(−0.015,0.02,0),12(−0.08,0.02,0)。在创建最后一个关键点 12 时,单击 OK 按钮,关闭创建关键点对话框。

(4)此时,在显示窗口上显示所生成的 12 个关键点的位置。

(5)单击 Preprocessor→Modeling→Create →Lines →Lines→StraightLine,弹出关键点选择对话框,依次点选关键点 1,2,点击 Apply 按钮,即可生成第一条直线。

(6)重复步骤(5),分别点击 2,3;3,4;4,5;5,6;6,7;7,8;8,9;9,10;10,11;11,12;12,1 可生成其余 11 条直线。

(7)单击 Preprocessor→Modeling→Create →Areas→Arbitrary→By Lines,弹出直线选择对话框,依次点选 1~12 直线,点击 OK 按钮关闭对话框,即可生成工字钢的横截面,如图 6-40 所示。

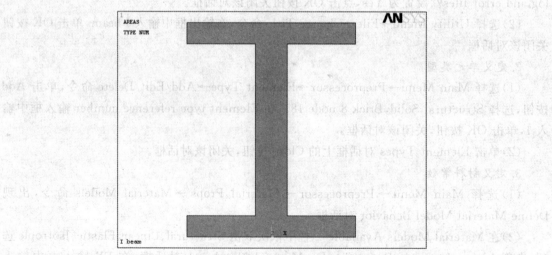

图 6-40 工字钢梁横截面

(8)单击主菜单中的 Preprocessor→Modeling→Operate→Extrude→Areas→Along Normal,弹出平面选择对话框,点选上一步骤生成的平面,单击 OK 按钮。之后弹出另一对话框,在 DIST 一栏中输入 1(工字钢梁的长度),其他保留缺省设置,单击 OK 按钮关闭对话框,即可生成工字钢梁的三维实体模型,如图 6-41 所示。

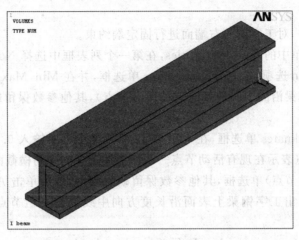

图 6-41 工字钢梁三维实体模型

5. 划分网格

(1)单击 Main Menu→Preprocessor→Meshing→Size Cntrls→Global→Size,弹出 Global Element Sizes(总体单元尺寸)设置对话框,在 Element edge length(单元边长)文本框中输入 0.02,单击 OK 按钮,接受设定,关闭对话框。

(2)在划分网格的对话框中,选中单选框 Hex 和 Sweep,其他保留缺省设置,然后单击 Sweep 按钮,弹出体选择对话框,点选图 6-41 所示的工字钢梁实体,并单击 OK 按钮,可完成对整个实体结构的网格划分,其结果如图 6-42 所示。

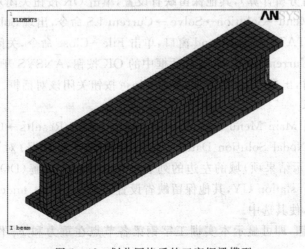

图 6-42 划分网格后的工字钢梁模型

6. 加载求解

(1)单击 Main Menu→Solution→Define Loads→Apply→Structural→Displacement→On Areas,弹出面积选择对话框,单击该工字梁的左端面,单击 OK 按钮,在弹出的对话框上选择右上列表框中的 All DOF,并单击 OK 按钮,即可完成对左端面的位移约束,相当于梁的固定端。

(2)重复步骤(1),对工字钢的右端面进行固定端约束。

(3)单击应用菜单中的 Select→Entities,在第一个列表框中选择 Nodes 选项,第二个列表框中选择 By Location 选项,选中 Z coordinates 单选框,并在 Min,Max 参数的文本框中输入 0.5(表示选择工字钢梁沿的中间横截面上的所有节点),其他参数保留缺省设置,单击 Apply 按钮完成选择。

(4)选中 Y coordinates 单选框,在 Min,Max 参数文本框中输入 0.2(表示工字钢梁的上表面),选中 Reselect(表示在现有活动节点——即上述选择的中间横截面中,再选择 Y 坐标等于 0.2 的节点为活动节点)单选框,其他参数保留缺省设置,然后单击 Apply 和 Plot 按钮,即可在显示窗口上显示出工字钢梁上表面沿长度方向中线处的一组节点,这组节点即为施力节点。

(5)单击 Preprocessor→Loads→Define Loads→Apply→Structural→Force/Moment→On Loads,弹出"节点选择"对话框,单击 Pick All 按钮,之后弹出另一个对话框,在该对话框中的 Direction of force/mom 一项中选择 FY,在 Force/moment value 一项中输入 −5 000,其他保留缺省装置,然后单击 OK 按钮关闭对话框,这样,通过在该组节点上施加与 Y 向相反的作用力,就可以模拟所要求的分布力 $F_y = -5\ 000$ N。

(6)单击 Utility Menu→Select→Everything,选取所有图元、单元和节点。

(7)单击 Preprocessor→Loads→Define Loads→Apply→Structural→Inertia→Gravity,在弹出对话框的 ACELY 一栏中输入 9.8(表示沿 Y 方向的重力加速度为 9.8 m/s^2,系统会自动利用密度等参数进行分析计算),其他保留缺省设置,单击 OK 按钮关闭对话框。

(8)选择 Main Menu→Solution→Solve→Current LS 命令,出现 Solve Current Load Step 对话框,同时出现/STATUS Command 窗口,单击 File→Close 命令,关闭该窗口。

(9)单击 Solve Current Load Step 对话框中的 OK 按钮,ANSYS 开始求解计算。

(10)求解结束时,出现 Note 对话框,单击 Close 按钮关闭该对话框。

7. 查看求解结果

(1)单击菜单项 Main Menu→General Postproc→Plot Results→Contour Plot→Nodal Solu,弹出 Contour Nodal Solution Data(等值线显示节点解数据)对话框。在 Item to be contoured(等值线显示结果项)域的左边的列表框中选择自由度解(DOF solution)。在右边的列表框中选择 Translation UY,其他保留缺省设置。单击 Def + undef edge(变形后和未变形轮廓线)单选按钮,使其选中。

(2)单击 OK 按钮,即可显示本实训工字钢梁各节点在重力和 F_y 作用下的 Y 向位移云图,如图 6-43 所示。

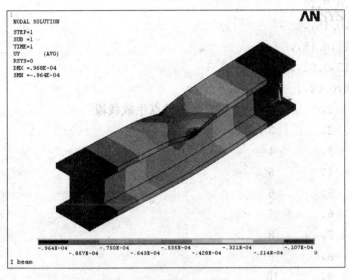

图 6-43 节点 Y 向位移云图

(3) 可通过与前面相同的操作显示沿各方向产生的应力、应变分布图。
(4) 选择 Utility Menu→File→Exit 命令,出现 Exit From ANSYS 对话框,选择 Save Everything 选项,单击 OK 按钮,关闭 ANSYS。

6.4.4 命令流

"!"号后的文字为注释。

```
/FILNAME,beam           ! 定义工作文件名
/TITLE,I beam           ! 定义工作标题
/PREP7                  ! 进入前处理器
ET,1,SOLID185           ! 选择单元类型
MP,EX,1,2.06e11         ! 定义弹性模量
MP,PRXY,1,0.3           ! 定义泊松比
MP,DENS,1,7800          ! 定义密度
K,1,-0.08,,,            ! 创建工字梁关键点
K,2,0.08,,,
K,3,0.08,0.02,,
K,4,0.015,0.02,,
K,5,0.015,0.18,,
K,6,0.08,0.18,,
```

```
K,7,0.08,0.2,,
K,8,-0.08,0.2,,
K,9,-0.08,0.18,,
K,10,-0.015,0.18,,
K,11,-0.015,0.02,,
K,12,-0.08,0.02,,
LSTR,       1,      2        !根据关键点生成线段
LSTR,       2,      3
LSTR,       3,      4
LSTR,       4,      5
LSTR,       5,      6
LSTR,       6,      7
LSTR,       7,      8
LSTR,       8,      9
LSTR,       9,      10
LSTR,       10,     11
LSTR,       11,     12
LSTR,       12,     1
FLST,2,12,4
FITEM,2,1
FITEM,2,2
FITEM,2,3
FITEM,2,4
FITEM,2,5
FITEM,2,6
FITEM,2,7
FITEM,2,8
FITEM,2,9
FITEM,2,10
FITEM,2,11
FITEM,2,12
AL,P51X                      !根据线段生成面
VOFFST,1,1,,                 !将面拉伸为体
ESIZE,0.02,0,                !指定全局单元尺寸
CM,_Y,VOLU
```

```
VSEL, , , ,       1
CM,_Y1,VOLU
CHKMSH,'VOLU'
CMSEL,S,_Y
VSWEEP,_Y1              ！对体划分网格
CMDELE,_Y
CMDELE,_Y1
CMDELE,_Y2
FINISH
/SOLU
ANTYPE,STATIC           ！定义分析类型为静力分析
FLST,2,1,5,ORDE,1
FITEM,2,2
DA,P51X,ALL,            ！对左端面施加固定约束
FLST,2,1,5,ORDE,1
FITEM,2,1
DA,P51X,ALL,            ！对右端面施加固定约束
NSEL,S,LOC,Z,0.5
NSEL,R,LOC,Y,0.2
FLST,2,9,1,ORDE,9
FITEM,2,1404
FITEM,2,1453
FITEM,2,1502
FITEM,2,1551
FITEM,2,1600
FITEM,2,1649
FITEM,2,1698
FITEM,2,1747
FITEM,2,1804
F,P51X,FY,-5000         ！施加沿Y轴的力
ALLSEL,ALL
ACEL,0,9.8,0,           ！施加重力加速度
/STATUS,SOLU
SOLVE
FINISH
```

```
/POST1
PLNSOL,U,Y,0,1.0          ！显示Y方向的位移
FINISH
/EXIT                      ！退出ANSYS
```

6.5 桁架问题有限元分析

6.5.1 问题描述

图6-44所示为一个三角桁架，各杆件通过铰链连接。杆件材料参数及几何参数见表6-2，桁架受集中力 $F_1 = 5\,000\,\text{N}$，$F_2 = 3\,000\,\text{N}$ 的作用，求桁架各点位移及反作用力。

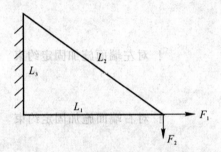

图6-44 三角桁架受力分析简图

表6-2 杆件材料参数和几何参数

弹性模量/Pa			泊松比			长度/m			面积/m²		
E_1	E_2	E_3	μ_1	μ_2	μ_3	L_1	L_2	L_3	A_1	A_2	A_3
2.2×10^{11}	6.8×10^{10}	2.0×10^{11}	0.3	0.26	0.26	0.4	0.5	0.3	6×10^{-4}	9×10^{-4}	4×10^{-4}

6.5.2 问题分析

该问题属于桁架结构分析问题。对于一般的桁架结构，可通过选择杆单元，并将桁架中各杆件的几何信息以杆单元实常数的形式体现出来，从而将分析模型简化为平面模型。在本例分析过程中选择LINK 180杆单元进行分析求解。

6.5.3 求解步骤

1.定义工作文件名和工作标题

(1)选择Utility Menu→File→Change Jobname命令，在[/FILNAM]Enter new jobname输入框中输入工作文件名link，并将New log and error files？设置为Yes，单击OK按钮关闭

该对话框。

(2)选择 Utility Menu→File→Change Title 命令,在输出框中输入 analysis of truss,单击 OK 按钮关闭该对话框。

2. 定义单元类型

(1)选择 Main Menu→Preprocessor→Element Type→Add/Edit/Delete 命令,出现 Element Type 对话框,单击 Add 按钮,选择 Structural Link,3D finit stn 180,在 Element type reference number 输入框中输入 1,单击 OK 按钮,关闭该对话框。

(2)单击 Element Types 对话框上的 Close 按钮,关闭该对话框。

(3)选择 Main Menu→Preprocessor→Real Constants→Add/Edit/Delete 命令,出现 Real Constants 对话框,单击 Add 按钮,在出现的 Real Constant Set Number 1,for LINK180 对话框中输入 1 作为 Real Constant Set NO. 值,输入 6E−4 作为 Cross-sectional area 值。

(4)单击 Apply 按钮,在 Real Constant Set Number 1,for LINK180 对话框中,在 Real Constant Set NO. 输入框中输入 2,在 Cross-sectional area 输出框中输入 9E−4。

(5)单击 Apply 按钮,在 Real Constant Set Number 1,for LINK180 对话框中,在 Real Constant Set NO. 输入框中输入 3,在 Cross-sectional area 输出框中输入 4E−4。

(6)单击 Real Constants 对话框上的 Close 按钮关闭该对话框。

3. 定义材料常数

(1)选择 Main Menu→Preprocessor→Material Props→Material Models 命令,出现 Define Material Model Behavior 对话框。

(2)在 Material Models Available 一栏中依次双击 Structural、Linear、Elastic、Isotropic 选项,在 EX 输入框中输入 2.2E11,在 PRXY 输入框中输入 0.3,单击 OK 按钮关闭该对话框。

(3)在 Define Material Model Behavior 对话框中选择 Material→New Model 命令,出现 Define Material ID 对话框,在 Define Material ID 对话框中输入 2,单击 OK 按钮关闭该对话框。

(4)在 Material Models Available 一栏中依次双击 Structural、Linear、Elastic、Isotropic 选项,出现 Linear Isotropic Properties for Material Number 1 对话框,在 EX 输入框中输入 6.8E10,在 PRXY 输入框中输入 0.26,单击 OK 按钮关闭该对话框。

(5)在 Define Material Model Behavior 对话框中选择 Material→New Model 命令,出现 Define Material ID 对话框,在 Define Material ID 对话框中输入 3,单击 OK 按钮关闭该对话框。

(6)在 Material Models Available 一栏中依次双击 Structural、Linear、Elastic、Isotropic 选项,出现 Linear Isotropic Properties for Material Number 1 对话框,在 EX 输入框中输入 2.0E11,在 PRXY 输入框中输入 0.26,单击 OK 按钮关闭该对话框。

(7)在 Define Material Model Behavior 对话框上选择 Material→Exit 命令,关闭该对话框。

4. 创建几何模型

(1)选择 Main Menu→Preprocessor→Modeling→Create→Keypoints→In Active CS 命

令,在 Keypoint number(关键点编号)文本框中输入 1,在 X,Y,Z Location in active CS(关键点在激活坐标系中坐标值)文本框中依次输入关键点 1 的 X,Y,Z 坐标值 0,0,0。

(2)单击 Apply 按钮创建关键点 1,在 NPT Keypoint number 输入栏中输入 2,在 X,Y,Z Location in active CS 输入栏中分别输入 0.4,0,0。

(3)单击 Apply 按钮创建关键点 2,在 NPT Keypoint number 输入栏中输入 3,在 X,Y,Z Location in active CS 输入栏中分别输入 0,0.3,0,单击 OK 按钮关闭该对话框。

(4)选择 Utility→PlotCtrls→Numbering 命令,出现 Plot Numbering Controls 对话框,选中 KP Keypoint numbers 和 LINE Line numbers 选项,使其状态从 Off 变为 On,其余选项采用默认设置,单击 OK 按钮关闭该对话框。

(5)选择 Utility Menu→Plot→Replot 命令。

(6)选择 Main Menu→Preprocessor→Modeling→Create→Lines→Lines →In Active CS 命令,出现 Lines in Active 拾取菜单,用鼠标在屏幕上选取编号为 1,2 的关键点,单击 Apply 按钮,用鼠标在屏幕上选取编号为 2,3 的关键点,单击 Apply 按钮,用鼠标在屏幕上选取编号为 3,1 的关键点,单击 OK 按钮关闭该对话框。

(7)选择 Utility Menu→PlotCtrls→Style→Colors→Reverse Video 命令,设置显示颜色。

(8)选择 Utility Menu→Plot→Lines 命令,ANSYS 显示窗口将显示如图 6-45 所示的几何模型。

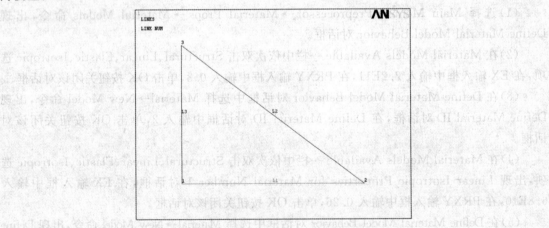

图 6-45 生成的几何模型结果显示

5.划分网格

(1)选择 Main Menu→Preprocessor→Meshing→ManualSize→Size Cntrls→Global→Size 命令,弹出 Global Element Sizes(总体单元尺寸)设置对话框,在 NDIV NO. of element divisions 文本框中输入 1。

(2)选择 Main Menu→Preprocessor→Meshing→Mesh Attributes→Default Attribs 命令,在[TYPE] Element type number 下拉菜单中选择 1 LINK180,在[MAT] material number 下拉菜单中选择1,在[REAL] Real constant set number 下拉菜单中选择1,单击OK按钮关闭该对话框。

(3)选择 Main Menu→Preprocessor→Meshing→Mesh→Lines 命令,出现 Mesh Lines 拾取菜单,在文本框中输入(或用鼠标在 ANSYS 显示窗口选择)编号为 L1 的线段,单击 OK 按钮关闭该菜单。

(4)选择 Utility Menu→Plot→Lines 命令,显示所有线段。

(5)选择 Main Menu→Preprocessor→Meshing→Mesh Attributes→Default Attribs 命令,出现 Meshing Attributes 对话框,在[TYPE] Element type number 下拉菜单中选择 1 LINK180,在[MAT] material number 下拉菜单中选择2,在[REAL] Real constant set number 下拉菜单中选择2,单击 OK 按钮关闭该对话框。

(6)选择 Main Menu→Preprocessor→Meshing→Mesh→Lines 命令,出现 Mesh Lines 拾取菜单,在文本框中输入(或用鼠标在 ANSYS 显示窗口选择)编号为 L2 的线段,单击 OK 按钮关闭该菜单。

(7)选择 Utility Menu→Plot→Lines 命令,显示所有线段。

(8)选择 Main Menu→Preprocessor→Meshing→Mesh Attributes→Default Attribs 命令,出现 Meshing Attributes 对话框,在[TYPE] Element type number 下拉菜单中选择 1 LINK180,在[MAT] material number 下拉菜单中选择3,在[REAL] Real constant set number 下拉菜单中选择3,单击 OK 按钮关闭该对话框。

(9)选择 Main Menu→Preprocessor→Meshing→Mesh→Lines 命令,出现 Mesh Lines 拾取菜单,在文本框中输入(或用鼠标在 ANSYS 显示窗口选择)编号为 L3 的线段,单击 OK 按钮关闭该菜单。

6. 加载求解

(1)选择 Main Menu→Solution→Define Loads→Apply→Structural→Displacement→On Nodes 命令,出现 Apply U,ROT on N 拾取菜单,用鼠标在 ANSYS 显示窗口上选取编号为1,3的节点,单击 OK 按钮,出现 Apply U,ROT on Nodes 对话框,参照图6-46所示对话框对其进行设置,单击 OK 按钮关闭该对话框。

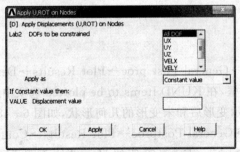

图6-46 "在节点上施加位移载荷"对话框

(2)选择 Main Menu→Solution→Define Loads→Apply→Structural→Force/Moment→on Nodes 命令,出现 Apply F/M on Nodes 对话框。在 ANSYS 显示窗口选择编号为 2 的节点,单击 OK 按钮,出现 Apply F/M on Nodes 对话框,在 Lab Direction of force/mom 下拉列表中选择 FX,在 Apply as 下拉列表中选择 Constant value,在 VALUE Force/moment value 文本框中输入 5000。

(3)单击 Apply 按钮,在 Lab Direction of force/mom 下拉列表中选择 FY,在 Apply as 下拉列表中选择 Constant value,在 VALUE Force/moment value 文本框中输入 -3 000,点击 OK 按钮关闭该对话框。

(4)选择 Utility Menu→Plot Elements 命令,施加载荷及边界条件后模型如图 6-47 所示。

(5)选择 Utility Menu→Select→Everything 命令,选取所有图元、单元和节点。

(6)选择 Main Menu→Solution→Solve→Current LS 命令,出现 Solve Current Load Step 对话框,同时出现/STATUS Command 窗口,选择 File→Close 命令,关闭该窗口。

(7)单击 Solve Current Load Step 对话框中的 OK 按钮,ANSYS 开始求解计算。

(8)求解结束时,出现 Note 对话框,单击 Close 按钮关闭该对话框。

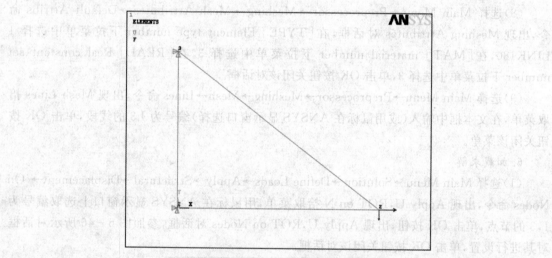

图 6-47 施加载荷及边界条件后的结果显示

7. 查看求解结果

(1)选择 Main Menu→General Post proc→Plot Results→Deformed Shape 命令,出现 Plot Deformed Shape 对话框,在 KUND Items to be plotted 选项中选择 Def+undeformed 选项,ANSYS 显示窗口将显示变形后和未变形的几何形状,如图 6-48 所示。

(2)选择 Main Menu→General Postproc→Plot Results→Contour Plot→Nodal Solu 命令,弹出 Contour Nodal Solution Data(等值线显示节点解数据)对话框。在 Item to be contoured(等值线显示结果项)域的左边的列表框中选择 Nodal Solution→DOF solution→

Displacement vector sum。单击 OK 按钮,ANSYS 显示窗口将显示位移等值线图,如图 6-49 所示。

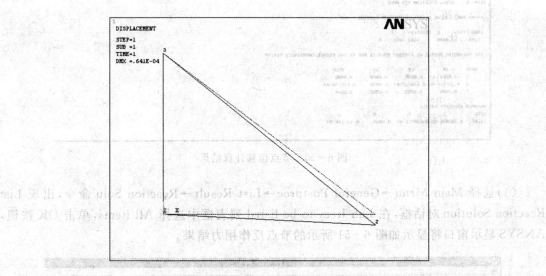

图 6-48 变形后和未变形的几何形状显示

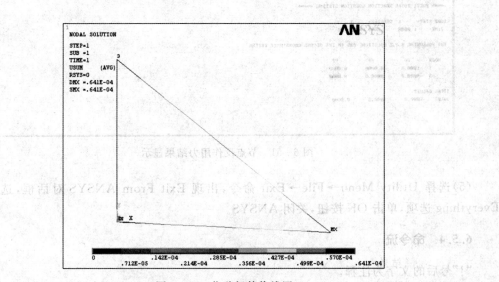

图 6-49 位移场等值线图

(3)选择 Main Menu→General Postproc→List Result→Nodal Solution 命令,出现 List Nodal Solution 对话框,在 Item,Comp Item to be listed 列表框中选择 DOF solution,出现 List all DOFs,单击 OK 按钮,ANSYS 显示窗口将显示如图 6-50 所示的节点位移计算结果。

95

```
PRNSOL Command
File

PRINT U    NODAL SOLUTION PER NODE

 ***** POST1 NODAL DEGREE OF FREEDOM LISTING *****

 LOAD STEP=     1  SUBSTEP=     1
  TIME=    1.0000      LOAD CASE=   0

 THE FOLLOWING DEGREE OF FREEDOM RESULTS ARE IN THE GLOBAL COORDINATE SYSTEM

   NODE       UX          UY          UZ          USUM
      1   0.0000      0.0000      0.0000      0.0000
      2  0.30303E-05-0.64042E-04  0.0000     0.64114E-04
      3   0.0000      0.0000      0.0000      0.0000

MAXIMUM ABSOLUTE VALUES
NODE          2           2           0           2
VALUE   0.30303E-05-0.64042E-04  0.0000     0.64114E-04
```

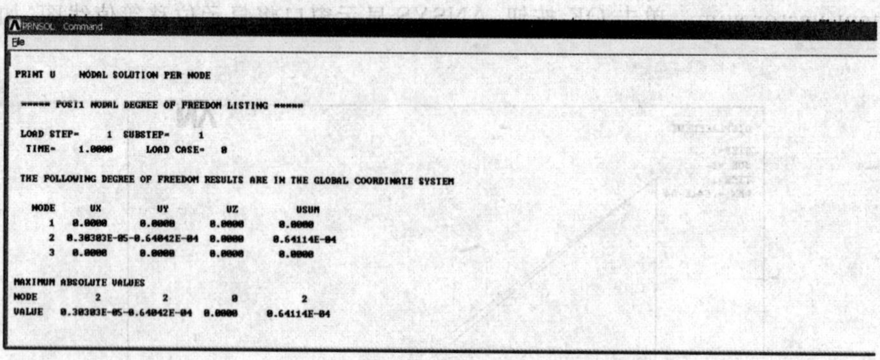

图 6-50　节点位移计算结果

(4)选择 Main Menu→General Postproc→List Result→Reaction Solu 命令，出现 List Reaction Solution 对话框，在 Lab Item to be listed 列表框中选择 All items，单击 OK 按钮，ANSYS 显示窗口将显示如图 6-51 所示的节点反作用力结果。

```
PRRSOL Command
File

PRINT REACTION SOLUTIONS PER NODE

 ***** POST1 TOTAL REACTION SOLUTION LISTING *****

 LOAD STEP=     1  SUBSTEP=     1
  TIME=    1.0000      LOAD CASE=   0

 THE FOLLOWING X,Y,Z SOLUTIONS ARE IN THE GLOBAL COORDINATE SYSTEM

   NODE       FX          FY          FZ
      1   -1000.0      0.0000      0.0000
      3   -4000.0      3000.0      0.0000

TOTAL VALUES
VALUE   -5000.0      3000.0      0.0000
```

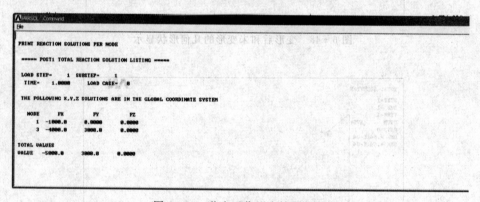

图 6-51　节点反作用力结果显示

(5)选择 Utility Menu→File→Exit 命令，出现 Exit From ANSYS 对话框，选择 Save Everything 选项，单击 OK 按钮，关闭 ANSYS。

6.5.4　命令流

"!"号后的文字为注释。

```
/FILNAME, link                      ! 定义工作文件名
/TITLE, analysis of truss           ! 定义工作标题
/PREP7                              ! 进入前处理器
ET,1,LINK180                        ! 选择单元类型
R,1,6E-4, ,0                        ! 定义实常数
```

```
R,2,9E-4,0,0
R,3,4E-4,0,0
MP,EX,1,2.2E11          ！定义第一种材料弹性模量
MP,PRXY,1,0.3           ！定义第一种材料泊松比
MP,EX,2,6.8E10          ！定义第二种材料弹性模量
MP,PRXY,2,0.26          ！定义第二种材料泊松比
MP,EX,3,2.0E11          ！定义第三种材料弹性模量
MP,PRXY,3,0.26          ！定义第三种材料泊松比
K,1,,,                  ！创建关键点
K,2,0.4,,,
K,3,,0.3,,
/PNUM,KP,1              ！显示关键点编号
/PNUM,LINE,1
/PNUM,AREA,0
/PNUM,VOLU,0
/PNUM,NODE,0
/PNUM,TABN,0
/PNUM,SVAL,0
/NUMBER,0
/PNUM,ELEM,0
/REPLOT
L,     1,     2         ！生成线段
L,     2,     3
L,     3,     1
/RGB,INDEX,100,100,100, 0
/RGB,INDEX, 80, 80, 80,13
/RGB,INDEX, 60, 60, 60,14
/RGB,INDEX,  0,  0,  0,15
/REPLOT
ESIZE,0,1,              ！设置线段等份数
TYPE,     1
MAT,      1             ！指定材料参考号
REAL,     1             ！指定实常数参考号
ESYS,     0
SECNUM,
```

```
LMESH,      1              ！对线段进行网格划分
LPLOT
TYPE,    1
MAT,     2
REAL,    2
ESYS,    0
SECNUM,
LMESH,      2
LPLOT
TYPE,    1
MAT,     3
REAL,    3
ESYS,    0
SECNUM,
LMESH,      3
ALLSEL,ALL
FINISH
/SOLU
ANTYPE,STATIC             ！定义分析类型为静力分析
/PNUM,NODE,1
D,1,ALL                   ！施加位移约束
D,3,ALL
F,2,FX,5000               ！施加集中力载荷
F,2,FY,－3000             ！施加集中力载荷
SOLVE                     ！开始求解计算
FINISH
/POST1
PLDISP,1                  ！显示变形和未变形形状
PLNSOL,U,SUM              ！绘制位移等值线图
PRNSOL,U,COMP             ！列表显示节点位移
PRRSOL                    ！列出反作用力结果
FINISH
/EXIT                     ！退出ANSYS
```

6.6 结构模态有限元分析

6.6.1 问题描述

该实例对一个飞机模型的机翼进行模态分析,以确定机翼的模态频率和振型。机翼沿长度方向轮廓一致,横截面由直线和样条曲线定义(见图 6-52)。机翼的一端固定在机体上,另一端为悬空自由端。机翼材料参数:弹性模量 $EX= 3 \times 10^4$ MPa;泊松比 PRXY=0.26;密度 DENS= 1 580 kg/m³。机翼几何参数:$A(0,0)$;$B(2,0)$;$C(2.5,0.2)$;$D(1.8, 0.45)$;$E(1,0.25)$。

6.6.2 问题分析

该问题属于动力学中的模态分析问题。在分析过程中分别用直线段和样条曲线描述机翼的横截面形状,选择 PLANE182 和 SOLID185 单元进行求解。

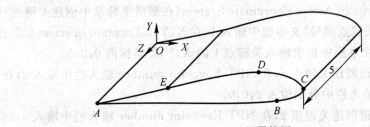

图 6-52 飞机机翼简图

6.6.3 求解步骤

1. 定义工作文件名和工作标题

(1)选择 Utility Menu→File→Change Jobname 命令,输入工作文件名 wings,并将 New log and error files? 设置为 Yes,单击 OK 按钮关闭该对话框。

(2)选择 Utility Menu→File→Change Title 命令,在输出框中输入 Modal analysis of a model airplane wing,单击 OK 按钮关闭该对话框。

2. 定义单元类型

(1)选择 Main Menu→Preprocessor→Element Type→Add/Edit/Delete 命令,出现 Element Type 对话框。

(2)单击 Add 按钮,在随后出现的 Library of Element Types 对话框中选择 Quad 4node 182,在 Element type reference number 输入框中输入 1,单击 Apply 按钮。

(3)在 Library of Element Types 对话框中选择 Brick 8node 185,在 Element type reference number 输入框中输入 2。

(4)单击 Element Types 对话框上的 Close 按钮,关闭该对话框。

3. 定义材料常数

(1)选择 Main Menu→Preprocessor→Material Props→Material Models 命令,出现 Define Material Model Behavior 对话框。

(2)在 Material Models Available 一栏中依次双击 Structural、Linear、Elastic、Isotropic 选项,出现 Linear Isotropic Properties for Material Number 1 对话框,在 EX 输入框中输入 3E10,在 PRXY 输入框中输入 0.26,单击 OK 按钮关闭该对话框。

(3)在 Material Models Available 一栏中依次双击 Structural、Density,出现 Density for Material 1 对话框,在 DENS 输入框中输入 1580。

(4)在 Define Material Model Behavior 对话框上选择 Material→Exit 命令,关闭该对话框。

4. 创建几何模型

(1)选择 Main Menu→Preprocessor→Modeling→Create→Keypoints→In Active CS 命令,弹出 Create Keypoints in Active Coordinate System(在激活坐标系中创建关键点)对话框,在 Keypoint number(关键点编号)文本框中输入 1,在 X,Y,Z Location in active CS(关键点在激活坐标系中坐标值)文本框中依次输入关键点 1 的 X,Y,Z 坐标值 0,0,0。

(2)单击 Apply 按钮创建关键点 1,在 NPT Keypoint number 输入栏中输入 2,在 X,Y,Z Location in active CS 输入栏中分别输入 2,0,0。

(3)单击 Apply 按钮创建关键点 2,在 NPT Keypoint number 输入栏中输入 3,在 X,Y,Z Location in active CS 输入栏中分别输入 2.5,0.2,0,单击 OK 按钮关闭该对话框。

(4)单击 Apply 按钮创建关键点 3,在 NPT Keypoint number 输入栏中输入 4,在 X,Y,Z Location in active CS 输入栏中分别输入 1.8,0.45,0,单击 OK 按钮关闭该对话框。

(5)单击 Apply 按钮创建关键点 4,在 NPT Keypoint number 输入栏中输入 5,在 X,Y,Z Location in active CS 输入栏中分别输入 1,0.25,0,单击 OK 按钮关闭该对话框。

(6)选择 Main Menu→Preprocessor→Modeling→Create→Lines→Lines→Straight Line 命令,拾取菜单 Create Straight Lines 将出现。

(7)在关键点 1 和 2 上按顺序各单击一次,在关键点间将出现一条直线。

(8)在关键点 5 和 1 上按顺序各单击一次,在关键点间将出现一条直线。

(9)在拾取菜单中单击 OK 按钮。

(10)选择 Main Menu→Preprocessor→Modeling→Create→Lines→Splines→With options→Spline thru kps 命令,拾取菜单 B_Spline 将出现。

(11)按顺序选中关键点 2,3,4,5,然后单击 OK 按钮。B_Spline 对话框将出现,输入 XV1,YV1,EV1 分别为 $-1,0,0$,XV6,YV6,EV6 分别为 $-1,-0.25,0$。

(12)单击 OK 按钮,可得到如图 6-53 所示的机翼曲线部分。

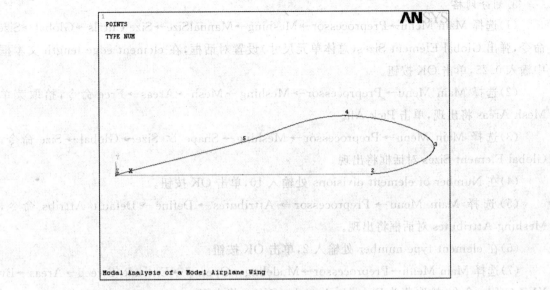

图 6-53　组成机翼横截面的曲线

(13) 选择 Main Menu→Preprocessor→Modeling→Create→Areas→Arbitary→By Lines 命令,拾取菜单 Create Area by Lines 将出现。

(14) 单击所有的三条线各一次,单击 OK 按钮,线围成的面将以高亮度显示出来,如图 6-54 所示。

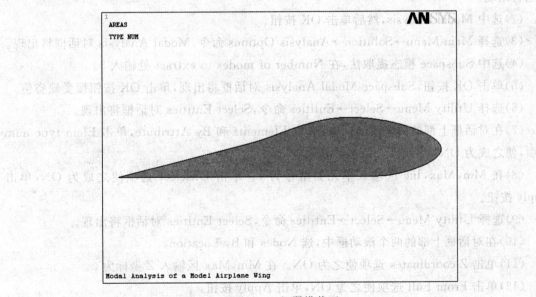

图 6-54　机翼横截面

5. 划分网格

(1)选择 Main Menu→Preprocessor→Meshing→ManualSize→Size Cntrls→Global→Size 命令,弹出 Global Element Sizes(总体单元尺寸)设置对话框,在 element edge length 文本框中输入 0.25,单击 OK 按钮。

(2)选择 Main Menu→Preprocessor→Meshing→Mesh→Areas→Free 命令,拾取菜单 Mesh Areas 将出现,单击 Pick All。

(3)选择 Main Menu→Preprocessor→Meshing→Shape & Size→Global→Size 命令,Global Element Sizes 对话框将出现。

(4)在 Number of element divisions 处输入 10,单击 OK 按钮。

(5)选择 Main Menu→Preprocessor→Attributes→Define→Default Attribs 命令,Meshing Attributes 对话框将出现。

(6)在 element type number 处输入 2,单击 OK 按钮。

(7)选择 Main Menu→Preprocessor→Modeling→Operate→Extrude/Sweep→Areas→By XYZ Offset 命令,拾取菜单 Extrude Area by Offset 将出现。

(8)单击 Pick All 按钮,Extrude Areas by XYZ Offset 对话框将出现。在 offset for extrusion 处输入 0,0,10,单击 OK 按钮。

6. 加载求解

(1)选择 Main Menu→Solution→Analysis Type→New Analysis 命令,New Analysis 对话框将出现。

(2)选中 Modal analysis,然后单击 OK 按钮。

(3)选择 Main Menu→Solution→Analysis Options 命令,Modal Analysis 对话框将出现。

(4)选中 Subspace 模态提取法,在 Number of modes to extract 处输入 5。

(5)单击 OK 按钮,Subspace Modal Analysis 对话框将出现,单击 OK 按钮接受缺省值。

(6)选择 Utility Menu→Select→Entities 命令,Select Entities 对话框将出现。

(7)在对话框上部的两个滚动框中,选取 Elements 和 By Attribute,单击 Elem type num 选项,使之成为 ON。

(8)在 Min,Max,Inc 区输入单元类型号为 1。单击 Unselect 选项使之成为 ON,单击 Apply 按钮。

(9)选择 Utility Menu→Select→Entities 命令,Select Entities 对话框将出现。

(10)在对话框上部的两个滚动框中,选 Nodes 和 By Location。

(11)单击 Z coordinates 选项使之为 ON。在 Min,Max 区输入 Z 坐标为 0。

(12)单击 From Full 选项使之为 ON,单击 Apply 按钮。

(13)选择 Main Menu→Solution→Loads→Apply→Structural→Displacement→On

Nodes 命令,拾取菜单 Apply U,ROT on Nodes 将会出现。

(14)单击 Pick All 按钮,Apply U,ROT on Nodes 对话框将出现。

(15)单击 All 自由度,单击 OK 按钮。

(16)在 Select Entities 对话框中的第二个滚动框中选取 By Num/Pick。

(17)单击 Sele All,单击 Cancel。

(18)选择 Main Menu→Solution→Load Step Opts→ExpansionPass→Expand Modes 命令,Expand Modes 对话框将出现。

(19)在 number of modes to expand 处输入 5,单击 OK 按钮。

(20)选择 Main Menu→Solution→Solve →Current LS 命令,出现 Solve Current Load Step 对话框,同时出现/STATUS Command 窗口,选择 File→Close 命令,关闭该窗口。

(21)单击 Solve Current Load Step 对话框中的 OK 按钮,ANSYS 开始求解计算。

(22)求解结束后,出现 Note 对话框,单击 Close 按钮关闭该对话框。

7. 查看求解结果

(1)选择 Main Menu→General Postproc→Results Summary 命令,可列表显示机翼前 5 阶固有频率,如图 6-55 所示。

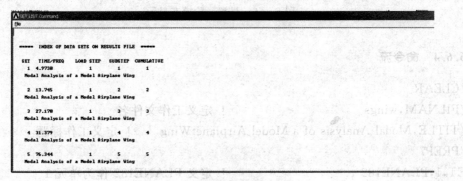

图 6-55 机翼前 5 阶固有频率

(2)选择 Main Menu→General Postproc→Read Results→First Set 命令。

(3)选择 Main Menu→General Postproc→PlotCtrls→Plot Results→Deformed Shape 命令,Plot Deformed Shape 对话框将出现。

(4)在 Plot Deformed Shape 对话框中选择 Def+undeformed,显示未变形的与一阶模态的机翼,如图 6-56 所示。

(5)通过上述方法可显示其他几阶模态振型。

(6)选择 Utility Menu→File→Exit 命令,出现 Exit From ANSYS 对话框,选择 Save Everything 选项,单击 OK 按钮,关闭 ANSYS。

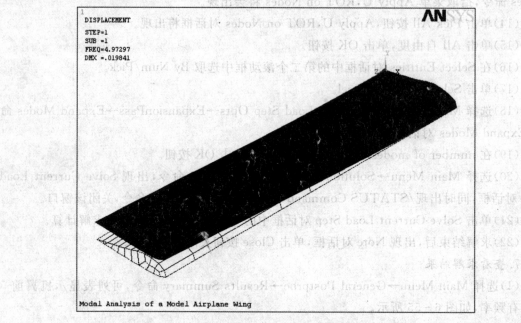

图 6-56 机翼一阶模态显示

6.6.4 命令流

```
/CLEAR
/FILNAM,wings                              ! 定义工作文件名
/TITLE,Modal Analysis of a Model Airplane Wing    ! 定义工作标题
/PREP7
ET,1,PLANE182                              ! 定义 PLANE182 作为单元 1
ET,2,SOLID185                              ! 定义 SOLID185 作为单元 2
MP,EX,1,3e10                               ! 定义弹性模量
MP,DENS,1,1580                             ! 定义密度
MP,NUXY,1,.26                              ! 定义泊松比
K,1                                        ! 建立关键点
K,2,2
K,3,2.5,.2
K,4,1.8,.45
K,5,1,.25
LSTR,1,2
```

```
LSTR,5,1
BSPLIN,2,3,4,5,,,-1,,,-1,-.25    ! 建立样条曲线
AL,1,3,2                          ! 建立面
ESIZE,.25                         ! 设定单元尺寸
AMESH,1                           ! 对面划分网格
ESIZE,,10
TYPE,2
VEXT,ALL,,,,,10                   ! 带网格的面拉伸成带网格的体
/VIEW,,1,1,1
/ANG,1
/REP
EPLOT
FINISH
/SOLU
ANTYPE,MODAL                      ! 选定分析类型
MODOPT,SUBSP,5                    ! 选择模态提取方法及提取的模态阶数
ESEL,U,TYPE,,1
NSEL,S,LOC,Z,0
D,ALL,ALL                         ! 位移约束
NSEL,ALL
MXPAND,5                          ! 模态的扩展
SOLVE
FINISH
/POST1
SET,LIST,2                        ! 列表显示模态
SET,FIRST
PLDISP,0                          ! 显示第一阶模态
SET,NEXT
PLDISP,0                          ! 显示第二阶模态
SET,NEXT
PLDISP,0                          ! 显示第三阶模态
SET,NEXT
PLDISP,0                          ! 显示第四阶模态
SET,NEXT
PLDISP,0                          ! 显示第五阶模态
```

```
FINISH
/EXIT                                          ! 退出 ANSYS
```

6.7 结构瞬态响应有限元分析

6.7.1 问题描述

一根钢梁支撑着集中质量并承受一个动态载荷(见图 6-57)。钢梁长为 l,支撑着一个集中质量 m。这根梁承受着一个上升时间为 t_1,最大值为 F_1 的动态载荷 $F(t)$。梁的质量可以忽略,确定产生最大位移响应时的时间 t_{max} 和响应 y_{max},同时要确定梁中的最大弯曲应力。其中,材料弹性模量为 $2×10^5$ MPa,泊松比为 0.3,质量 m = 0.021 5 t,质量阻尼为 8;l = 450 mm,I = 800.6 mm^4,h = 18 mm;F_1 = 20 N,t_1 = 0.075 s。

6.7.2 问题分析

该问题属于动力学中的瞬态响应分析问题。可通过采用不同载荷步,且在不同载荷步施加不同类型的力来实现在模型上施加随时间变化载荷的目的。

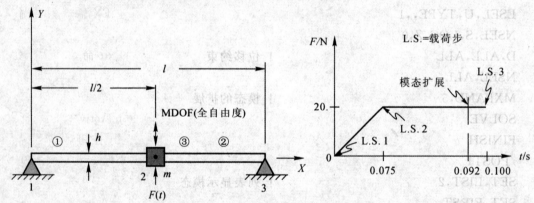

图 6-57 钢梁支撑集中质量的几何模型

6.7.3 求解步骤

1. 定义工作文件名和工作标题

(1)选择 Utility Menu→File→Change Jobname 命令,输入工作文件名 beam,并将 New log and error files? 设置为 Yes,点击 OK 按钮关闭该对话框。

(2)选择 Utility Menu→File→Change Title 命令,在输出框中输入 transient analysis,单击 OK 按钮关闭该对话框。

2. 定义单元类型

(1)选择 Main Menu→Preprocessor→Element Type→Add/Edit/Delete 命令,出现 Element Type 对话框。

(2)单击 Add 按钮,在随后出现的 Library of Element Types 对话框中选择 2D elastic 3,在 Element type reference number 输入框中输入 1,单击 Apply 按钮。

(3)在 Library of Element Types 对话框中选择 3D mass 21,在 Element type reference number 输入框中输入 2。单击 Options,在弹出的对话框中设置 mass21 的 K3 为 2−D W/O rot iner,单击 OK 按钮关闭该对话框。

(4)单击 Element Types 对话框上的 Close 按钮,关闭该对话框。

(5)选择 Main Menu→Preprocessor→Real Constants→Add/Edit/Delete 命令,出现对话框,单击 Add 按钮,选择 Type1 BEAM3,在弹出的对话框中输入 AREA 为 1,IZZ=800.6,HEIGHT=18,单击 OK,再单击 Add,选择 Type 2 MASS21,设置 MASS 为 0.0215。

3. 定义材料常数

(1)选择 Main Menu→Preprocessor→Material Props→Material Models 命令,出现 Define Material Model Behavior 对话框。

(2)在 Material Models Available 一栏中依次双击 Structural、Linear、Elastic、Isotropic 选项,出现 Linear Isotropic Properties for Material Number 1 对话框,在 EX 输入框中输入 2E5,在 PRXY 输入框中输入 0.3,单击 OK 按钮关闭该对话框。

(3)在 Define Material Model Behavior 对话框上选择 Material→Exit 命令,关闭该对话框。

4. 创建几何模型

(1)选择 Main Menu→Preprocessor→Modeling→Create→Nodes→In Active CS 命令,在弹出的对话框中,依次输入节点的编号 1,节点坐标 $x=0,y=0$,单击 Apply 按钮,输入节点编号 2,节点坐标 $x=450/2,y=0$,单击 Apply 按钮,输入节点编号 3,节点坐标 $x=450,y=0$,单击 OK 按钮。

(2)选择 Main Menu→Preprocessor→Modeling→Create→Elements→Auto Numbered→Thru Nodes 命令,弹出拾取框,拾取节点 1 和 2,2 和 3,单击 OK 按钮。

(3)选择 Main Menu→Preprocessor→Modeling→Create→Elements→Elem Attributes 命令,弹出对话框,设置 TYPE 为 2,REAL 为 2,单击 OK 按钮。

(4)选择 Main Menu→Preprocessor→Modeling→Create→Elements→Auto Numbered→Thru Nodes 命令,弹出拾取框,拾取节点 2,单击 OK 按钮。

5. 加载求解

(1)选择 Main Menu→Solution→Analysis Type→New Analysis 命令,New Analysis 对话框将出现。

(2)选中 Trasiernt,然后单击 OK 按钮,又弹出对话框,选择 Reduced,单击 OK 按钮。

(3)选择 Main Menu→Solution→Analysis Options 命令,弹出对话框,单击 OK 按钮。

(4)选择 Main Menu→ Solution→Master DOFs→User Selected→Define 命令,弹出拾取框,拾取节点 2,单击 OK 按钮,弹出对话框,选择 Lab1 为 UY。

(5)选择 Main Menu→Solution→Load Step Opts →Time/Frequenc→Time→Time Step 命令,弹出对话框,输入 DELTIM 时间步大小为 0.004,单击 OK 按钮。

(6)选择 Main Menu→Solution→Load Step Opts →Time/Frequenc→Damping 命令,弹出对话框,输入 ALPHAD 为 8,单击 OK 按钮。

(7)选择 Main Menu→Solution→Define lodes→Apply→Structural→Displacement→On Node 命令,出现拾取框,拾取节点 3,单击 OK 按钮,又弹出一对话框,选择 ALL DOF,单击 Apply 按钮,弹出拾取框,拾取节点 1,单击 OK 按钮,弹出对话框,选择 UY,单击 OK 按钮。

(8)选择 Main Menu→Solution→Define lodes→Apply→Structura→Force/Moment→On Nodes 命令,弹出拾取框,拾取节点 2,单击 Apply 按钮,弹出对话框,选择 Lab 为 FY,输入 VALUE 为 0,单击 OK 按钮。

(9)选择 Main Menu→Solution→Load Step Opts →Output Ctrls→Solu Printout 命令,弹出对话框,选择 Every Substep,单击 OK 按钮。

(10)选择 Main Menu→Solution→Load Step Opts→Write LS File 命令,弹出对话框,输入 LSNUM 为 1,单击 OK 按钮。

(11)选择 Main Menu→Solution→Load Step Opts →Time/Frequenc→Time→Time Step 命令,弹出对话框,输入 TIME 载荷步结束时间为 0.075,单击 OK 按钮。

(12)选择 Main Menu→Solution→Define lodes→Apply→Structural→Force/Moment→On Nodes 命令,弹出拾取框拾取节点 2,单击 Apply 按钮,弹出对话框,选择 Lab 为 FY,输入 VALUE 为 20,单击 OK 按钮。

(13)选择 Main Menu→Solution→Load Step Opts→Write LS File 命令,弹出对话框,输入 LSNUM 为 2,单击 OK 按钮。

(14)选择 Main Menu→Solution→Load Step Opts →Time/Frequenc→Time→Time Step 命令,弹出对话框,输入 TIME 载荷步结束时间为 1,单击 OK 按钮。

(15)选择 Main Menu→Solution→Load Step Opts→Write LS File 命令,弹出对话框,输入 LSNUM 为 3,单击 OK 按钮。

(16)选择 Main Menu→ Solution→ Solve → From LS Files 命令,弹出对话框,输入 LSMIN 为 1,LSMAX 为 3,然后单击对话框上的 OK 按钮,求解运算开始运行,直到屏幕上出现一个 Solution is done 的信息窗口,这时表示计算结果结束,单击 Close 按钮关闭提示框。

6.查看求解结果

(1)选择 Main Menu →TimeHist Posproc→Defein Variables 命令,弹出对话框,单击 Add 按

钮,弹出对话框,单击 OK 按钮,弹出拾取框,拾取节点 2,单击 OK 按钮,弹出对话框,输入 Name 为 UY_2,选择 Item comp Data item 为 DOF Solution 和 Translation UY,单击 OK 按钮。

(2)选择 Main Menu→TimeHist Posproc→Graph Variables 命令,弹出对话框,输入 NVAR1 为 2,单击 OK 按钮。节点 2 位移-时间曲线如图 6-58 所示。

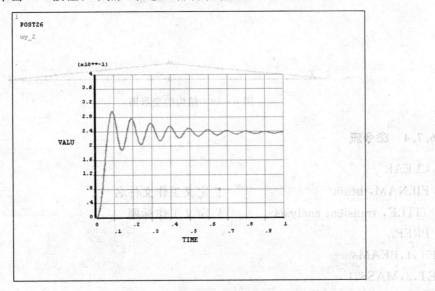

图 6-58 节点 2 位移-时间曲线

(3)选择 Main Menu→Solution→Analysis Type→Expansion Pass 命令,弹出对话框,选择 EXPASS 为 on,单击 OK 按钮。

(4)选择 Main Menu→Solution→Load Step Opts→ExpansionPass→Single Expand→By Time/Freq Step 命令,弹出对话框,设置 TIMFRQ 为 0.092,单击 OK 按钮。

(5)选择 Main Menu→Solution→Solve→Current LS 命令,出现一个信息提示窗口和对话框,首先要浏览信息输出窗口上的内容,确认无误后,选择 File→Close 命令,然后单击对话框上的 OK 按钮,求解运算开始运行,直到屏幕上出现一个 Solution is done 的信息窗口,这时表示计算结果结束,单击 Close 按钮。

(6)选择 Main Menu →General Postproc→Read Results→First Set 命令,选择显示为第一阶模态结果。

(7)选择 Main Menu →General Postproc→Deformed Shape 命令,弹出对话框,选择 Def+unformed,单击 OK 按钮,生成系统在 0.092 s 时总的变形图如图 6-59 所示。

(8)选择 Utility Menu→File→Exit 命令,出现 Exit From ANSYS 对话框,选择 Save Everything 选项,单击 OK 按钮,关闭 ANSYS。

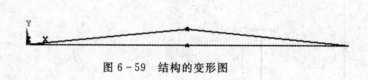

图 6-59 结构的变形图

6.7.4 命令流

```
/CLEAR
/FILNAM,beam                    ! 定义工作文件名
/TITLE,transient analysis       ! 定义工作标题
/PREP7
ET,1,BEAM3
ET,2,MASS21
KEYOPT,2,1,0
KEYOPT,2,2,0
KEYOPT,2,3,4
R,1,1,800.6,18, , , ,
R,2,0.0215,
MP,EX,1,2e5                     ! 定义弹性模量
MP,NUXY,1,.3                    ! 定义泊松比
N,1, , , , , , ,                ! 建立节点
N,2,450/2, , , , , ,
N,3,450, , , , , ,
FLST,2,2,1
FITEM,2,1
FITEM,2,2
E,P51X                          ! 建立单元
FLST,2,2,1
FITEM,2,2
FITEM,2,3
```

```
E,P51X
TYPE,   2
MAT,    1
REAL,   1
ESYS,   0
SECNUM,
TSHAP,LINE
TYPE,   2
MAT,    1
REAL,   2
ESYS,   0
SECNUM,
TSHAP,LINE
E,      2
FINISH
/SOLU
ANTYPE,4                    !选择分析类型
TRNOPT,REDUC
LUMPM,0
TRNOPT,REDUC,,DAMP
PSTRES,0
FLST,2,1,1,ORDE,1
FITEM,2,2
M,P51X,UY,,,                !定义主自由度
TIME,0                      !第一个载荷步
AUTOTS,-1
DELTIM,0.004,,,1
KBC,0
TSRES,ERASE
ALPHAD,8,                   !施加阻尼
BETAD,0,
FLST,2,1,1,ORDE,1
FITEM,2,3
/GO
D,P51X,,,,,ALL,,,,,!        施加位移约束
```

```
FLST,2,1,1,ORDE,1
FITEM,2,1
/GO
D,P51X, , , , ,UY, , , , ,
FLST,2,1,1,ORDE,1
FITEM,2,2
/GO
F,P51X,FY,0
LSWRITE,1,
TIME,0.075                    !第二个载荷步
AUTOTS,-1
DELTIM,0.004, , ,1
KBC,0
TSRES,ERASE
FLST,2,1,1,ORDE,1
FITEM,2,2
/GO
F,P51X,FY,20
LSWRITE,2,
TIME,1                        !第三个载荷步
AUTOTS,-1
DELTIM,0.004, , ,1
KBC,0
TSRES,ERASE
LSWRITE,3,
LSSOLVE,1,3,1,                !求解第一至第三个载荷步
FINISH
/POST26                       !时间历程后处理
FILE,'file','rdsp','.'
/UI,COLL,1
NUMVAR,200
NSOL,191,2,UY
STORE,MERGE
FILLDATA,191, , , , ,1,1
REALVAR,191,191
```

```
NSOL,3,2,U,Y,UY_2
STORE,MERGE
PLVAR,2,,,,,,,,,
PLVAR,2,,,,,,,,,
FINISH
/SOLU
EXPASS,1
EXPSOL,,,0.092,1
/STATUS,SOLU
SOLVE
FINISH
/POST1
SET,FIRST                  !查看第一阶振型
PLDISP,1                   !显示变形和未变形的结果
FINISH
/EXIT                      !退出 ANSYS
```

6.8 疲劳问题有限元分析

6.8.1 问题描述

图 6-60 所示为一板状构件示意图,在其两端承受大小为 20 MPa 的拉压交变载荷,对其进行疲劳分析。材料弹性模量 $E=2\times10^5$ MPa,泊松比 $\mu=0.3$。疲劳特性参数见表 6-3。

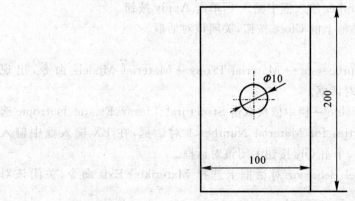

图 6-60 板状构件结构示意图

表 6-3 疲劳循环次数和交变应力强度对应关系表

N	1×10^2	2×10^2	5×10^2	1×10^3	1.5×10^3	2×10^3
S	150	120	110	100	95	90
N	1×10^4	1×10^5	1×10^6	2×10^6	3×10^3	5×10^6
S	85	80	75	70	65	60
N	6×10^6	7×10^6	8×10^6	9×10^6	1×10^7	1.2×10^7
S	55	50	45	40	35	30

6.8.2 问题分析

根据对称性,取整体模型的 1/4 建立几何模型;将拉伸和压缩载荷分为两个载荷步进行计算,再将计算结果读入到后处理器中采用疲劳分析命令进行疲劳分析。

6.8.3 求解步骤

1. 定义工作文件名和工作标题

(1)选择 Utility Menu→File→Change Jobname 命令,输入工作文件名 plate,并将 New log and error files? 设置为 Yes,单击 OK 按钮关闭该对话框。

(2)选择 Utility Menu→File→Change Title 命令,在输入框中输入 fatigue analysis,单击 OK 按钮关闭该对话框。

2. 定义单元类型

(1)选择 Main Menu→Preprocessor→Element Type→Add/Edit/Delete 命令,出现 Element Type 对话框。

(2)单击 Add 按钮,在随后出现的 Library of Element Types 对话框中选择 Quad 4node 42,在 Element type reference number 输入框中输入 1,单击 Apply 按钮。

(3)单击 Element Types 对话框上的 Close 按钮,关闭该对话框。

3. 定义材料常数

(1)选择 Main Menu→Preprocessor→Material Props→Material Models 命令,出现 Define Material Model Behavior 对话框。

(2)在 Material Models Available 一栏中依次双击 Structural、Linear、Elastic、Isotropic 选项,出现 Linear Isotropic Properties for Material Number 1 对话框,在 EX 输入框中输入 2E5,在 PRXY 输入框中输入 0.3,单击 OK 按钮关闭该对话框。

(3)在 Define Material Model Behavior 对话框上选择 Material→Exit 命令,关闭该对话框。

4. 创建几何模型

(1)选择 Main Menu→Preprocessor→Modeling→Create→Areas→Rectangle→By

Dimensions 命令,出现 Create Rectangle by Dimensions 对话框,在 X1,X2 X-coordinates 文本框中分别输入 0,50,在 Y1,Y2 Y-coordinates 文本框中分别输入 0,100,单击 OK 按钮关闭该对话框。

(2)选择 Main Menu→Preprocessor→Modeling→Create→Areas→Circle→Solid Circle 命令,出现 Solid Circular Area 对话框,在 WP X,WP Y 文本框中都输入 0,在 Radius 文本框中输入 5,单击 OK 按钮关闭该对话框。

(3)选择 Main Menu→Preprocessor→Modeling→Operate→Booleans→Subtract→Areas 命令,出现 Subtract Areas 拾取菜单,在文本框中输入 1,单击 OK 按钮,在文本框中输入 2,单击 OK 按钮关闭该菜单。

5. 划分网格

(1)选择 Main Menu→Preprocessor→Meshing→ManualSize→Lines→Picked Lines 命令,出现 Element Size on 拾取菜单,在文本框中输入 1,单击 OK 按钮,出现 Element Size on Picked Lines 对话框,在 NDIV No. of element divisions 文本框中输入 10,单击 OK 按钮,关闭该对话框。

(2)选择 Main Menu→Preprocessor→Meshing→Size Cntrls→ManualSize→Lines→Picked Lines 命令,出现 Element Size on 拾取菜单,在文本框中输入 2,单击 OK 按钮,出现 Element Size on Picked Lines 对话框,在 NDIV No. of element divisions 文本框中输入 6,单击 OK 按钮,关闭该对话框。

(3)选择 Main Menu→Preprocessor→Meshing→Size Cntrls→ManualSize→Lines→Picked Lines 命令,出现 Element Size on 拾取菜单,在文本框中输入 3,单击 OK 按钮,出现 Element Size on Picked Lines 对话框,在 NDIV No. of element divisions 文本框中输入 16,单击 OK 按钮,关闭该对话框。

(4)选择 Main Menu→Preprocessor→Meshing→Size Cntrls→ManualSize→Lines→Picked Lines 命令,出现 Element Size on 拾取菜单,在文本框中输入 4,5,单击 OK 按钮,出现 Element Size on Picked Lines 对话框,在 NDIV No. of element divisions 文本框中输入 12,在 SPACE Spacing ratio 文本框中输入 0.05,单击 OK 按钮,关闭该对话框。

(5)选择 Main Menu→Preprocessor→Meshing→Mesh→Areas→Mapped→By Corners 命令,出现 Map Mesh Area by 拾取菜单,在文本框中输入 1,单击 OK 按钮,在文本框中输入 3,5,4,1,单击 OK 按钮,关闭该对话框。

(6)选择 Utility Menu→Plot→Elements 命令,ANSYS 显示窗口将显示网格划分结果,如图 6-61 所示。

6. 加载求解

(1)选择 Main Menu→Solution→Analysis Type→New Analysis 命令,New Analysis 对话框将出现。

(2)选中 Static,单击 OK 按钮关闭该对话框。

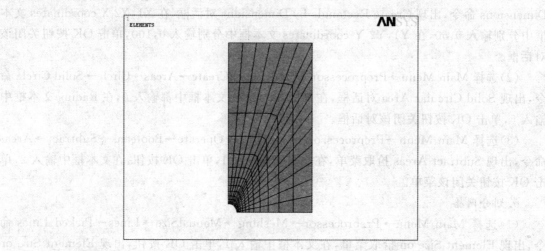

图 6-61　网格划分结果显示

(3) 选择 Utility Menu→Select→Entities 命令，出现 Select Entities 对话框。在第 1 个复选框中选择 Lines，在第 2 个复选框中选择 By Num/pick，在第 3 个复选框中选择 From Full，单击 OK 按钮，出现 Select Lines 拾取菜单，在文本框中输入 5，单击 OK 按钮关闭该对话框。

(4) 选择 Utility Menu→Select→Entities 命令，出现 Select Entities 对话框。在第 1 个复选框中选择 Nodes，在第 2 个复选框中选择 Attached to，在第 3 个复选框中选择 Line,all 单选项，在第 4 栏中选择 From Full 单选项，单击 OK 按钮关闭该对话框。

(5) 选择 Main Menu→Solution→Define lodes→Apply→Structural→Displacement→Symmetry B. C.→On Node 命令，出现 Apply SYMM on Nodes 对话框，在 Norml Symm surface is normal to 下拉列表中选择 X-axis，单击 OK 按钮关闭该对话框。

(6) 选择 Utility Menu→Select→Entities 命令，出现 Select Entities 对话框。在第 1 个复选框中选择 Lines，在第 2 个复选框中选择 By Num/pick，在第 3 个复选框中选择 From Full，单击 OK 按钮，用鼠标在 ANSYS 显示窗口选取编号为 4 的线段，单击 OK 按钮关闭该对话框。

(7) 选择 Utility Menu→Select→Entities 命令，出现 Select Entities 对话框。在第 1 个复选框中选择 Nodes，在第 2 个复选框中选择 Attached to，在第 3 个复选框中选择 Line,all 单选项，在第 4 栏中选择 From Full 单选项，单击 OK 按钮关闭该对话框。

(8) 选择 Main Menu→Solution→Define lodes→Apply→Structural→Displacement→Symmetry B. C.→On Node 命令，出现 Apply SYMM on Nodes 对话框，在 Norml Symm surface is normal to 下拉列表中选择 Y-axis，单击 OK 按钮关闭该对话框。

(9) 选择 Utility Menu→Select→Entities 命令，出现 Select Entities 对话框。在第 1 个复选框中选择 Lines，在第 2 个复选框中选择 By Num/pick，在第 3 个复选框中选择 From Full，

单击 OK 按钮,出现 Select Lines 拾取菜单,用鼠标在 ANSYS 显示窗口选取编号为 2 的线段,单击 OK 按钮关闭该对话框。

(10) 选择 Utility Menu→Select→Entities 命令,出现 Select Entities 对话框。在第 1 个复选框中选择 Nodes,在第 2 个复选框中选择 Attached to,在第 3 个复选框中选择 Line,all 单选项,在第 4 栏中选择 From Full 单选项,单击 OK 按钮关闭该对话框。

(11) 选择 Main Menu→Solution→Define Loads→Apply→Structural→Pressure→On Nodes 命令,出现 Apply PRES on Nodes 拾取菜单,单击 Pick All 按钮,在 VALUE Load PRES value 文本框中输入 20,单击 OK 按钮关闭该对话框。

(12) 选择 Utility Menu→Select→Everything 命令,选择所有实体。

(13) 选择 Main Menu→Solution→Solve→Current LS 命令,单击 OK 按钮,ANSYS 开始求解运算。

(14) 求解结束后,单击 Close 按钮关闭提示框。

7. 查看求解结果并进行疲劳分析设置

(1) 选择 Main Menu→General Postproc→Plot Results→Contour Plot→Nodal Solu 命令,出现 Contour Nodal Solution Data 对话框,在 Item,Comp Item to be contoured 选项中选择 DOF solution Translation Y-Component of displacement,单击 OK 按钮,ANSYS 显示窗口将显示 Y 方向位移场分布等值线图,如图 6-62 所示。

(2) 选择 Main Menu→General Postproc→Plot Results→Contour Plot→Nodal Solu 命令,出现 Contour Nodal Solution Data 对话框,在 Item,Comp Item to be contoured 选项中选择 DOF solution Translation USUM,其余选项采用默认设置,单击 OK 按钮,ANSYS 显示窗口将显示位移场分布等值线图,如图 6-63 所示。

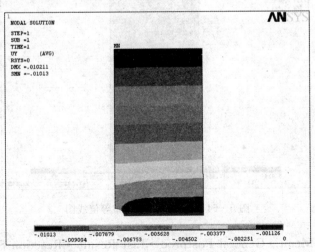

图 6-62 Y 方向位移场分布等值线图

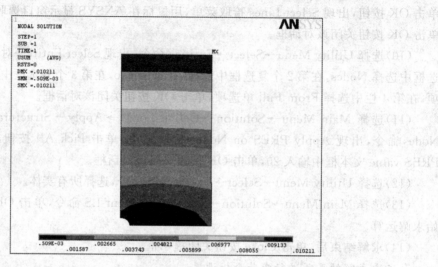

图6-63 位移场分布等值线图

(3)选择 Main Menu→General Postproc→Plot Results→Contour Plot→Nodal Solu 命令,出现 Contour Nodal Solution Data 对话框,在 Item, Comp Item to be contoured 选项中选择 Stress von Mises stress,其余选项采用默认设置,单击 OK 按钮,ANSYS 显示窗口将显示等效应力场分布等值线图,如图6-64所示。

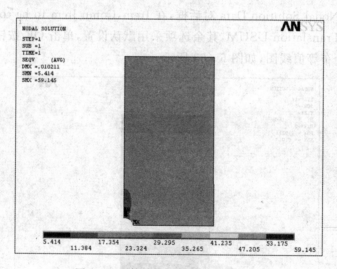

图6-64 等效应力场分布等值线图

(4)选择 Main Menu→General Postproc→List Result→Reaction Solu 命令,出现 List Reaction Solution 对话框,在 Lab Item to be listed 列表框中选择 All items,单击 OK 按钮,

ANSYS 显示窗口将显示如图 6－65 所示的节点反作用力。

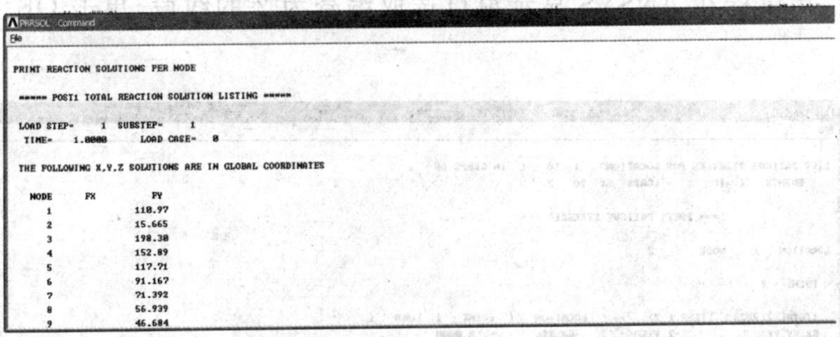

PRRSOL Command

File

PRINT REACTION SOLUTIONS PER NODE

***** POST1 TOTAL REACTION SOLUTION LISTING *****

LOAD STEP=　1　SUBSTEP=　1
TIME=　1.0000　LOAD CASE=　0

THE FOLLOWING X,Y,Z SOLUTIONS ARE IN GLOBAL COORDINATES

NODE	FX	FY
1		110.97
2		15.665
3		198.30
4		152.89
5		117.71
6		91.167
7		71.392
8		56.939
9		46.684

图 6－65　节点反作用力结果显示

（5）选择 Main Menu→General Postproc→Fatigue→Size Settings 命令，出现 Fatigue Size Settings 对话框，在 MXLOC Max. no. of fatigue loc's 文本框中输入 1，在 MXEV Max. no. of fatig events 文本框中输入 1，在 MXLOD Max. no. of loading 文本框中输入 2，单击 OK 按钮关闭该对话框。

（6）选择 Utility Menu→Select→Entities 命令，出现 Select Entities 对话框。在第 1 个下拉列表中选择 Nodes，在下面的下拉列表中选择 By Location（通过位置），单击 X coordinates 按钮，在 Min，Max 文本框中输入 5，在第 5 栏中选择 From Full 单选项，单击 Apply 按钮，在第 3 栏中选择 Y coordinates 按钮，在 Min，Max 文本框中输入 0，在第 5 栏中选择 Reselect 单选项，单击 OK 按钮关闭该对话框。

（7）选择 Utility Menu→Parameters→Get Scalar Data 命令，弹出 Get Scalar Data 对话框，在左边列表框中选择 Model data（模型数据）项，在右边列表框中选择 For selected set（从选择集）项，单击 OK 按钮，在弹出的 Get Data for Selected Entity set 对话框中输入 NC1 作为 Name of parameter to be defined，在 Data to be retrieved 域左边的列表框中选择 Current node set，在右边的列表框中选择 Lowest node num，单击 OK 按钮关闭该对话框。

（8）选择 Main Menu→General Postproc→Fatigue→Store Stresses→From rst File 命令，出现 Store Stresses at a Node，From Results File 对话框，在 NODE Node no. for strs storage 文本框中输入 NC1，在 NEV Event number 文本框中输入 1，在 NLOD Loading number 文本框中输入 1，单击 OK 按钮关闭该对话框。

（9）选择 Main Menu→General Postproc→Fatigue→Store Stresses→List Stresses 命令，出现 List Stored Stresses 对话框，在 Location number range 后面的第 1 个文本框中输入 ALL，在 NEV Event number 文本框中输入 ALL，在 NLOD Loading number 文本框中输入 ALL，单击 OK 按钮，ANSYS 将列表显示已存储的节点应力，如图 6－66 所示。

8. 进入求解器，二次加载求解

（1）选择 Utility Menu→Select→Entities 命令，出现 Select Entities 对话框。在第 1 个复

选框中选择 Lines,在第 2 个复选框中选择 By Num/pick,在第 3 个复选框中选择 From Full,单击 OK 按钮,用鼠标在 ANSYS 显示窗口选取编号为 2 的线段,单击 OK 按钮关闭该对话框。

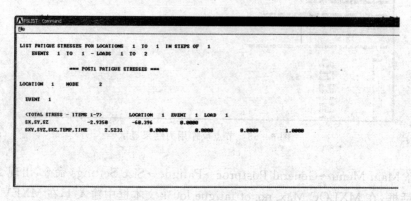

图 6-66 已存储的节点应力结果显示

(2)选择 Utility Menu→Select→Entities 命令,出现 Select Entities 对话框。在第 1 个复选框中选择 Nodes,在第 2 个复选框中选择 Attached to,在第 3 个复选框中选择 Line,all 单选项,在第 4 栏中选择 From Full 单选项,单击 OK 按钮关闭该对话框。

(3)选择 Main Menu→Solution→Define Loads→Apply→Structural→Pressure→On Nodes 命令,出现 Apply PRES on Nodes 拾取菜单,单击 Pick All 按钮,在 VALUE Load PRES value 文本框中输入-20,单击 OK 按钮关闭该对话框。

(4)选择 Utility Menu→Select→Everything 命令,选择所有实体。

(5)选择 Main Menu→Solution→Solve→Current LS 命令,单击 OK 按钮,ANSYS 开始求解运算。

(6)求解结束后,单击 Close 按钮关闭提示框。

9. 进入后处理,进行疲劳分析并查看求解结果

(1)选择 Main Menu→General Postproc→Plot Results→Contour Plot→Nodal Solu 命令,出现 Contour Nodal Solution Data 对话框,在 Item,Comp Item to be contoured 选项中选择 DOF solution Translation Y-Component of displacement,单击 OK 按钮,ANSYS 显示窗口将显示 Y 方向位移场分布等值线图,如图 6-67 所示。

(2)选择 Main Menu→General Postproc→Plot Results→Contour Plot→Nodal Solu 命令,出现 Contour Nodal Solution Data 对话框,在 Item,Comp Item to be contoured 选项中选择 DOF solution Translation USUM,其余选项采用默认设置,单击 OK 按钮,ANSYS 显示窗口将显示合位移场等值线图,如图 6-68 所示。

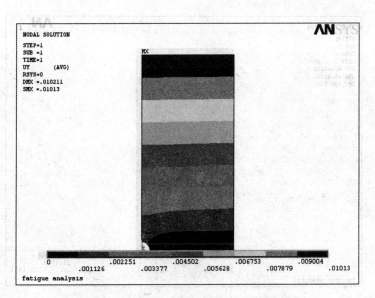

图6-67 Y方向位移场分布等值线图

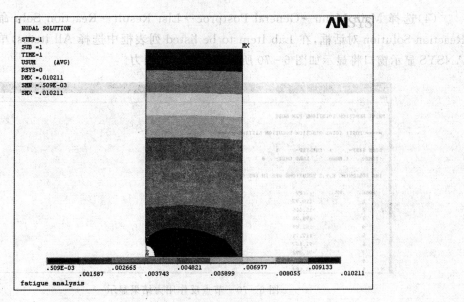

图6-68 合位移场等值线图

(3)选择 Main Menu→General Postproc→Plot Results→Contour Plot→Nodal Solu 命令,出现 Contour Nodal Solution Data 对话框,在 Item,Comp Item to be contoured 选项中选择 Stress Von Mises stress,其余选项采用默认设置,单击 OK 按钮,ANSYS 显示窗口将显示等效应力场分布等值线图,如图6-69所示。

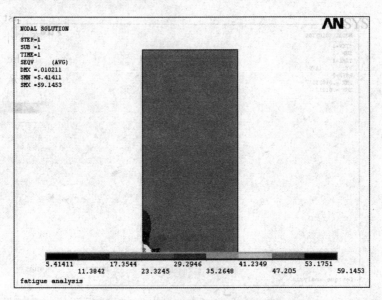

图 6-69 等效应力场分布等值线图

(4)选择 Main Menu→General Postproc→List Result→Reaction Solu 命令,出现 List Reaction Solution 对话框,在 Lab Item to be listed 列表框中选择 All items,单击 OK 按钮,ANSYS 显示窗口将显示如图 6-70 所示的节点反作用力。

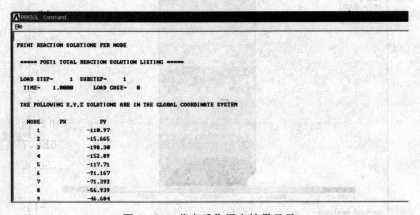

图 6-70 节点反作用力结果显示

(5)选择 Main Menu→General Postproc→Fatigue→Store Stresses→From rst File 命令,出现 Store Stresses at a Node,From Results File 对话框,在 NODE Node no. for strs storage 文本框中输入 NC1,在 NEV Event number 文本框中输入 1,在 NLOD Loading number 文本框中输入 2,单击 OK 按钮关闭该对话框。

(6) 选择 Main Menu→General Postproc→Fatigue→Store Stresses→List Stresses 命令，出现 List Stored Stresses 对话框，在 Location number range 后面的第 1 个文本框中输入 ALL，在 NEV Event number 文本框中输入 ALL，在 NLOD Loading number 文本框中输入 ALL，单击 OK 按钮，ANSYS 将列表显示已存储的节点应力，如图 6-71 所示。

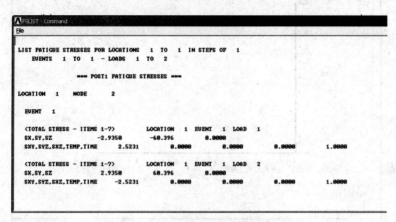

图 6-71 已存储节点应力结果显示

(7) 选择 Utility Menu→PlotCtrls→Style→Colors→Graph Colors 命令，出现 Graph Color 对话框，在 CURVE Graph curve number1 下拉列表中选择蓝色，其余选项采用默认设置，单击 OK 按钮关闭该对话框。

(8) 选择 Main Menu→General Postproc→Fatigue→Store Stresses→Plot Stresses 命令，出现 Plot Stored Stresses 对话框，在 NLOC Location number 选项中选择 Total stresses→Direct SX，单击 OK 按钮，ANSYS 显示窗口将显示描述疲劳位置和疲劳事件的应力曲线，如图 6-72 所示。

(9) 选择 Main Menu→General Postproc→Fatigue→Property Table→S-N Table 命令，出现 Fatigue S-N Table 对话框，按如下对应关系输入 $S-N$ 曲线中的 N 和 S 值，循环次数 N：100,200,500,1 000,1 500,2 000,10 000,100 000,1E6,2E6,3E6,5E6,6E6,7E6,8E6,9E6,10E6,12E6，应力值 S：150,120,110,100,95,90,85,80,75,70,65,60,55,50,45,40,35,30，单击 OK 按钮关闭该对话框。

(10) 选择 Main Menu→General Postproc→Fatigue→Property Table→List Tables 命令，ANSYS 程序将列表显示疲劳特性参数，如图 6-73 所示。

(11) 选择 Main Menu→General Postproc→Fatigue→Stress Locations 命令，出现 Fatigue Stress Locations 对话框，在 NLOC Reference no. for location 文本框中输入 1，在 NODE Node no. corresp to NLOC 文本框中输入 NC1，在 Stress conc factors 的 3 个文本框中分别输入 1,1.5,1，在 TITLE Title for this location 文本框中输入 LOC1，单击 OK 按钮关闭该对话框。

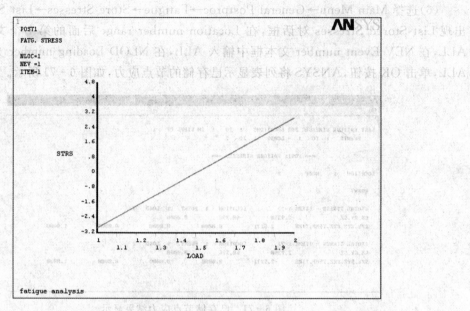

图 6-72 图形显示已存储的疲劳应力曲线

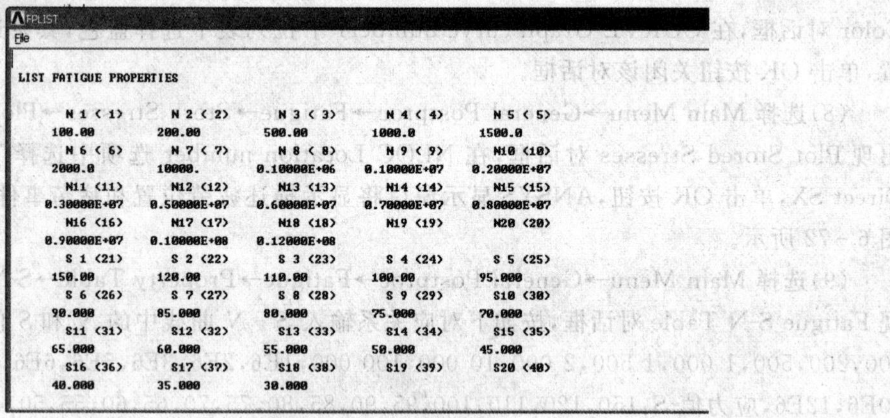

图 6-73 疲劳特性参数列表显示

(12) 选择 Main Menu→General Postproc→Fatigue→List Stress Loc 命令,出现 List Stress Locations 对话框,在 NLOC1 Starting location no. 文本框中输入 ALL,单击 OK 按钮,ANSYS 程序将列表显示疲劳应力位置,如图 6-74 所示。

(13) 选择 Main Menu→General Postproc→Fatigue→Assign Events 命令,出现 Assign Event Data 对话框,在 NEV Ref. no. for this event 文本框中输入 1,在 CYCLE Number of cycles 文本框中输入 10000,在 FACT Scale factor for stresses 文本框中输入 1,在 Title for

this event 文本框中输入 EVE1，单击 OK 按钮关闭该对话框。

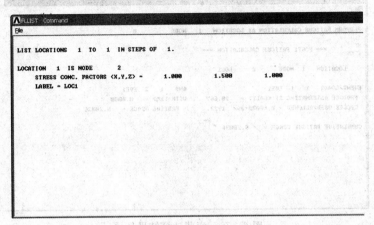

图 6-74 疲劳应力位置列表显示

（14）选择 Main Menu→General Postproc→Fatigue→List Event Data 命令，出现 List Event Data 对话框，在 Event number range 文本框中输入 ALL，单击 OK 按钮，ANSYS 程序将显示疲劳事件信息，如图 6-75 所示。

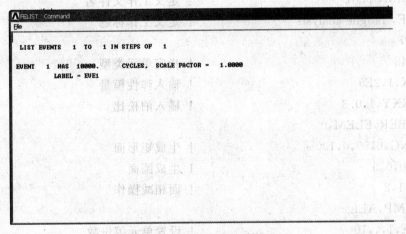

图 6-75 疲劳事件信息列表显示

（15）选择 Main Menu→General Postproc→Fatigue→Calculate Fatig 命令，出现 Calculate Fatigue 对话框，在[FTCALC] Calculate fatigue at 选项中选择 Location number，在 Specified location or node no 文本框中输入 1，单击 OK 按钮，ANSYS 将显示疲劳计算结果，如图 6-76 所示。

（16）选择 Utility Menu→File→Exit 命令，出现 Exit From ANSYS 对话框，选择 Save Everything 选项，单击 OK 按钮，关闭 ANSYS。

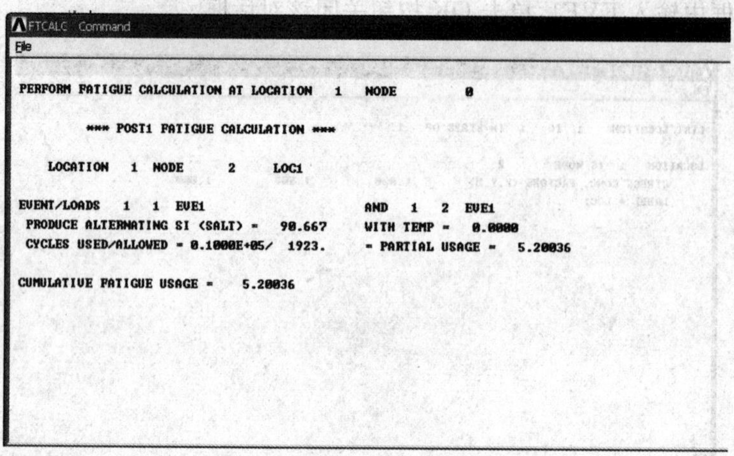

```
┌─ FTCALC Command ──────────────────────────────┐
│ File                                          │
│                                               │
│ PERFORM FATIGUE CALCULATION AT LOCATION 1 NODE    0 │
│                                               │
│        *** POST1 FATIGUE CALCULATION ***      │
│                                               │
│    LOCATION  1  NODE   2   LOC1               │
│                                               │
│  EVENT/LOADS  1  1 EVE1           AND  1  2 EVE1 │
│    PRODUCE ALTERNATING SI (SALT) = 90.667  WITH TEMP = 0.0000 │
│    CYCLES USED/ALLOWED = 0.1000E+05/ 1923. - PARTIAL USAGE = 5.20036 │
│                                               │
│  CUMULATIVE FATIGUE USAGE =  5.20036          │
│                                               │
└───────────────────────────────────────────────┘
```

图 6-76 疲劳计算结果显示

6.8.4 命令流

```
/CLEAR
/FILNAM,plate                  ! 定义工作文件名
/TITLE,fatigue analysis        ! 定义工作标题
/PREP7
ET,1,42                        ! 指定单元类型
MP,EX,1,2E5                    ! 输入弹性模量
MP,PRXY,1,0.3                  ! 输入泊松比
/NUMBER,ELEM,0
RECTNG,0,50,0,100              ! 生成矩形面
CYL4,0,0,5                     ! 生成圆面
ASBA,1,2                       ! 面相减操作
NUMCMP,ALL
LESIZE,1,,,10                  ! 设置单元等份数
LESIZE,2,,,6
LESIZE,4,,,12,0.05             ! 设置单元数量和划分间距系数
LESIZE,5,,,12,0.05
LESIZE,3,,,16
AMAP,1,3,5,4,1                 ! 对面进行映射网格划分
/SOLU
ANTYPE,STATIC
```

```
LSEL,S,,,4
NSLL,S,1
DSYM,SYMM,Y              ! 施加对称位移约束
LSEL,S,,,5
NSLL,S,1
DSYM,SYMM,X
LSEL,S,,,2
NSLL,S,1
SF,ALL,PRES,20           ! 施加压力载荷
ALLSEL
SOLVE
FINISH
/POST1
PLNSOL,U,Y               ! 绘制Y方向位移场等值线图
PLNSOL,U,SUM             ! 绘制合位移场等值线图
PLNSOL,S,EQV             ! 绘制等效应力场等值线图
PRRSOL                   ! 疲劳分析参数设置
FTSIZE,1,1,2
NSEL,S,LOC,X,5
NSEL,R,LOC,Y,0
*GET,NC1,NODE,,NUM,MIN   ! 获取节点编号
FSNODE,NC1,1,1           ! 计算并存储节点应力
FSLIST
FINISH
/SOLU
LSEL,S,,,2
NSLL,S,1
SF,ALL,PRES,-20
ALLSEL
SOLVE
FINISH
/POST1
PLNSOL,U,Y               ! 绘制Y方向位移场等值线图
PLNSOL,U,SUM             ! 绘制合位移场等值线图
PLNSOL,S,EQV             ! 绘制等效应力场等值线图
```

```
PRRSOL                                    ! 疲劳分析参数设置
FSNODE,NC1,1,2
FSLIST,ALL,,,ALL,ALL
FSPLOT,1,1,1
FP,1,100,200,500,1000,1500,2000           ! 输入材料疲劳特性参数
FP,7,1E4,1E5,1E6,2E6,3E6,5E6
FP,13,6E6,7E6,8E6,9E6,1E7,1.2E7
FP,21,150,120,110,100,95,90
FP,27,85,80,75,70,65,60
FP,33,55,50,45,40,35,30
FPLIST
FL,1,NC1,1,1.5,1,LOC1
FLLIST
FE,1,10000,1,EVE1
FELIST
FTCALC,1
FINISH
/EXIT,ALL                                 ! 退出 ANSYS
```

第 3 篇
有限元技术在油井管工程中的应用

第 7 章 非均匀地应力作用下套管应力分析

套管能够起到保持井眼稳固、隔离不同空隙的地层、避免污染产层、提供流体通道、连接井口设备等重要作用。API 标准给出了套管在均匀流体静压载荷作用下的抗挤强度计算方法，而对非均匀载荷下套管抗挤强度的影响几乎没有规定。但实际上，多数套管损坏是由非均匀地应力作用下的载荷引起的，例如，盐岩层蠕变引起非均匀地应力分布，套管偏心、水泥窜槽下造成管体承担非均匀外挤载荷作用等，套管内壁上的应力呈非均匀分布，最终导致套管损坏。非均匀地应力作用下的套管的抗挤强度与均匀载荷作用下是不相等的。本章在了解地应力基本知识的基础上，采用 ANSYS 有限元软件建立了套管有限元模型，进行了非均匀地应力作用下的套管应力分析，讨论了井眼直径、水泥环弹性模量、地层弹性模量和载荷均匀度因数对套管外壁径向应力的影响。

7.1 地应力简介

地应力是地下岩体中客观存在的内应力。石油工程中地应力活动有很广泛的应用，可根据某一地层地应力的大小，来预测并判断损坏套管出现的地层位置，依据地应力的分布制订射孔方案，开发注水方案，并改进水力压裂设计，为优化油层改造提供比较可靠的依据。在石油工业中，存在很多影响地应力的工程作业，比如酸化和压裂使套管局部地应力发生改变，注水会引起岩层性能的改变，导致岩性局部地层的地应力重新调整分布，同时使周边地层的地应力发生变化，过度采油会降低地层压力。

在油田上，确定地应力的常用方法有效应法、差应变法、波速各向异性法，以及微型压裂法、小型压裂法和水力压裂法。效应法采用室内单轴实验的方法反推三向应力和平面应力，岩心指定方向上钻取小样，所有指定方向上的小样测量结果反映了该方向曾经承受过的最大压力。差应变法通过室内等围压实验的方法反推出三向应力和应力比，其理论严谨可靠，并要求同时测量多道应变,在不同道间,应变仪应该要有比较好的一致性,此方法实验技术难度很大。波速各向异性法是通过室内实验测得岩心波速,取各向异性来分析地应力方向的方法,此方法要求原始岩心介质均匀、各向同性。微型压裂法、小型压裂法和水力压裂法是测量地应力最常用的三个方法,它们的应用精度比较高。该方法的最大优点是能够相对容易地获得实验数据,也可用于实际工程压裂数据。石油工业快速发展,几经波折形成过多种测量地应力的方法,可是还没有能真正直接测量出地应力的方法,比较而言,水力压裂法可视为直接测量地应力的方法。

由于地下情况的复杂性和不确定性,套管的实际载荷是非常复杂的。研究者们提出了各种非均匀载荷简化形式,有均匀侧外压模型、均匀外压、叠加非均匀余弦函数外压和椭圆函数变化规律的非均匀外压分布等。还有各种组合力学模型,如均匀外挤压力组合非均匀外挤压力,多种非均匀外挤压力力学模型的叠加等,有关的推导公式,不同研究者选用的边界条件和应力函数不同,导出的公式差别很大,有的按套管变形在弹性范围内推导,有的在弹塑性范围内推导。

7.2 国内外套管损坏现状分析

20世纪70年代以来,国内油田套管损坏十分严重。据统计,从1979年开始到1983年底,全国油气井套管损坏井数已经达3 000多口。据不完全统计,到1991年底,全国油气井的套管损坏井数已超出了4 500口。截至2002年底,全国套管损坏井数已达17 730多口(见表7-1),由表7-1可知全国套管损坏约占总井数的20%。套管损坏井主要分布在大庆油田、胜利油田、中原油田、吉林油田和塔里木油田等全国十多个油田,严重影响了我国原油的生产,造成了巨大的经济损失。

表7-1 我国油田套管损坏统计

序号	油田	统计井数/口	套管损坏井数/口	套管损坏井所占比例/(%)	截至时间/年
1	大庆油田	49 713	8 912	16.72	2001
2	长庆陇东油田	2 348	447	19.00	2001
3	辽河油田	3 869	489	12.60	2002
4	胜利油田	15 000	3 000	20.00	2002
5	中原油田	4 442	1 599	36.00	2002
6	克拉玛依百重油田	636	70	11.00	2002
7	塔里木油田	731	117	15.00	2002
8	冀东油田	613	125	20.40	2000
9	大港油田	3 333	1 000	30.00	2002

续表

序号	油田	统计井数/口	套管损坏井数/口	套管损坏井所占比例/(%)	截至时间/年
10	江汉油田	520	348	23.97	2001
11	江苏杨家坝油田	65	7	10.77	2001
12	玉门老君庙油田	1 158	579	50.00	1989
13	青海油田	485	95	19.59	2002
14	吉林扶余油田	3 738	1 462	39.11	2002
15	华北油田	405	85	21.00	2001
合计		87 056	17 735	20.37	

国外套管损坏现象也非常严重。例如,美国威明顿油田由于地震引起断层活动,1947—1950 年的 3 年间套管损坏井达到 3 000 口;德克萨斯州油田、墨西哥湾油田、苏伊士湾油田等,都存在严重的套管损坏问题;罗马尼亚的坦勒斯委油田,开发 22 年中有 20% 左右的油井套管损坏;苏联的班长达勒威油田有 30% 的井因套管损坏严重而停产;苏联萨布奇拉马宁油田从 1937—1982 年间,由于地应力场变化而造成的套管损坏井达 3 200 余口;西西伯利亚油田由于地层蠕变流动,使套管损坏增多,已有 10% 的油井停产;到 1991 年北高加索的气田和凝析油田已有 600 多口井的套管柱遭到了破坏;土库曼地区有很厚的盐层,套管损坏更加严重。

7.3 常用套管挤毁压力计算公式

套管抗静水外压的挤毁能力是套管设计中一项非常重要的指标,套管挤毁能力的研究是 20 世纪 70 年代以来十分活跃的课题之一。从世界范围来看,当今已成为规范或标准的套管设计只有两种计算方法:一种是美国石油学会(API)标准,另一种是苏联国家标准。

7.3.1 API 挤毁压力计算公式

当前美国以及许多产油国家是以 API 规范作为套管的抗挤强度计算标准的。根据不同直径与壁厚比 D/t,API 将套管的挤毁压力分为屈服强度挤毁压力、塑性挤毁压力、塑弹性挤毁压力和弹性挤毁压力 4 种,其成立的条件是无轴向力和内压力。

(1)屈服强度挤毁压力

$$p_{yp} = 2\sigma_y \left[\frac{(D/t)-1}{(D/t)^2} \right] \tag{7-1}$$

(2)塑性挤毁压力

$$p_p = \sigma_y \left[\frac{A}{D/t} - B \right] - 6.894\ 757C \tag{7-2}$$

(3) 塑弹性挤毁压力

$$p_T = \sigma_y \left[\frac{F}{D/t} - G \right] \tag{7-3}$$

(4) 弹性挤毁压力

$$p_e = \frac{323.71 \times 10^3}{(D/t)[(D/t)-1]^2} \tag{7-4}$$

式中,p_{yp} 为最小屈服强度挤毁压力,MPa;p_p 为最小塑性挤毁压力,MPa;p_T 为最小塑弹性挤毁压力,MPa;p_e 为最小弹性挤毁压力,MPa;σ_y 为套管最小屈服强度(其值为钢号字母后面数标×6.894 757),MPa;D 为套管名义外径,mm;t 为套管名义壁厚,mm。

7.3.2 苏联挤毁压力计算公式

1930 年,苏联的布尔卡柯夫最早进行了套管抗挤强度研究,并推导出变壁厚椭圆套管抗挤强度计算公式。1933 年,铁木辛柯从另外的途径也得到了与前者相同的公式,即布-铁公式

$$p_c = K \left\{ \sigma_y + \frac{EK^2}{1-\mu^2}\left(1+\frac{3e}{2K}\right) - \sqrt{\left[\sigma_y + \frac{EK^2}{1-\mu^2}\left(1+\frac{3e}{2K}\right)\right]^2 - \frac{4EK^2\sigma_y}{1-\mu^2}} \right\} \tag{7-5}$$

式中,$e = \frac{4\mu_0}{D}$ 为管壳的椭圆度,为椭圆长轴与短轴之差同平均直径之比;μ_0 为套管初始的最大挠度,$\mu_0 = 0.3$。

布尔卡柯夫通过实验证明,实际的承载能力为式(7-5) 的 1.13 倍,同时他认为处于压缩状况下工作的屈服极限为拉力下的 1.1 倍,代入式(7-5) 后,得到

$$p_c = 1.24 K \left\{ \sigma_y + EK^2\left(1+\frac{3e}{2K}\right) - \sqrt{\left[\sigma_y + EK^2\left(1+\frac{3e}{2K}\right)\right]^2 - 4EK^2\sigma_y} \right\} \tag{7-6}$$

式(7-6) 在 20 世纪 40 年代曾作为苏联国家石油研究所计算套管抗挤强度的公式。1930 年 5 月,萨尔奇索夫在苏联《石油业》杂志上发表的套管抗挤强度公式为

$$p_c = 1.1 K_{\min} \left\{ \sigma_y + EK_0\rho\left(1+\frac{3e}{2\rho^3 K_{\min}}\right) - \sqrt{\left[\sigma_y + EK_0\rho\left(1+\frac{3e}{2\rho^3 K_{\min}}\right)\right]^2 - 4K_0\rho\sigma_y} \right\} \tag{7-7}$$

式中,$K_{\min} = \frac{t_{\min}}{2R}$;$K_0 = \frac{t}{2R}$;$\rho = \frac{K_0}{K_{\min}}$。

从 1957 年开始,耶内敏柯等人依据依留申小弹塑性理论,对于材料有加硬效应的椭圆套管的弹塑失稳问题,进行了大量的实验和理论探讨工作,推导出变壁厚椭圆套管抗挤强度计算公式为

$$p_c = 1.1 K(A - \sqrt{A^2 - B}) \tag{7-8}$$

式中

$$A = \sigma_y + EK^2\left[1 - 3\lambda\beta^2 + 2\lambda\beta^3 + \frac{3e}{2K}(1-2\beta+\lambda\beta)\right]$$

$$B = 4EK^2\sigma_y(1-3\beta^2+2\beta^3)$$

$$\beta = \begin{cases} 0.03+5(K-e)-\dfrac{0.1\sigma_y}{EK^2} & (K \leqslant 0.055) \\ 0.23+5(K-e)-\dfrac{0.1\sigma_y}{EK^2}-\dfrac{0.01\sigma_y}{0.01\sigma_y+130} & (K \geqslant 0.055) \end{cases}$$

20世纪70年代中期以前,我国按式(7-7)进行套管抗挤强度计算,20世纪80年代以后改用 API 标准计算套管抗挤强度。

7.3.3 我国挤毁压力计算公式

20世纪80年代以来我国已经采用了API标准,中国石油西安管材研究所也成为API标准管理的对口单位。我国关于套管抗挤毁能力的研究起步较晚,但在这方面所进行的理论探索也十分活跃。20世纪80年代初,以仇伟德、赵怀文、龚伟安等为代表的一大批学者对套管的抗挤强度计算问题进行了大量的理论分析和探讨。西南石油大学韩建增博士在日本学者 T. Tamano 的研究基础上,采用第四强度理论推导出新的套管抗挤强度计算公式,该公式得到了美国石油学会国际标准化组织套管挤毁工作组(API/ISO Collapse Sub-Team)的肯定。

$$p_c = \frac{1}{2}\left[p_E + p - \sqrt{(p_E-p)^2 + gp_E p}\right] \tag{7-9}$$

式中,$p_E = \dfrac{454.95 \times 10^3}{(D/t)[(D/t)-1]^2}$;$p = 2.308\sigma_y\dfrac{(D/t)-1}{(D/t)^2}$;$g = g_1+g_2+g_3$,$g_1 = 0.3232e(\%)$,$g_2 = 0.00228\varepsilon(\%)$,$g_3 = -0.5648\sigma_R/\sigma_y$。

7.4 非均匀地应力作用下套管应力计算公式

现场实践和室内实验都表明,非均匀地应力场中套管载荷表现为高的非对称性,这使得套管抗挤强度大大降低,容易损坏。因此,在套管设计中要考虑非均匀地应力对套管抗挤强度的影响。

7.4.1 力学模型

固井后,套管、水泥环、地层互为一体,紧密相连,根据弹性力学理论,此问题可以简化为平面应变问题,图 7-1 所示为其力学模型。其中,套管内半径为 r_1,外半径为 r_2,水泥环厚度为 t,地层半径为 r_4。水平最大主应力为 σ_H,水平最小主应力为 σ_h。采用弹性力学规定,以拉应力为正,压应力为负。σ_H 和 σ_h 仅表示主应力的数值。内压为 p。分析中做如下假设:

(1) 套管、水泥环、地层均为各向同性的弹性材料。
(2) 套管、水泥环均为理想圆筒,且与井眼同心。
(3) 固井质量良好,套管、水泥环、地层完全接触。

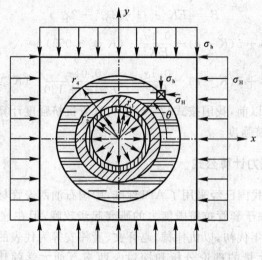

图 7-1　套管-水泥环-地层系统力学模型

7.4.2　应力函数

依据弹性力学理论,由 Ariy's 应力函数可设非均匀应力场中套管-水泥环-地层系统的应力函数为

$$\varphi = A + B\ln r + Cr^2 + Dr^2\ln r + \left(Kr^2 + Fr^4 + \frac{M}{r^2} + H\right)\cos 2\theta \tag{7-10}$$

其应力分量为

$$\left.\begin{aligned} \sigma_r &= \frac{1}{r}\frac{\partial \varphi}{\partial r} + \frac{1}{r^2}\frac{\partial^2 \varphi}{\partial \theta^2} \\ \sigma_\theta &= \frac{\partial^2 \varphi}{\partial r^2} \\ \tau_{r\theta} &= -\frac{\partial}{\partial r}\left(\frac{1}{r}\frac{\partial \varphi}{\partial \theta}\right) \end{aligned}\right\} \tag{7-11}$$

将式(7-10)带入式(7-11),可得套管、水泥环、地层的各应力分量表达式为

$$\left.\begin{aligned} \sigma_{ri} &= \frac{B_i}{r_i^2} + 2C_i - \left(2K_i + \frac{6M_i}{r_i^4} + \frac{4H_i}{r_i^2}\right)\cos 2\theta \\ \sigma_{\theta i} &= -\frac{B_i}{r_i^2} + 2C_i + \left(2K_i + \frac{6M_i}{r_i^4} + 12F_i r_i^2\right)\cos 2\theta \\ \tau_{r\theta i} &= \left(2K_i + 6F_i r_i^2 - \frac{6M_i}{r_i^4} - \frac{2H_i}{r_i^2}\right)\sin 2\theta \end{aligned}\right\} \tag{7-12}$$

式中,$i=1,2,3$ 分别代表套管、水泥环、地层;B_i,C_i,K_i,F_i,M_i,H_i 分别代表套管、水泥环、地层中的未知参数,与上述力学模型中的几何参数、弹性参数、边界条件和已知力有关。

7.4.3 边界条件

在 $r=r_1$ 处，有

$$\left.\begin{array}{l}(\sigma_{r1})_{r=r_1}=-p \\ (\tau_{r\theta 1})_{r=r_1}=0\end{array}\right\} \tag{7-13}$$

在 $r=r_2$ 处，有

$$\left.\begin{array}{l}(\sigma_{r1})_{r=r_2}=(\sigma_{r2})_{r=r_2} \\ (\tau_{r\theta 1})_{r=r_2}=(\tau_{r\theta 2})_{r=r_2} \\ (U_{r1})_{r=r_2}=(U_{r2})_{r=r_2} \\ (U_{\theta 1})_{r=r_2}=(U_{\theta 2})_{r=r_2}\end{array}\right\} \tag{7-14}$$

在 $r=r_3$ 处，有

$$\left.\begin{array}{l}(\sigma_{r2})_{r=r_3}=(\sigma_{r3})_{r=r_3} \\ (\tau_{r\theta 2})_{r=r_3}=(\tau_{r\theta 3})_{r=r_3} \\ (U_{r2})_{r=r_3}=(U_{r3})_{r=r_3} \\ (U_{\theta 2})_{r=r_3}=(U_{\theta 3})_{r=r_3}\end{array}\right\} \tag{7-15}$$

在 $r=r_4$ 处，有

$$\left.\begin{array}{l}(\sigma_{r3})_{r=r_4,\theta=0}=-\sigma_H \\ (\sigma_{r3})_{r=r_4,\theta=\frac{\pi}{2}}=-\sigma_h \\ (\tau_{r\theta 3})_{r=r_4}=0\end{array}\right\} \tag{7-16}$$

7.4.4 位移分量

极坐标中几何方程为

$$\left.\begin{array}{l}\varepsilon_{ri}=\dfrac{\partial U_{ri}}{\partial r} \\ \varepsilon_{\theta i}=\dfrac{U_{ri}}{r}+\dfrac{1}{r}\dfrac{\partial U_{\theta i}}{\partial \theta} \\ \gamma_{\theta i}=\dfrac{1}{r}\dfrac{\partial U_{ri}}{\partial \theta}+\dfrac{\partial U_{\theta i}}{\partial r}-\dfrac{U_{\theta i}}{r}\end{array}\right\} \tag{7-17}$$

平面应变的物理方程为

$$\left.\begin{array}{l}\varepsilon_{ri}=\dfrac{1+\mu_i}{E_i}\left[(1-\mu_i)\sigma_{ri}-\mu_i\sigma_{\theta i}\right] \\ \varepsilon_{\theta i}=\dfrac{1+\mu_i}{E_i}\left[(1-\mu_i)\sigma_{\theta i}-\mu_i\sigma_{ri}\right] \\ \gamma_{\theta i}=\dfrac{1}{G_i}\tau_{\theta i}=\dfrac{2(1+\mu_i)}{E_i}\tau_{\theta i}\end{array}\right\} \tag{7-18}$$

将应力分量式(7-12)代入物理方程式(7-18),得

$$\left.\begin{aligned}
\varepsilon_{ri} &= \frac{1+\mu_i}{E_i}\left\{\left[\frac{B_i}{r^2}+2(1-2\mu_i)C_i\right]-2\left(K_i+6\mu_i F_i r^2+\frac{3M_i}{r^4}+\frac{2(1-\mu_i)H_i}{r^2}\right)\cos2\theta\right\} \\
\varepsilon_{\theta i} &= \frac{1+\mu_i}{E_i}\left\{\left[-\frac{B_i}{r^2}+2(1-2\mu_i)C_i\right]+2\left(K_i+6(1-\mu_i)F_i r^2+\frac{3M_i}{r^4}+\frac{2\mu_i H_i}{r^2}\right)\cos2\theta\right\} \\
\gamma_{\theta i} &= \frac{4(1+\mu_i)}{E_i}\left(K_i+3F_i r^2-\frac{3M_i}{r^4}-\frac{H_i}{r^2}\right)\sin2\theta
\end{aligned}\right\} \quad (7-19)$$

将式(7-19)代入几何方程式(7-17),得

$$\left.\begin{aligned}
\frac{\partial U_{ri}}{\partial r} &= \frac{1+\mu_i}{E_i}\left\{\left[\frac{B_i}{r^2}+2(1-2\mu_i)C_i\right]-2\left(K_i+6\mu_i F_i r^2+\frac{3M_i}{r^4}+\frac{2(1-\mu_i)H_i}{r^2}\right)\cos2\theta\right\} \\
\frac{U_{ri}}{r}+\frac{1}{r}\frac{\partial U_{\theta i}}{\partial\theta} &= \frac{1+\mu_i}{E_i}\left\{\left[-\frac{B_i}{r^2}+2(1-2\mu_i)C_i\right]+2\left(K_i+6(1-\mu_i)F_i r^2+\frac{3M_i}{r^4}+\frac{2\mu_i H_i}{r^2}\right)\cos2\theta\right\} \\
\frac{1}{r}\frac{\partial U_{ri}}{\partial\theta}+\frac{\partial U_{\theta i}}{\partial r}-\frac{U_{\theta i}}{r} &= \frac{4(1+\mu_i)}{E_i}\left(K_i+3F_i r^2-\frac{3M_i}{r^4}-\frac{H_i}{r^2}\right)\sin2\theta
\end{aligned}\right\} \quad (7-20)$$

对式(7-20)中的第一式积分,得

$$U_{ri}=\frac{1+\mu_i}{E_i}\left\{\left[-\frac{B_i}{r}+2(1-2\mu_i)C_i r\right]-2\left(K_i r+2\mu_i F_i r^3-\frac{M_i}{r^3}-\frac{2(1-\mu_i)H_i}{r}\right)\cos2\theta\right\}+f(\theta) \quad (7-21)$$

式中,$f(\theta)$ 是 θ 的任意函数。

由式(7-20)中的第二式得

$$\frac{\partial U_{\theta i}}{\partial\theta}=\frac{r(1+\mu_i)}{E_i}\left\{\left[-\frac{B_i}{r^2}+2(1-2\mu_i)C_i\right]+2\left(K_i+6(1-\mu_i)F_i r^2+\frac{3M_i}{r^4}+\frac{2\mu_i H_i}{r^2}\right)\cos2\theta\right\}-U_{ri} \quad (7-22)$$

将式(7-21)代入式(7-22),得

$$\frac{\partial U_{\theta i}}{\partial\theta}=\frac{4(1+\mu_i)}{E_i}\left[K_i r+(3-2\mu_i)F_i r^3+\frac{M_i}{r^3}+\frac{(2\mu_i-1)H_i}{r}\right]\cos2\theta-f(\theta) \quad (7-23)$$

对式(7-23)积分,得

$$U_{\theta i}=\frac{2(1+\mu_i)}{E_i}\left[K_i r+(3-2\mu_i)F_i r^3+\frac{M_i}{r^3}+\frac{(2\mu_i-1)H_i}{r}\right]\sin2\theta-\int f(\theta)\mathrm{d}\theta+g(r) \quad (7-24)$$

式中,$g(r)$ 是 r 的任意函数。

再将式(7-21)及式(7-24)代入式(7-20)中的第三式,经化简得

$$\frac{\mathrm{d}f(\theta)}{\mathrm{d}\theta}+\int f(\theta)\mathrm{d}\theta=g(r)-r\frac{\mathrm{d}g(r)}{\mathrm{d}r} \quad (7-25)$$

式(7-25)中左边只是 θ 的函数,而右边只是 r 的函数,因此,只可能两边都等于同一常数 R。

第 7 章 非均匀地应力作用下套管应力分析

于是有

$$\left.\begin{array}{l}\dfrac{\mathrm{d}f(\theta)}{\mathrm{d}\theta}+\int f(\theta)\mathrm{d}\theta=R\\ g(r)-r\dfrac{\mathrm{d}g(r)}{\mathrm{d}r}=R\end{array}\right\} \quad (7-26)$$

从而解出

$$\left.\begin{array}{l}f(\theta)=T_1\cos\theta+T_2\sin\theta\\ g(r)=T_3 r+T_4\end{array}\right\} \quad (7-27)$$

式中,T_1,T_2,T_3,T_4 为常数,代表刚体位移。在不考虑刚体运动情况下,可不计这些函数。因此式(7-21)和式(7-24)分别为

$$U_{ri}=\dfrac{1+\mu_i}{E_i}\left\{\left[-\dfrac{B_i}{r}+2C_i(1-2\mu_i)r\right]-\left[2K_ir+4F_i\mu_i r^3-2\dfrac{M_i}{r^3}-\dfrac{4H_i(1-\mu_i)}{r}\right]\cos2\theta\right\} \quad (7-28)$$

$$U_{\theta i}=\dfrac{1+\mu_i}{E_i}\left[2K_ir+2F_i(3-2\mu_i)r^3+2\dfrac{M_i}{r^3}-\dfrac{2H_i(1-\mu_i)}{r}\right]\sin2\theta \quad (7-29)$$

7.4.5 未知常数的确定

将式(7-12)、式(7-28)、式(7-29)代入边界条件式(7-13)~式(7-16)可得到如下线性方程,可以唯一地确定式(7-12)中的 18 个未知参数。

$$\dfrac{B_1}{r_1^2}+2C_1-\left(2K_1+\dfrac{6M_1}{r_1^4}+\dfrac{4H_1}{r_1^2}\right)\cos2\theta=-p \quad (7-30)$$

$$2K_1+6F_1r_1^2-\dfrac{6M_1}{r_1^4}-\dfrac{2H_1}{r_1^2}=0 \quad (7-31)$$

$$\dfrac{B_1}{r_2^2}+2C_1-\left(2K_1+\dfrac{6M_1}{r_2^4}+\dfrac{4H_1}{r_2^2}\right)\cos2\theta=\dfrac{B_2}{r_2^2}+2C_2-\left(2K_2+\dfrac{6M_2}{r_2^4}+\dfrac{4H_2}{r_2^2}\right)\cos2\theta \quad (7-32)$$

$$\left(2K_1+6F_1r_2^2-\dfrac{6M_1}{r_2^4}-\dfrac{2H_1}{r_2^2}\right)\sin2\theta=\left(2K_2+6F_2r_2^2-\dfrac{6M_2}{r_2^4}-\dfrac{2H_2}{r_2^2}\right)\sin2\theta \quad (7-33)$$

$$\dfrac{B_2}{r_3^2}+2C_2-\left(2K_2+\dfrac{6M_2}{r_3^4}+\dfrac{4H_2}{r_3^2}\right)\cos2\theta=\dfrac{B_3}{r_3^2}+2C_3-\left(2K_3+\dfrac{6M_3}{r_3^4}+\dfrac{4H_3}{r_3^2}\right)\cos2\theta \quad (7-34)$$

$$\left(2K_2+6F_2r_3-\dfrac{6M_2}{r_3^4}-\dfrac{2H_2}{r_3^2}\right)\sin2\theta=\left(2K_3+6F_3r_3^2-\dfrac{6M_3}{r_3^4}-\dfrac{2H_3}{r_3^2}\right)\sin2\theta \quad (7-35)$$

$$\dfrac{1}{2G_1}\left\{\left[-\dfrac{B_1}{r_2}+2C_1(1-2\mu_1)r_2\right]-\left[2K_1r_2+4F_1\mu_1 r_2^3-2\dfrac{M_1}{r_2^3}-\dfrac{4H_1(1-\mu_1)}{r_2}\right]\cos2\theta\right\}=$$
$$\dfrac{1}{2G_2}\left\{\left[-\dfrac{B_2}{r_2}+2C_2(1-2\mu_2)r_2\right]-\left[2K_2r_2+4F_2\mu_2 r_2^3-2\dfrac{M_2}{r_2^3}-\dfrac{4H_2(1-\mu_2)}{r_2}\right]\cos2\theta\right\} \quad (7-36)$$

137

$$\frac{1}{2G_1}\left[2K_1r_2 + 2F_1(3-2\mu_1)r_2^3 + 2\frac{M_1}{r_2^3} - \frac{2H_1(1-2\mu_1)}{r_2}\right]\sin2\theta =$$

$$\frac{1}{2G_2}\left[2K_2r_2 + 2F_2(3-2\mu_2)r_2^3 + 2\frac{M_2}{r_2^3} - \frac{2H_2(1-2\mu_2)}{r_2}\right]\sin2\theta \quad (7-37)$$

$$\frac{1}{2G_2}\left\{\left[-\frac{B_2}{r_3} + 2C_2(1-2\mu_2)r_3\right] - \left[2K_2r_3 + 4F_2\mu_2r_3^3 - 2\frac{M_2}{r_3^3} - \frac{4H_2(1-\mu_2)}{r_3}\right]\cos2\theta\right\} =$$

$$\frac{1}{2G_3}\left\{\left[-\frac{B_3}{r_3} + 2C_3(1-2\mu_3)r_3\right] - \left[2K_3r_3 + 4F_3\mu_3r_3^3 - 2\frac{M_3}{r_3^3} - \frac{4H_3(1-\mu_3)}{r_3}\right]\cos2\theta\right\}$$

$$(7-38)$$

$$\frac{1}{2G_2}\left[2K_2r_3 + 2F_2(3-2\mu_2)r_3^3 + 2\frac{M_2}{r_3^3} - \frac{2H_2(1-2\mu_2)}{r_3}\right]\sin2\theta =$$

$$\frac{1}{2G_3}\left[2K_3r_3 + 2F_3(3-2\mu_3)r_3^3 + 2\frac{M_3}{r_3^3} - \frac{2H_3(1-2\mu_3)}{r_3}\right]\sin2\theta \quad (7-39)$$

$$\frac{B_3}{r_4^2} + 2C_3 - \left(2K_3 + \frac{6M_3}{r_4^4} + \frac{4H_3}{r_4^2}\right) = -\sigma_H \quad (7-40)$$

$$\frac{B_3}{r_4^2} + 2C_3 + \left(2K_3 + \frac{6M_3}{r_4^4} + \frac{4H_3}{r_4^2}\right) = -\sigma_h \quad (7-41)$$

$$2K_3 + 6F_3r_4^2 - \frac{6M_3}{r_4^4} - \frac{2H_3}{r_4^2} = 0 \quad (7-42)$$

经整理,式(7-30)~式(7-42)对应的矩阵形式为

$$\begin{bmatrix} Q_{11} & Q_{12} & Q_{13} \\ Q_{21} & Q_{22} & Q_{23} \\ Q_{31} & Q_{32} & Q_{33} \end{bmatrix} X = b \quad (7-43)$$

式中

$$X = [B_1 \; C_1 \; K_1 \; F_1 \; M_1 \; H_1 \; B_2 \; C_2 \; K_2 \; F_2 \; M_2 \; H_2 \; B_3 \; C_3 \; K_3 \; F_3 \; M_3 \; H_3]^T$$

$$b = [-pr_1 \; 0 \; 0 \; 0 \; 0 \; 0 \; 0 \; 0 \; 0 \; 0 \; 0 \; 0 \; 0 \; 0 \; 0 \; -\sigma_H r^4 \; -\sigma_h r^4 \; 0]^T$$

$$Q_{11} = \begin{pmatrix} 1 & 2r_1^2 & 0 & 0 & 0 & 0 \\ 0 & 0 & r_1^4 & 0 & 3 & 2r_1^2 \\ 0 & 0 & r_1^4 & 3r_1^6 & -3 & -r_1^2 \\ 1 & 2r_2^2 & 0 & 0 & 0 & 0 \\ 0 & 0 & r_2^4 & 0 & 3 & 2r_2^2 \\ 0 & 0 & 0 & 0 & 0 & 0 \end{pmatrix}, \quad Q_{12} = \begin{pmatrix} 0 & 0 & 0 & 0 & 0 & 0 \\ 0 & 0 & 0 & 0 & 0 & 0 \\ 0 & 0 & 0 & 0 & 0 & 0 \\ -1 & -2r_2^2 & 0 & 0 & 0 & 0 \\ 0 & 0 & -r_2^4 & 0 & -3 & -2r_2^2 \\ 1 & 2r_3^2 & 0 & 0 & 0 & 0 \end{pmatrix}$$

$$Q_{13} = \begin{pmatrix} 0 & 0 & 0 & 0 & 0 & 0 \\ 0 & 0 & 0 & 0 & 0 & 0 \\ 0 & 0 & 0 & 0 & 0 & 0 \\ 0 & 0 & 0 & 0 & 0 & 0 \\ 0 & 0 & 0 & 0 & 0 & 0 \\ -1 & -2r_3^2 & 0 & 0 & 0 & 0 \end{pmatrix}, \quad Q_{21} = \begin{pmatrix} 0 & 0 & 0 & 0 & 0 & 0 \\ 0 & 0 & r_2^4 & 3r_2^6 & -3 & -2r_2^2 \\ 0 & 0 & 0 & 0 & 0 & 0 \\ -1 & k_2r_2^2 & 0 & 0 & 0 & 0 \\ 0 & 0 & r_2^4 & k_4r_2^6 & -1 & k_5r_2^2 \\ 0 & 0 & 0 & 0 & 0 & 0 \end{pmatrix}$$

$$Q_{22} = \begin{pmatrix} 0 & 0 & r_3^4 & 0 & 3 & 2r_3^2 \\ 0 & 0 & -r_2^4 & -3r_2^6 & 3 & 2r_2^2 \\ 0 & 0 & r_3^4 & 3r_3^6 & -3 & -r_3^2 \\ k_1 & k_3r_2^2 & 0 & 0 & 0 & 0 \\ 0 & 0 & -k_1r_2^4 & k_6r_2^6 & k_1 & k_7r_2^2 \\ -1 & k_9r_3^2 & 0 & 0 & 0 & 0 \end{pmatrix}, \quad Q_{23} = \begin{pmatrix} 0 & 0 & -r_3^4 & 0 & -3 & -2r_3^2 \\ 0 & 0 & 0 & 0 & 0 & 0 \\ 0 & 0 & -r_3^4 & -3r_3^6 & 3 & r_3^2 \\ 0 & 0 & 0 & 0 & 0 & 0 \\ 0 & 0 & 0 & 0 & 0 & 0 \\ k_8 & k_{10}r_3^2 & 0 & 0 & 0 & 0 \end{pmatrix}$$

$$Q_{31} = \begin{pmatrix} 0 & 0 & r_2^4 & k_{15}r_2^6 & 1 & k_{16}r_2^2 \\ 0 & 0 & 0 & 0 & 0 & 0 \\ 0 & 0 & 0 & 0 & 0 & 0 \\ 0 & 0 & 0 & 0 & 0 & 0 \\ 0 & 0 & 0 & 0 & 0 & 0 \\ 0 & 0 & 0 & 0 & 0 & 0 \end{pmatrix}, \quad Q_{32} = \begin{pmatrix} 0 & 0 & -k_1r_2^4 & k_{16}r_2^6 & -k_1 & k_{18}r_2^2 \\ 0 & 0 & r_3^4 & k_{19}r_3^6 & 1 & k_{20}r_3^2 \\ 0 & 0 & 0 & 0 & 0 & 0 \\ 0 & 0 & 0 & 0 & 0 & 0 \\ 0 & 0 & 0 & 0 & 0 & 0 \\ 0 & 0 & 0 & 0 & 0 & 0 \end{pmatrix}$$

$$Q_{33} = \begin{pmatrix} 0 & 0 & -k_8r_3^4 & k_{13}r_3^6 & k_8 & k_{14}r_3^2 \\ 0 & 0 & 0 & 0 & 0 & 0 \\ 0 & 0 & -k_8r_3^4 & k_{21}r_3^6 & -k_8 & k_{22}r_3^2 \\ r_4^2 & 2r_4^4 & -2r_4^4 & 0 & -6 & -4r_4^2 \\ r_4^2 & 2r_4^4 & 2r_4^4 & 0 & 6 & 4r_4^2 \\ 0 & 0 & r_4^4 & 3r_4^6 & -3 & -r_4^2 \end{pmatrix}$$

式中,$k_i(i=1,2,\cdots,22)$ 是与套管、水泥环、地层系统各弹性模量和泊松比有关的常量(具体表达式略)。

将式(7-43)代入式(7-12)将得到套管-水泥环-地层系统任意一点的应力状态。以 $r=r_2$,$r=r_3$ 代入式(7-12)中的第一式可分别得到套管、水泥环径向应力(围压)分布规律。

7.5 非均匀地应力作用下套管应力有限元计算

以大庆油田 1 000 m 井深处为例进行实例分析,套管外径为 139.7 mm,壁厚为 7.72 mm,井眼直径为 239.7 mm,地层计算半径为 1 198.5 mm;套管、水泥环、地层的弹性参数分别取 $E_1=2.1\times10^5$ MPa,$\mu_1=0.25$,$E_2=1.1\times10^4$ MPa,$\mu_2=0.25$,$E_3=2\times10^3$ MPa,$\mu_3=0.3$;$\sigma_H=27.5$ MPa,$\sigma_h=20.9$ MPa,内压 $p=11$ MPa。

由所推导的线性方程组解之,计算结果如图 7-2 和图 7-3 所示。再利用有限元方法对其进行数值计算,将两种方法结果进行对比,如表 7-2 所示(其中 σ_{r1} 代表套管外径上的径向应力,σ_{r2} 代表水泥环外径上的径向应力)。在表 7-2 中,沿周向方向选取了 7 个有代表性的点,将这些点的理论解与有限元结果进行比较,可以发现两者表现出了很好的一致性,相对误差小于

0.3%。由图7-2、图7-3和表7-2可知,在非均匀地应力作用下套管外壁径向压力的最大值方向指向原地应力场中最小主应力方向,而水泥环外壁径向压力的最大值方向指向原地应力场中最大主应力方向。

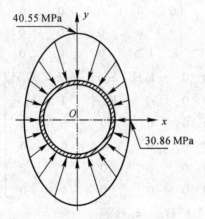
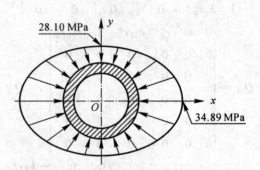

图7-2 套管外壁径向应力分布图　　图7-3 水泥环外壁径向应力分布图

表7-2 径向应力理论解与有限元结果对比

名称	σ_{r1}/MPa		σ_{r2}/MPa	
θ/(°)	理论解	有限元	理论解	有限元
0	30.86	30.86	34.89	34.88
15	31.49	31.48	34.45	34.46
30	33.18	33.20	33.32	33.31
45	35.71	35.69	31.29	31.27
60	37.89	37.88	29.73	29.73
75	39.91	39.91	28.32	28.35
90	40.55	40.56	28.10	28.09

以实例分析中所用数据为基本数据,系统地分析井眼直径、水泥环弹性模量、地层弹性模量和载荷均匀度系数对套管外壁径向应力的影响。

7.5.1 井眼直径对套管应力的影响

取井眼直径分别为239.7 mm,249.7 mm,259.7 mm,269.7 mm,279.7 mm,其他参数不变,进行分析,得到套管外壁径向应力随井眼直径的变化曲线,结果如图7-4所示。由图可知,套管外壁径向应力随着井眼直径的增加而增大。当井眼直径从239.7 mm增大到279.7 mm时,套管外壁最大径向应力从40.524 MPa增大到40.635 MPa;套管外壁径向应力在周向角度为零时差值最大,随着周向角度的增加其差值减少。套管外壁径向应力始终大于水平最大主应力。可见，在上述算例参数情况下，套管外壁径向应力随着井眼直径的增加而增大。因此，钻井工艺中应该提高钻井质量，严格控制井眼直径尺寸。

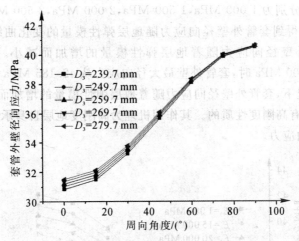

图 7-4 井眼直径对套管外壁径向应力的影响

7.5.2 水泥环弹性模量对套管应力的影响

取水泥环弹性模量分别为 8 000 MPa，9 000 MPa，10 000 MPa，11 000 MPa，12 000 MPa，其他参数不变，进行分析，得到套管外壁径向应力随水泥环弹性模量的变化曲线，结果如图 7-5 所示。由图可知，水泥环弹性模量越小，套管外壁径向应力分布得越均匀；随着水泥环弹性模量的增加，套管外壁径向应力分布得越不均匀，套管越容易损坏。可见，在上述算例情况下，理想的水泥环弹性模量应该是具有低刚度性质的。因此，固井工艺中应该采用弹性模量较小的塑性固井水泥。

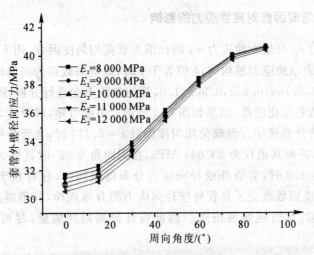

图 7-5 水泥环弹性模量对套管外壁径向应力的影响

7.5.3 地层弹性模量对套管应力的影响

取地层弹性模量分别为 1 000 MPa,1 500 MPa,2 000 MPa,2 500 MPa,3 000 MPa,其他参数不变,进行分析,得到套管外壁径向应力随地层弹性模量的变化曲线,结果如图 7-6 所示。由图可知,套管外壁径向应力随着地层弹性模量的增加而减小。当地层弹性模量从 1 000 MPa 增大到 3 000 MPa 时,套管外壁最大径向应力从 42.185 MPa 减小到 39.088 MPa。可见,在上述算例情况下,套管外壁径向应力随着地层弹性模量的增加而减小,因此理想的地层弹性模量应该是具有高刚度性质的。其作用机理为高刚度地层自身承受了较大的远场地应力,从而降低了套管内应力。

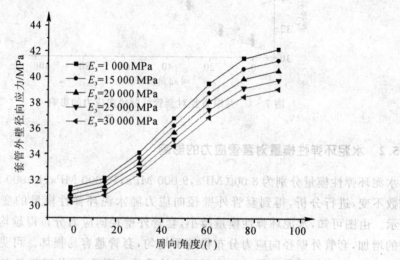

图 7-6 地层弹性模量对套管外壁径向应力的影响

7.5.4 载荷均匀度因数对套管应力的影响

定义最小地应力 σ_h 与最大地应力 σ_H 的比值为载荷均匀度因数,用 k 表示,即 $k=\sigma_h/\sigma_H$,$0<k\leqslant 1$,k 值越大表示地应力越均匀,k 值等于 1 时,地应力载荷为均匀地应力。取载荷均匀度因数分别为 0.714,0.769,0.833,0.909,1.0,其他参数不变进行分析,得到套管外壁径向应力随载荷均匀度因数的变化曲线,结果如图 7-7 所示。由图可知,载荷均匀度因数明显改变了套管外壁径向应力的分布规律。当载荷均匀度因数 $k=0.714$ 时,套管外壁径向应力分布得极不均匀:在周向角为 0°时其值仅为 29.044 MPa,在周向角为 90°时其值为 40.565 MPa;而当载荷均匀度因数 $k=1.0$ 时,套管外壁径向应力分布得很均匀,这有利于提高套管的抗挤强度。可见,载荷均匀度因数改变了套管外壁径向应力的分布规律,其值越小,作用在套管外壁的径向应力越不均匀,套管越容易挤毁。因此应该提高固井质量,尽可能使套管承受均匀载荷。

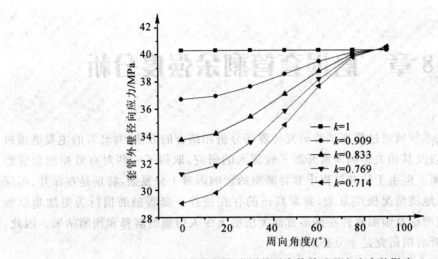

图7-7 载荷均匀度因数对套管外壁径向应力的影响

第8章 磨损套管剩余强度分析

国内、外钻井技术领域通过模拟试验研究与现场分析相结合的方法,对套管的主要磨损机理、磨损变化规律,以及其相关影响因素开展了较深入的研究,取得了一些对有效控制套管磨损有重要影响的成果。但由于钻井过程中套管磨损的影响因素十分复杂,特别是在深井、超深井作业情况下,井下地质情况极端复杂,异常高压的存在使井下套管的磨损行为更加难以琢磨,现有的套管磨损理论及预测软件在许多方面无法给出令人信服的解释和预测结果。因此,开展更为深入的套管磨损研究是十分必要的。

套管内壁的磨损会导致套管抗挤毁强度和抗内压强度的降低,并有可能导致套管的挤毁或破裂,直接影响到试采作业的进行。因此有必要对内壁磨损套管的应力分布进行分析。大多数学者认为,内壁磨损套管横截面形状多为月牙形,在一般的直角坐标系中,很难得到其应力分布的解析解。内壁磨损套管月牙形模型简化为偏心圆筒模型,通过直角坐标向双极坐标的转换,可以得到内壁磨损套管内、外表面的应力分布的解析解。

本章把月牙形磨损模型简化为偏心磨损模型,采用双极坐标,给出磨损套管径向应力、环向应力和剪应力计算公式;给出了危险截面(即壁厚最小处)在内压或外压作用下,内、外表面的环向应力计算公式;分析了套管未磨损,以及磨损分别为 2 mm,4 mm,6 mm,8 mm,10 mm,12 mm 时,外压或内压 20 MPa,30 MPa,50 MPa 时,磨损套管内、外表面的应力;在此基础上给出了临界最小壁厚概念,当磨损达到一定程度时,在内压或外压作用下,磨损套管危险截面外表面应力大于内表面应力,反之则小于内表面应力。本章给出了临界最小壁厚的计算公式,以及求解的数值方法。通过有限元验证,可以把偏心磨损套管双极坐标解答作为该模型理论上的准确值。

8.1 套管磨损程度分析

8.1.1 影响套管磨损的主要因素

影响套管磨损的因素有很多,其中钻柱接头、狗腿严重度、泥浆成分和套管钢级的影响最大。因此,下面简要介绍各因素对套管磨损程度的影响。

1. 钻柱接头对套管磨损程度的影响

钻柱对套管的磨损包括两部分:钻柱接头磨损和钻柱本体磨损。由于钻柱接头与套管接触,并承受侧向力,所以对套管内壁磨损起主要作用的是钻柱接头。如果钻柱接头表面敷焊的碳化钨硬质合金粗糙度较大,套管磨损非常严重。磨钝的带有碳化钨硬质合金敷焊层钻柱接头引起的磨损较少。各种类型钻柱接头对套管磨损的影响分析如下:

新的钢钻柱接头:新的钢钻柱接头在非加重泥浆中,会造成套管内壁严重的黏着磨损。在固相焊接过程中形成的黏着点因配合表面的相对运动而剪切掉。强度高的钻柱接头成为材料转移过程中的接受者。黏着到钻柱接头表面的套管材料是临时性的,并最终产生片状切屑。

在泥浆中加入足够的重晶石会减少套管的磨损。发生的三相磨粒磨损会产生少量的粉状磨屑。在加有足够重晶石的泥浆中,钻柱接头和套管之间形成一薄层柔软的重晶石层,避免了金属对金属的直接接触,从而减少了套管的磨损。重晶石层减少套管磨损的有效性取决于泥浆中重晶石的含量以及钻柱表面的粗糙度。实验发现,即使施加较高的应力,密度超过 $1.2g/cm^3$ 的重晶石泥浆也能在接头和套管内壁之间形成稳定的重晶石润滑层。重晶石的莫氏硬度为3,钢的莫氏硬度为7。重晶石和钢相比要软许多,这一事实能够解释套管的轻微磨损。

一些实验表明,用除砂天然土矿和氧化铁作为加重材料会造成中等的三体磨粒磨损。一般不会发生严重的黏着磨损。和重晶石泥浆相比,除砂天然土矿泥浆存在相对较高的磨粒磨损。这是因为黏土颗粒的形状和尺寸会在套管和接头之间形成一层有切削作用的细砂。当泥浆中加入氧化铁时,会发生相同的磨粒磨损。莫氏硬度为7的氧化铁会形成一薄层磨损层。

精细碳化钨颗粒硬化钻柱接头:钻柱接头的硬化表面和套管内壁接触,造成套管磨粒磨损。因硬化表面凸起,套管会发生严重的两相磨粒磨损,这种磨损机理会产生条状磨屑。泥浆中的重晶石不能抑制硬化表面凸起的切削行为。这是因为大多数情况下,凸起的尺寸较大,以至于超过了重晶石层的厚度。在裸眼井中使用过的光滑的钻柱接头会造成较小的套管磨损。

在较软金属层上进行表面硬化的钻柱接头:在非加重膨润土泥浆中,覆层金属发生了不希望见到的严重黏着磨损,这主要是因为在接触区域高的接触载荷,导致高的能量输入。正如制造商所言,降低接触载荷会减少套管和覆层材料之间的磨损。在非加重泥浆中,因为覆层材料和套管之间较少的硬度差值,接头钢表面表现出对套管强烈的黏着作用。焊接钻柱接头因和套管的接触而很快变得光滑,对套管的磨损也随之减少。

大钳刮痕:大钳刮痕是造成套管破裂的一个重要因素。塑性变形的硬化作用会导致这些刮痕的硬度高于基体金属的硬度。相匹配材料的硬度差在20%以上时会导致较软材料的犁沟磨损。大钳刮痕的洛氏硬度 HRC 为 25～50,N-80 套管的洛氏硬度 HRC 为 22,它们之间的硬度差很大。大钳刮痕会增加套管的磨损速度,但是它对磨损程度的影响很难测量。因为高的初始接触应力、大钳刮痕、套管的轧制表面,套管和钻柱接头最初的线性接触会增加套管的磨损速度。配合表面的这种最初磨损可以减少套管壁厚达 0.2 mm。

2. 侧向力对套管磨损程度的影响

钻柱与套管之间的接触力是影响套管磨损程度的主要因素之一,图 8-1 显示了接触力分别为 15 kN 和 10 kN 时套管磨损的显著差别。若接触力为 15 kN,套管中通过的钻柱根数为 187 根,套管内壁径向磨损深度为 2.4 mm;若接触力为 10 kN,套管内壁径向磨损深度为 0.7 mm。因此,套管和钻柱接头间的接触力越大,套管内壁的磨损越严重。这是因为接触力较大时,套管和钻柱接头之间缺少润滑膜引起的。当接触力较大时,钻柱接头和套管之间的润滑膜破裂,导致套管和钻柱接头直接接触,从而加速了套管的磨损。

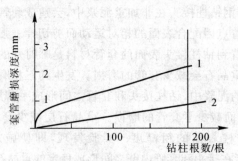

图 8-1 套管和钻柱接头间的接触力对套管磨损的影响
1—接触力为 15 kN; 2—接触力为 10 kN

3. 狗腿严重度对套管磨损程度的影响

实际的井眼总是弯曲的,井眼的弯曲程度由狗腿严重度表示。套管在井眼弯曲处也要随之弯曲,狗腿度越大,套管弯曲越严重。钻柱在通过弯曲的套管时,钻杆一侧与套管接触。当钻柱的轴力一定时,钻柱和套管之间的接触力随着狗腿度的增加而增大。实践表明,随着接触力的增加,钻柱接头和套管之间的磨损程度将加剧。狗腿度对套管的磨损有严重的影响,这种影响不只是造成接触侧向力的增大。此外,当狗腿度较大时,钻柱将始终与套管的同一局部位置接触,形成严重的局部磨损。因此狗腿度对套管磨损的影响不容忽视,必须严格控制钻井质量,减小狗腿严重度。

4. 泥浆成分对套管磨损程度的影响

图 8-2 显示了泥浆类型对套管磨损的影响。由图可见,不同成分的泥浆对套管磨损的影响也不同。这是因为,不同成分的泥浆具有不同的摩擦因数。实验结果表明:在相同条件下,清水中套管的磨损最大;水基泥浆中套管的磨损比清水中的小,这主要是因为水基泥浆中重晶石能起润滑作用;非加重的油基泥浆和非加重的水基泥浆相比,套管的磨损小。

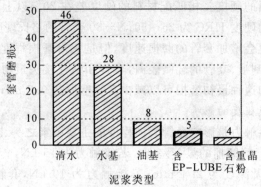

图 8-2 泥浆成分对套管磨损的影响

5. 套管钢级对套管磨损程度的影响

不同钢级的套管，其磨损速率也不同。实验发现，高强度钢套管的磨损速率较高：在 K55，N80，P110 三种钢级的套管中，P110 套管磨损最快，N80 次之，K55 最慢。套管磨损速率和管材硬度成反比，这主要是因为，P110 套管和钻柱接头的材料类似，而由摩擦学原理，相似材料之间的互磨比不同材料的互磨快。

6. 钻柱的横向振动对套管磨损程度的影响

现有结果表明，钻柱的横向振动是深井套管磨损的主要原因之一。基于静载-滑动摩擦理论，解释钻柱与套管静载接触时的套管磨损问题是有一定效果的，但是在解释深井、超深井的套管磨损问题时却存在明显的不足。这是因为，按照现有的理论，套管磨损的危险点存在于承受较高钻柱负荷的井口段和狗腿度较大的井段，在这些位置套管的磨损最严重。然而，实际随钻测量及理论分析表明，钻柱横向振动、屈曲状态下的公转或涡动是深井、超深井中性点以下区段钻柱运动的主要特点，井越深，钻柱横向振动越严重。在中性点以下的钻柱受压段，钻柱的公转及附加的横向振动是引起套管磨损的主要原因。现场监测结果已经表明，在深井、超深井中，受压段杆管处于多相泥浆介质与冲击、滑动耦合的复合磨损状态。图 8-3 所示为冲击频率为 3 Hz，载荷幅值为 2 450 N 套管内壁磨损显微图像。

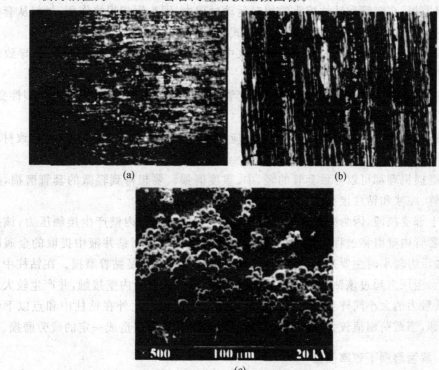

图 8-3 冲击频率为 3 Hz，载荷幅值为 2 450 N 套管内壁磨损显微图像
(a) SK2005 工业显微镜图像(22×)； (b) 铁谱显微镜图像(100×)； (c) 扫描电镜(SEM)图像(500×)

在载荷幅值相同情况下,冲击频率对套管磨损表面特征有较大影响。当冲击频率较低时,套管磨损表面裂纹较少,裂纹之间距离较远,套管表面有疲劳剥落现象出现,但疲劳剥落并不严重;随着冲击频率的增加,套管磨损表面出现的裂纹增多,横向裂纹之间的间距明显减小;当冲击频率较高时,套管磨损表面剥落现象严重,磨屑疲劳剥落后形成的疲劳坑也比较大,有的疲劳剥落坑有明显连通迹象,疲劳坑处的球形磨粒明显增多且球形磨粒直径也较大。由于在钻柱和套管之间所施加的冲击载荷有一定的作用时间,在这段时间内,套管钻柱还要相对滑动,因此,在套管磨损表面形成了比较明显的切削划痕,这些切削划痕主要是套管与钻柱之间的两体磨料磨损留下的痕迹。

当冲击载荷频率相同时,在较小的冲击载荷幅值下,主要是磨粒磨损机制并伴有疲劳磨损机制,在较高冲击载荷幅值下,套管磨损表面主要是黏着剥落和鳞状疲劳剥落,并伴有塑性流动及微观切削。

8.1.2 套管磨损机理分析

套管内壁磨损是套管、钻柱接头和钻井泥浆等三个组成部分相互作用的结果。这三个组成部分都从正负两个方面影响套管的磨损程度。套管的磨损机理为:

(1)黏着磨损:在套管和钻柱接头的相对运动过程中,因为固相焊接作用,材料从套管表面转移到钻柱接头的表面,最终以片状磨屑的形式脱落下来。

(2)磨粒磨损:因硬化接头表面凸起和泥浆中硬颗粒对套管内表面的磨损,而导致套管内壁材料的去除。

(3)犁沟磨损:由于硬化接头表面凸起对套管内壁的切削作用,套管内壁发生塑性变形,形成沟槽,在此过程中没有磨粒产生。

(4)疲劳磨损:在钻柱接头表面,因为循环应力的作用产生金属的疲劳,从而导致材料表面颗粒的去除,最终会增加套管的磨损。

每一种磨损机理都可以导致套管的轻、中、重度磨损。要想得到轻微的套管磨损,必须正确地设计套管、泥浆和钻柱接头。

在钻柱上部受拉段,因为井眼中狗腿度的存在,钻柱对套管内壁产生接触压力;该接触压力使钻柱在套管内壁滑移过程中,会对套管内壁造成磨损。根据钻井液中提取的金属磨削形状可知,接触压力较小时主要是磨粒磨损,接触压力较大时主要是黏着磨损。在钻柱中和点以下,钻柱受压,当压力超过该钻柱的临界屈曲载荷时,钻柱和套管内壁接触,并产生较大的接触力,根据该接触力的大小同样会在套管内壁形成不同的磨损。此外在钻柱中和点以下钻柱的横向振动剧烈,当载荷幅值较大或振动频率较高时会对套管内壁造成一定的疲劳磨损。

8.1.3 套管磨损下效率模型

将金属的磨损量和磨损所消耗的能量联系起来,建立"磨损-效率"模型来预测井下套管的磨损。在摩擦力作用下,钻柱接头旋转所做的功为摩擦力与滑移距离的乘积,即

$$W = N\mu L_h \tag{8-1}$$

式中，N 为钻柱接头与套管内壁之间的侧向力，N；μ 为钻柱接头和套管内壁之间的摩擦因数；L_h 为钻柱接头与套管内壁之间的滑移距离，m。

磨损套管所消耗的能量 U 为布氏硬度与磨损金属体积的乘积，即

$$U = VH_b \tag{8-2}$$

式中，V 为套管被磨损掉的金属体积，m³；H_b 为布氏硬度，Pa。

则磨损效率 η 为

$$\eta = U/W = \frac{VH_b}{N\mu L_h} \tag{8-3}$$

因此，套管内壁被磨损掉的体积 V 为

$$V = \frac{\eta}{H_b} N\mu L_h \tag{8-4}$$

由此，套管内壁被磨损掉的面积 S 为

$$S = \frac{dV}{dl} = \frac{\eta \mu L_h}{H_b} \frac{dN}{dl} = \frac{\eta}{H_b} n\mu L_h \tag{8-5}$$

式中，L_h 为滑移距离，m；n 为单位侧向力，N/m。

试验得出的磨损效率的值见表 8-1，表 8-1 中没有给出的钢级，可以采用插值的方法来计算。对于水基泥浆，设 $x = [55, 80, 110]$，$y = [0.052\ 2, 0.117\ 5, 0.203\ 1]$，拟合的公式为

$$y = a_0 + a_1 x + a_2 x^2 \tag{8-6}$$

把 x 和 y 的值代入式(8-6)得

$$\left. \begin{array}{l} 0.055 = a_0 + 55a_1 + 55^2 a_2 \\ 0.117\ 5 = a_0 + 80a_1 + 80^2 a_2 \\ 0.055 = a_0 + 110a_1 + 110^2 a_2 \end{array} \right\} \tag{8-7}$$

解三维线性方程组式(8-7)得

$$a_2 = 4.39 \times 10^{-6}, \quad a_1 = 0.002\ 0, \quad a_0 = -0.071\ 9$$

把各系数值代入式(8-6)中得

$$y = 4.39 \times 10^{-6} x^2 + 0.002\ 0x - 0.071\ 9 \tag{8-8}$$

取 $x = \sigma_s/6.894\ 757$ 代入式(8-8)，则 $y \times 10^{-12}$ 即为该钢级套管在水基泥浆中的磨损效率。

对于油基泥浆，设 $x = [80, 110]$，$y = [0.565\ 6, 0.609\ 2]$，拟合的公式为

$$y = a_0 + a_1 x \tag{8-9}$$

把 x 和 y 的值代入式(8-9)得

$$\left. \begin{array}{l} 0.565\ 6 = a_0 + 80a_1 \\ 0.609\ 2 = a_0 + 110a_1 \end{array} \right\} \tag{8-10}$$

解三维线性方程组式(8-10)得

$$a_1 = 0.0015, \quad a_0 = 0.4493$$

把各系数值代入式(8-9)中得

$$y = 0.4493 + 0.0015x \tag{8-11}$$

取 $x = \sigma_s/6.894757$ 代入式(8-11)，则 $y \times 10^{-12}$ 即为该钢级套管在油基泥浆中的磨损效率。σ_s 为套管屈服强度，单位为 MPa。

其他钢级在钻井手册中没有对应的磨损效率，可以用上述插值的方法得到。在今后的工作中，还需大量的试验得到实际工况条件下的不同套管钢级在不同泥浆下的磨损效率。

表 8-1　η/H_b 平均值　　　　　　　　　　（单位：10^{-12} Pa^{-1}）

套管钢级	水基泥浆	油基泥浆
K-55	0.0522	0.3191
N-80	0.1175	0.5656
P-110	0.2031	0.6092

8.1.4　套管内壁与钻柱间侧向力分析

1. 常规模型下侧向力分析

(1) 钻柱在中和点之上侧向力计算。正常钻进时，钻柱在中和点之上受拉力作用，套管内壁磨损点处侧向力 N 的计算公式为

$$N = F\sin\beta \tag{8-12}$$

式中，F 为套管内壁磨损点以下钻柱的浮重，kN；β 为套管内壁磨损点井筒的狗腿度，rad。狗腿度 β 的计算。

如图 8-4 所示，井斜角变化率为

$$K_\alpha = \frac{\Delta\alpha}{\Delta l} = \frac{\alpha_A - \alpha_B}{l_A - l_B} \tag{8-13}$$

方位角变化率为

$$K_\varphi = \frac{\Delta\varphi}{\Delta l} = \frac{\varphi_A - \varphi_B}{l_A - l_B} \tag{8-14}$$

狗腿度为

$$\beta = \sqrt{K_\alpha^2 + K_\varphi^2 \sin^2\alpha} \tag{8-15}$$

式中，α_A 为套管内壁磨损点井斜角，(°)；φ_A 为套管内壁磨损点方位角，(°)；α_B 为套管内壁磨损上一个点井斜角，(°)；φ_B 为套管内壁磨损上一个点方位角，(°)；$\alpha = \frac{(\alpha_A + \alpha_B)}{2}$，(°)；$\beta$ 为狗腿度，(°)；l_A 为套管内壁磨损点处井深，m；l_B 为套管内壁磨损上一个点处井深，m。

第8章 磨损套管剩余强度分析

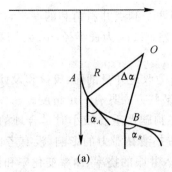 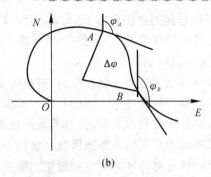

(a)   (b)

图 8-4 井斜角及方位角图

(2) 钻柱在中和点之下侧向力计算。钻柱在中和点之下受压,当压力大于钻柱的临界屈曲载荷时,钻柱和套管内壁接触产生侧向力。在此侧向力作用下,钻柱和套管内壁相对滑动,从而对套管内壁造成磨损。钻柱在受压时,中心线可能偏移,发生横向振动,对套管内壁产生冲击载荷。钻柱的横向振动越严重,对套管内壁冲击越大,由冲击而产生的侧向力也越大,磨损也越严重,因此在钻柱中和点之下会发生两种磨损,包括滑移磨损和冲击产生的疲劳磨损,在深井中尤其严重。

钻柱螺旋屈曲临界载荷为

$$F_{crh} = 2.04 q_e \sqrt[3]{\frac{EI}{q_e}} \tag{8-16}$$

式中,F_{crh} 为螺旋屈曲临界载荷,kN;q_e 为单位长度钻铤在钻井液中浮重,kN/m;EI 为钻铤抗弯刚度,kN·m²。

单位长度侧向力计算公式为

$$N = \frac{r_c F^2}{4EI} \quad (\text{kN/m}) \tag{8-17}$$

式中,r_c 为视半径,即钻柱中心到套管中心的距离,m;F 为钻柱轴向力,kN。

2. Johancsik 模型侧向力分析

Johancsik 首先提出了在定向井中预测钻柱拉力和扭矩的柔索模型,为改进井眼轨迹设计和钻柱设计、现场事故诊断和预测提供了依据。Johancsik 模型钻柱微元受力如图 8-5 所示。

$$\left.\begin{array}{l} N_i = \sqrt{(F_i \Delta\varphi \sin\alpha)^2 + (F_i \Delta\alpha + q_e \sin\alpha)^2} \\ \Delta F = F_{i+1} - F_i = q_e \cos\alpha \pm \mu N_i \\ \Delta M_T = \mu r N \end{array}\right\} \tag{8-18}$$

式中,起钻取 +,下钻取 −;N_i 为第 i 个测点的侧向力,kN;F_i 为第 i 个测点处钻柱轴向力,钻柱末端轴力为

图 8-5 Johancsik 模型钻柱微元受力图

0 N,可以用迭代的方法求出 F_i,kN;α 为平均井斜角,即两个测点井斜角和的一半,(°);$\Delta\varphi$ 为两个测点间方位角之差,(°);$\Delta\alpha$ 为两个测点间井斜角之差,(°);r 为视半径,m;μ 为摩擦因数;ΔF 为两个测点间轴向力之差,kN。

该模型开创了定向井钻柱拉力-扭矩研究的新局面,为改进井身剖面、校核和设计钻柱、现场事故诊断和预测等创立了理论基础。该模型简单,在某些方面具有一定精度。

该模型将钻柱看成柔索,没有考虑钻柱的刚度,这在狗腿严重度较小时是合理的,低估了扭矩和轴向阻力或高估了摩擦因数。该模型没有考虑钻井液黏滞力的影响,没有考虑和说明钻柱的运动状态对钻柱的拉力和扭矩的影响,也没有计入井眼的挠率、曲率变化率和钻柱所受扭矩对钻柱与井壁的正压力的影响。

3. Lesage 模型侧向力分析

Lesage 在 Johansick 的基础上,分起钻、下钻、旋转钻进 3 个过程,考虑了钻柱运动状态对摩阻扭矩模型的影响,并对模型进行了改进。起、下钻时 μ_r 为 0,旋转钻进时 μ_a 为 0。

$$\left.\begin{array}{l} N_i = \sqrt{(F_i\Delta\varphi\sin\alpha)^2 + (F_i\Delta\alpha + q_e\sin\alpha)^2} \\ \Delta F = F_{i+1} - F_i = q_e\cos\alpha \pm \mu_a N_i \\ \Delta M_T = \mu_r r N \end{array}\right\} \quad (8-19)$$

式中,$+\mu_a$ 为起钻摩擦因数;$-\mu_a$ 为下钻摩擦因数;μ_r 为旋转摩擦因数。

该模型在 Johancsik 模型的基础上,分起钻、下钻和旋转钻进三个过程,考虑了钻柱的运动状态对拉力-扭矩的影响,计算结果基本可靠实用;不足之处与 Johancsik 模型相同。

8.1.5 钻柱在套管内壁滑移距离分析

在磨损效率模型当中,磨损点滑移距离包括钻柱接头旋转距离和钻柱起、下钻过程中钻柱接头和套管内壁之间的滑动距离。计算套管内壁某一点的磨损程度时,滑移距离 L_h 为

$$L_h = 60\pi D_{jt} V_s T_{zj} + N_{qx} L_{zg} \quad (8-20)$$

式中,D_{jt} 为钻柱接头外径,m;V_s 为转盘转速,r/min;T_{zj} 为钻井时间,h;N_{qx} 为起、下钻次数;L_{zg} 为磨损点以下的钻柱长度,m。

在这个公式中,磨损点的滑移距离包括环向和径向滑移距离。

8.1.6 深井套管磨损部位分析

油井中的套管通常分为导管、表层套管、技术套管、钻井尾管、生产套管和采油尾管。在深井中,井身结构较为复杂,通常会包括所有的套管类型。因为套管重叠和存在回接套管,套管不同位置是否磨损的判断也较为困难,所以在计算套管内壁磨损程度的过程中,分析哪些套管被磨损是一个关键的问题。油井,特别是深井是由多次钻进完成的,为了封隔异常地层压力,顺利钻进通常会下入一层或多层技术套管,在已经下入套管的井中继续钻进会对上一层套管内壁造成磨损。

图 8-6 所示的井身结构较为简单,设计井深 5 480 m,包括表层套管、技术套管 1、技术套

管 2、生产套管,共 4 层套管,所有套管延伸到井口。该井身结构套管磨损分析如下:

(1) 钻进至 203.76 m 时,还没有下入套管,因此不会对套管产生磨损;
(2) 从 203.76 m 钻至 4 300.57 m 时,下入了表层套管,会对该层套管造成磨损;
(3) 从 4 300.57 m 钻至 5 020 m 时,下入了技术套管 1,会对该层套管造成磨损;
(4) 从 5 020 m 钻至 5 480 m 时,已经下入了技术套管 2,会对该层套管造成磨损;
(5) 如果有钻开水泥塞的过程,还会对采油套管造成磨损,因为所有套管返至井口,本次钻进只对上一层套管造成磨损。

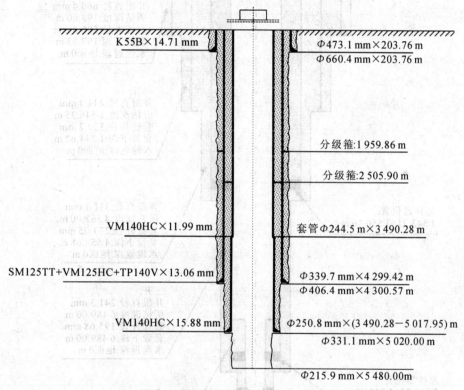

图 8-6 井身结构 1

图 8-7 所示的井身结构较为复杂,设计井深 7 262 m,包括导管、表层套管、技术套管、生产套管和采油尾管,共 5 层套管。导管、表层套管、技术套管延伸到井口,生产套管有回接套管,采油尾管和生产套管有重叠段,没有回接到井口。该井身结构套管磨损分析如下:

(1) 钻进至 198 m 时,还没有下入套管,因此不会对套管产生磨损;
(2) 从 198 m 钻至 1 476.25 m 时,已经下入了导管,会对该层套管造成磨损;
(3) 从 1 476.25 m 钻至 4 562 m 时,已经下入了表层套管,会对该层套管造成磨损;
(4) 从 4 562 m 钻至 6 489 m 时,已经下入了技术套管,会对该层套管造成磨损;

(5) 从 6 489 m 钻至 7 262 m 时,已经下入了生产套管,会对该层套管各个部分造成磨损;同时,该生产套管在钻进时没有回接,使再上一层的技术套管暴露在钻柱下面,那么该层技术套管与下一层生产套管的未重叠段也造成了磨损。如果该层套管在继续钻进时已经回接,则不会对上一层技术套管造成磨损。

(6) 如果有钻开水泥塞的过程,还会对采油尾管造成磨损。

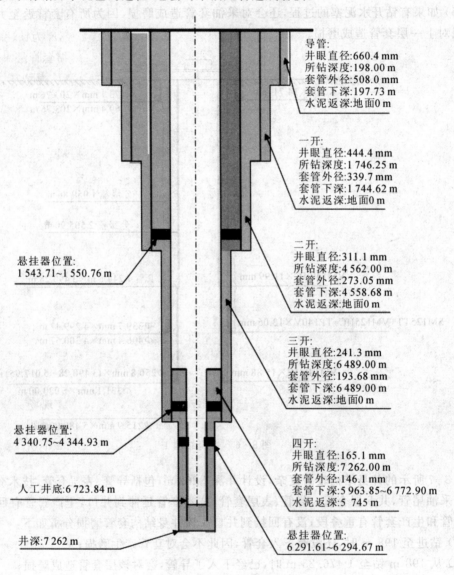

图 8-7 井身结构 2

8.2 深井偏心磨损套管剩余强度理论分析

8.2.1 偏心磨损套管的几何模型

在直角坐标系下,偏心磨损套管的几何模型如图 8-8 所示,偏心磨损套管壁厚最小点为 d,r_0 为偏心磨损套管外半径,r_1 为偏心磨损套管内半径,r_2 为套管内半径,r_3 为钻柱外半径,h_1 为钻柱中心和套管中心的距离,t 为偏心磨损套管最大壁厚,t' 为偏心磨损套管最小壁厚,c 为偏心磨损套管偏心距。O 为套管外圆中心,O_2 为套管磨损后内圆中心,O_1 为钻柱中心,α_1 是 $\angle OaO_1$,α_2 是 $\angle aOO_1$。

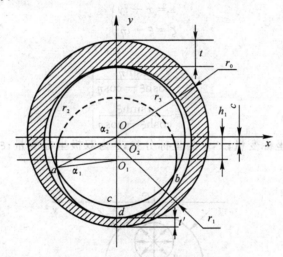

图 8-8 偏心磨损套管几何模型

根据上面公式计算的磨损面积,可以计算套管在此位置的磨损深度。现场回收的套管磨损形状 50% 是月牙形磨损,且以月牙形磨损最为严重,为此,重点对月牙形磨损套管剩余壁厚进行分析。钻柱外圆和套管内圆交于 a,b 两点。如图 8-8 所示,半月牙 acd 所围面积为

$$S_{月牙acd} = S_{扇O_1 ad} + S_{\triangle OaO_1} - S_{扇Oac}$$

式中

$$S_{扇O_1 ad} = r_3^2(\alpha_2 + \alpha_1)/2, \quad S_{\triangle OaO_1} = h_1 r_2 \sin\alpha_2/2, \quad S_{扇Oac} = r_2^2 \alpha_2/2$$

$$\alpha_2 = \arccos\left[(r_2^2 + h_1 - r_3^2)/(2 r_2 h_1)\right]$$

$$\alpha_1 = \arccos\left[(r_2^2 - h_1 + r_3^2)/(2 r_2 r_3)\right]$$

因此月牙面积 $S = 2S_{月牙acd}$,即

$$S = \arccos\left(\frac{r_2^2 + h_1 - r_3^2}{2 r_2 h_1}\right)(r_3^2 - r_2^2) + \arccos\left(\frac{r_2^2 - h_1 + r_3^2}{2 r_2 r_3}\right) r_3^2 + h_1 r_2 \sqrt{1 - \left(\frac{r_2^2 + h_1 - r_3^2}{2 r_2 h_1}\right)^2}$$

(8-21)

用迭代法可求出钻柱外圆圆心的偏移距离 h_1,从而求得套管磨损深度:

$$t_{磨损} = r_3 + h_1 - r_2 \tag{8-22}$$

因此,磨损套管的剩余壁厚 t' 为

$$t' = t - (r_3 + h_1 - r_2) \tag{8-23}$$

8.2.2 偏心磨损套管应力计算

对于图 8-8 所示的偏心磨损套管,要将其转换到双极坐标下,如图 8-9 所示,通常用下式所定义的双极坐标:

$$z = ia\coth\frac{\zeta}{2} = \frac{a\sin\eta}{\cosh\xi - \cos\eta} + i\frac{a\sinh\xi}{\cosh\xi - \cos\eta} \tag{8-24}$$

$$\left.\begin{array}{l} z = x + iy \\ \zeta = \xi + i\eta \end{array}\right\} \tag{8-25}$$

因此

$$\left.\begin{array}{l} x = \dfrac{a\sin\eta}{\cosh\xi - \cos\eta} \\[6pt] y = \dfrac{a\sinh\xi}{\cosh\xi - \cos\eta} \end{array}\right\} \tag{8-26}$$

以上各式中,z 为直角坐标变量;x,y 为坐标分量;ζ 为双极坐标变量;ξ,η 为双极坐标坐标分量;a 为参数。

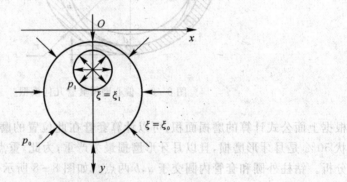

图 8-9 偏心磨损套管模型应力计算图

当 $\xi = \xi_0$ 时,式(8-26)表示一个圆的参数方程。将 $\xi = \xi_0$ 代入式(8-26),消去 η 后得

$$x^2 + (y - a\coth\xi_0)^2 = a^2 \operatorname{csch}^2\xi_0 \tag{8-27}$$

式中,ξ_0 为对应套管外圆的常数。

这是一个圆心在 y 轴上,与原点相距为 $a\coth\xi_0$,半径为 $a\operatorname{csch}\xi_0$ 的圆。当 $\xi = \xi_1$(另一常数)时,式(8-27)则表示一个圆心在 y 轴上,与原点相距为 $a\coth\xi_1$,半径为 $a\operatorname{csch}\xi_1$ 的圆。对偏心磨损套管模型,如采用这种双极坐标来求解,则较为方便。如此,令 $\xi = \xi_0$ 表示偏心套管的外边界，$\xi=\xi_1$ 表示偏心套管的内边界。在已知两圆的半径及中心距后，就可以确定常数 a,ξ_0 和 ξ_1。

如果选取复势为

$$\left.\begin{array}{l}\psi(z)=\mathrm{i}B\cosh\zeta+\mathrm{i}C\sinh\zeta+Az\\ \chi(z)=aB\sinh\zeta+aC\cosh\zeta+aD\zeta\end{array}\right\} \quad (8-28)$$

式中，$\psi(z),\chi(z)$ 为复势；A,B,C 和 D 是常数。

曲线坐标中的应力用复势表示为

$$\sigma_\xi+\sigma_\eta=2\left[\psi'(z)+\overline{\psi'(z)}\right]=4\mathrm{Re}\psi'(z)$$
$$\sigma_\eta-\sigma_\xi+2\mathrm{i}\tau_{\xi\eta}=2\mathrm{e}^{2\mathrm{i}\alpha}\left[\bar{z}\psi''(z)+\chi''(z)\right]$$

并考虑到

$$\left.\begin{array}{l}z=\mathrm{i}a\coth\dfrac{1}{2}\zeta\\ \mathrm{e}^{2\mathrm{i}\alpha}=\dfrac{\mathrm{d}z}{\mathrm{d}\zeta}\Big/\dfrac{\mathrm{d}\bar{z}}{\mathrm{d}\bar{\zeta}}=-\sinh^2\dfrac{1}{2}\bar{\zeta}\operatorname{csch}^2\dfrac{1}{2}\zeta\end{array}\right\} \quad (8-29)$$

便可得到

$$\begin{aligned}a(\sigma_\xi+\sigma_\eta)=&2B(2\sinh\xi\cos\eta-\sinh 2\xi\cos 2\eta)-2C(1-2\cosh\xi\cos\eta+\cosh 2\xi\cos 2\eta)+\\&4aAa(\sigma_\eta-\sigma_\xi+2\mathrm{i}\tau_{\xi\eta})=-2B[(\sinh 2\xi-2\sinh 2\xi\cos\xi\cos\eta+\sinh 2\xi\cos 2\eta)-\\&\mathrm{i}(2\cosh 2\xi\cosh\xi\sin\eta-\cosh 2\xi\sin 2\eta)]+2C[-\cosh 2\xi+2\cosh 2\xi\cosh\xi\cos\eta-\\&\cosh 2\xi\cos 2\eta+\mathrm{i}(2\sinh 2\xi\cos\xi\sin\eta-\sinh 2\xi\sin 2\eta)]+\\&D[\sinh 2\xi-2\sinh\xi\cos\eta-\mathrm{i}(2\cosh\xi\sin\eta-\sin 2\eta)]\end{aligned} \quad (8-30)$$

式中，σ_ξ 为径向应力；σ_η 为环向应力；$\tau_{\xi\eta}$ 为剪应力。

其中待定系数 A,B,C 和 D 应由边界条件来确定。

$$2B=D\frac{\cosh(\xi_1+\xi_0)}{\cosh(\xi_1-\xi_0)} \quad (8-31)$$

$$2C=-D\frac{\sinh(\xi_1+\xi_0)}{\cosh(\xi_1-\xi_0)} \quad (8-32)$$

$$A=-\frac{1}{2}\frac{p_0\sinh^2\xi_1+p_1\sinh^2\xi_0}{\sinh^2\xi_1+\sinh^2\xi_0} \quad (8-33)$$

$$D=-a\frac{(p_0-p_1)\coth(\xi_1-\xi_0)}{\sinh^2\xi_1+\sinh^2\xi_0} \quad (8-34)$$

确定了常数 A,B,C 和 D，也就确定了复势 $\psi(z),\chi(z)$。

偏心磨损套管模型径向应力表达式为

$$\sigma_\xi=\begin{bmatrix}2\cos\eta\sinh(\xi-\xi_1-\xi_0)+\\ \sinh(2\xi-\xi_1-\xi_0)(1-2\cosh\xi\cos\eta)+\\ (2\sinh\xi\cos\eta-\sinh 2\xi)\cosh(\xi_1-\xi_0)+\\ \sinh(\xi_1+\xi_0)\end{bmatrix}\frac{p_i-p_o}{2m\sinh(\xi_1-\xi_0)}$$

$$\frac{p_1 \sinh^2 \xi_0 + p_0 \sinh^2 \xi_1}{m} \tag{8-35}$$

偏心圆磨损套管型环向应力表达式为

$$\sigma_\eta = \begin{bmatrix} 2\cos\eta\sinh(\xi-\xi_1-\xi_0) + \\ \sinh(2\xi-\xi_1-\xi_0)\begin{pmatrix} -2\cos2\eta \\ -1+2\cosh\xi\cos\eta \end{pmatrix} + \\ (-2\sinh\xi\cos\eta + \sinh2\xi)\cosh(\xi_1-\xi_0) + \\ \sinh(\xi_1+\xi_0) \end{bmatrix} \times \frac{p_i - p_o}{2m\sinh(\xi_1-\xi_0)}$$

$$\frac{p_1 \sinh^2 \xi_0 + p_0 \sinh^2 \xi_1}{m} \tag{8-36}$$

偏心磨损套管模型剪应力表达式为

$$\tau_{\xi\eta} = \frac{1}{2}(\sin2\eta - 2\cosh\xi\sin\eta)\left[1 - \frac{\cosh(2\xi-\xi_1-\xi_0)}{\cosh(\xi_1-\xi_0)}\right]\frac{(p_i - p_o)\coth(\xi_1-\xi_0)}{m} \tag{8-37}$$

式中，$m = \sinh^2 \xi_1 + \sinh^2 \xi_0$；$p_o$ 为套管外壁压力；p_i 为套管内壁压力。

8.2.3 内壁磨损厚壁套管内、外压作用下最大应力计算

1. 内壁磨损套管在外压作用下外表面应力分布

磨损套管只有外压 p_o 作用（即内压 p_i 为 0），套管外表面壁厚最小处 $\eta = \pi$，磨损套管外表面，壁厚最小处的最大环向应力由公式(8-36)简化，可得外表面环向最大应力 $\sigma_{\eta o max1}$ 的计算公式，

$$\sigma_{\eta o max1} = p_o \left\{ \frac{1}{m}\left[\frac{-2\text{sh}\xi_1 - \text{sh}(\xi_1+\xi_0)}{\text{sh}(\xi_1-\xi_0)} - 1 - 2\text{sh}^2\xi_1\right] + 1 \right\} \tag{8-38}$$

设

$$f_1 = \left\{ \frac{1}{m}\left[\frac{-2\text{sh}\xi_1 - \text{sh}(\xi_1+\xi_0)}{\text{sh}(\xi_1-\xi_0)} - 1 - 2\text{sh}^2\xi_1\right] + 1 \right\} \tag{8-39}$$

2. 内壁磨损套管在外压作用下内表面应力分布

磨损套管只有外压 p_o 作用（即内压 p_i 为 0），套管内表面壁厚最小处 $\eta = \pi$，磨损套管内表面，壁厚最小处的最大环向应力由公式(8-36)简化，可得内环向最大应力 $\sigma_{\eta i max2}$ 的计算公式，

$$\sigma_{\eta i max2} = p_o \left\{ \frac{1}{m}\left[\frac{-2\text{sh}\xi_0 - \text{sh}(\xi_1+\xi_0)}{\text{sh}(\xi_1-\xi_0)} + 1 - 2\text{sh}^2\xi_1\right] \right\} \tag{8-40}$$

设

$$f_2 = \frac{1}{m}\left[\frac{-2\text{sh}\xi_0 - \text{sh}(\xi_1+\xi_0)}{\text{sh}(\xi_1-\xi_0)} + 1 - 2\text{sh}^2\xi_1\right] \tag{8-41}$$

3. 内壁磨损厚壁套管抗挤毁强度计算

由最大强度理论，内壁磨损厚壁套管抗挤毁强度为

$$P_{ocr} = \frac{\sigma_s}{f_{omax}} \tag{8-42}$$

式中，f_{omax} 为 f_1，f_2 中的最大值；σ_s 为套管屈服强度，MPa。

4. 内壁磨损套管在内压作用下外表面应力分布

磨损套管只有内压 p_i 作用（即外压 p_o 为 0），套管外表面壁厚最小处 $\eta=\pi$，磨损套管外表面，壁厚最小处的最大环向应力由公式(8-36)简化，可得外表面环向最大应力 $\sigma_{\eta omax3}$ 的计算公式，

$$\sigma_{\eta omax3} = p_i\left\{\frac{1}{m}\left[\frac{2\mathrm{sh}\xi_1 + \mathrm{sh}(\xi_1+\xi_0)}{\mathrm{sh}(\xi_1-\xi_0)} + 1 - 2\mathrm{sh}^2\xi_0\right]\right\} \tag{8-43}$$

设

$$f_3 = \left\{\frac{1}{m}\left[\frac{2\mathrm{sh}\xi_1 + \mathrm{sh}(\xi_1+\xi_0)}{\mathrm{sh}(\xi_1+\xi_0)} + 1 - 2\mathrm{sh}^2\xi_0\right]\right\} \tag{8-44}$$

5. 内壁磨损套管在内压作用下最大应力计算

磨损套管只有内压 p_i 作用（即外压 p_o 为 0），套管内表面壁厚最小处 $\eta=\pi$，磨损套管内表面，壁厚最小处的最大环向应力由公式(8-36)简化，可得内表面环向最大应力 $\sigma_{\eta imax4}$ 的计算公式，

$$\sigma_{\eta imax4} = p_i\left\{\frac{1}{m}\left[\frac{2\mathrm{sh}\xi_0 + \mathrm{sh}(\xi_1+\xi_0)}{\mathrm{sh}(\xi_1-\xi_0)} - 1 - 2\mathrm{sh}^2\xi_0\right] + 1\right\} \tag{8-45}$$

设

$$f_4 = \frac{1}{m}\left[\frac{2\mathrm{sh}\xi_0 + \mathrm{sh}(\xi_1+\xi_0)}{\mathrm{sh}(\xi_1-\xi_0)} - 1 - 2\mathrm{sh}^2\xi_0\right] + 1 \tag{8-46}$$

6. 内壁磨损厚壁套管抗内压强度计算

由最大强度理论，内壁磨损厚壁套管抗内压强度为

$$P_{icr} = \frac{\sigma_s}{f_{imax}} \tag{8-47}$$

式中，f_{imax} 为 f_3，f_4 中的最大值；σ_s 为套管屈服强度，MPa。

8.2.4 外表面环向最大应力公式中各参数计算

1. 几何参数计算

r_0 为套管外径，t 为套管壁厚，t' 为磨损套管最小壁厚。偏心磨损套管几何模型如图 8-10 所示。

r_1 为偏心磨损套管内半径

$$r_1 = r_0 - \frac{t+t'}{2}$$

c 为偏心磨损套管偏心距

$$c = \frac{t-t'}{2}$$

常数

$$a = \sqrt{r_1^4 - 2c^2r_1^2 + r_0^4 - 2c^2r_0^2 - 2r_0^2r_1^2 - c^4}/2c$$

$$\xi_0 = \mathrm{arcsh}\frac{a}{r_0}$$

$$\xi_1 = \operatorname{arcsh} \frac{a}{r_1}$$

$$m = \operatorname{sh}^2 \xi_1 + \operatorname{sh}^2 \xi_0$$

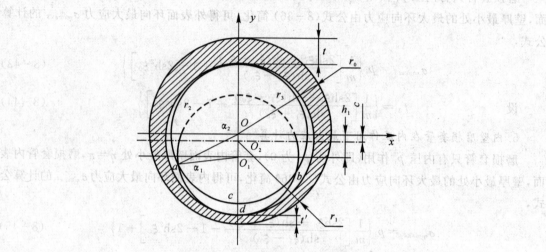

图 8-10　偏心磨损套管几何模型

2. 外压作用下磨损套管临界最小壁厚计算

当磨损厚度较小,小于临界壁厚 t_{scr} 时,内表面危险截面处应力最大,当磨损厚度较大,大于临界壁厚时,外表面危险截面处应力最大,$f_1 = f_2$,即

$$\left\{ \frac{1}{m} \left[\frac{-2\operatorname{sh}\xi_1 - \operatorname{sh}(\xi_1 + \xi_0)}{\operatorname{sh}(\xi_1 - \xi_0)} - 1 - 2\operatorname{sh}^2\xi_1 \right] + 1 \right\} = \frac{1}{m} \left[\frac{-2\operatorname{sh}\xi_0 - \operatorname{sh}(\xi_1 + \xi_0)}{\operatorname{sh}(\xi_1 - \xi_0)} + 1 - 2\operatorname{sh}^2\xi_1 \right]$$

(8-48)

可知,ξ_1 和 ξ_0 均为磨损套管最小壁厚 t' 的函数,采用数值方法,计算机编程解公式(8-48),可以得到外压作用下磨损套管临界最小壁厚。

3. 内压作用下磨损套管临界最小壁厚计算

当磨损厚度较小,小于临界壁厚 t_{scr} 时,内表面危险截面处应力最大,当磨损厚度较大,大于临界壁厚时,外表面危险截面处应力最大,$f_3 = f_4$,即

$$\left\{ \frac{1}{m} \left[\frac{2\operatorname{sh}\xi_1 + \operatorname{sh}(\xi_1 + \xi_0)}{\operatorname{sh}(\xi_1 + \xi_0)} + 1 - 2\operatorname{sh}^2\xi_0 \right] \right\} = \frac{1}{m} \left[\frac{2\operatorname{sh}\xi_0 + \operatorname{sh}(\xi_1 + \xi_0)}{\operatorname{sh}(\xi_1 - \xi_0)} - 1 - 2\operatorname{sh}^2\xi_0 \right] + 1$$

(8-49)

ξ_1 和 ξ_0 均为套管磨损厚最小壁厚 t' 的函数,采用数值方法,计算机编程解公式(8-49),可以得到内压作用下磨损套管临界最小壁厚。

8.3　厚壁套管磨损后应力实例分析

8.3.1　厚壁套管磨损后双极坐标解答实例分析

1. 磨损套管临界最小壁厚计算（即外壁应力大于内壁应力时的磨损套管最小壁厚）

已知 $\Phi 177.8$ mm×12.65 mm—P110 套管，屈服强度为 758 MPa。外压作用下内、外表面危险截面处，在不同磨损深度抗挤毁强度如图 8-11 所示，内压作用下内、外表面危险截面处，在不同磨损深度抗内压强度如图 8-12 所示。由式(8-48)可以得出外压作用下磨损套管临界最小壁厚为 8.4 mm，由式(8-49)可以得出内压作用下磨损套管临界最小壁厚为 8.4 mm。上述结果为方程的数值解，磨损套管临界最小壁厚的解析解公式暂时没有得到。磨损套管临界最小壁厚只与套管的几何尺寸有关，不管是内压作用还是外压作用，由式(8-48)和式(8-49)得出的结果是一致的。

2. 内壁磨损套管抗挤毁强度和抗内压强度分析

该套管采用 API 公式，计算的抗挤毁强度为 89.7 MPa，抗内压强度为 94.38 MPa。本章计算不同磨损深度时抗挤毁强度采用公式(8-42)、计算抗内压强度采用公式(8-47)。该套管在不同磨损深度时抗挤毁强度和抗内压强度见表 8-2。

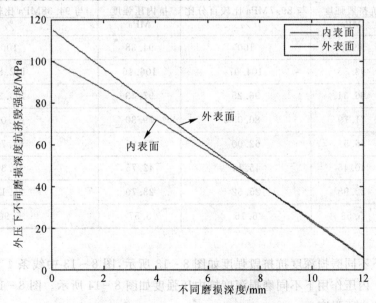

图 8-11　外压作用下内、外表面不同磨损深度抗挤毁强度

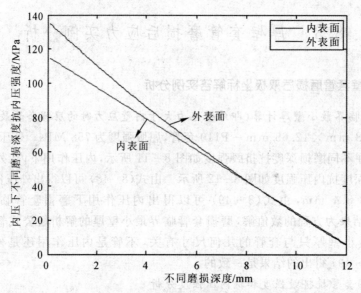

图 8-12 内压作用下内、外表面不同磨损深度抗内压强度

表 8-2 不同磨损深度套管抗挤毁强度和抗内压强度

磨损深度 mm	抗挤毁强度 MPa	与 89.7MPa 比较百分比 %	抗内压强度 MPa	与 94.38MPa 比较减少百分比 %
0	89.7	100	94.38	100
1	93.35	104.07	106.46	112.80
2	86.34	96.25	97.43	103.23
4	71.79	80.03	79.30	84.02
6	56.51	62.00	61.06	64.70
8	40.46	45.11	42.75	45.30
10	22.98	25.62	23.70	25.11
12	5.53	6.16	5.57	5.90

外压作用下不同磨损深度抗挤毁强度如图 8-13 所示,图 8-13 中线条 1 为未磨损套管的抗挤毁强度。内压作用下不同磨损深度抗内压强度如图 8-14 所示。图 8-14 中线条 2 为未磨损套管的抗内压强度。

式(8-42)和式(8-47)为强度理论计算套管抗挤毁强度和抗内压强度公式,而 89.7 MPa 为采用 API 塑性挤毁公式的计算结果,采用式(8-42)计算的抗挤毁强度数值比 API 公式计算的结果偏大。采用 API 公式计算套管抗内压强度时,考虑了套管的制造误差,引入系数

0.875,计算的抗内压强度为 94.38 MPa。式(8-47)计算套管抗内压强度没有考虑这个系数，因此采用本书公式计算的抗内压强度偏大，导致磨损 1 mm 时套管的抗挤毁和抗内压强度大于未磨损套管的强度。

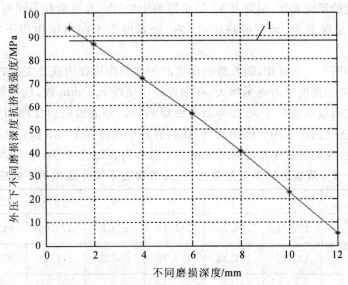

图 8-13　外压作用下不同磨损深度抗挤毁强度

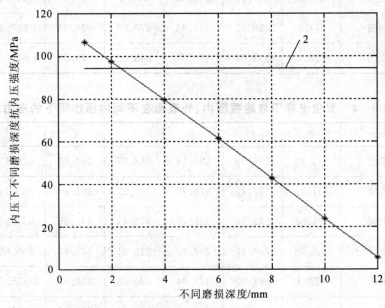

图 8-14　内压作用下不同磨损深度抗内压强度

3. 内壁磨损套管应力分析

不同磨损深度的厚壁套管,危险截面(即壁厚最小处)内、外表面在不同外压作用下应力计算结果见表8-3,危险截面(即壁厚最小处)内、外表面在不同外压作用下应力如图8-15所示。不同磨损深度的厚壁套管,危险截面(即壁厚最小处)内、外表面在不同内压作用下应力计算结果见表8-4,危险截面(即壁厚最小处)内、外表面在不同内压作用下应力如图8-16所示。

从图8-14和图8-15可知,随着磨损深度的增加和作用在内或外表面的压力增大,磨损套管危险截面内、外表面的应力逐渐增大,在临界最小壁厚8.4 mm前,危险截面内、外表面的应力和磨损深度之间呈线性关系,在临界最小壁厚后,内、外表面应力急剧加大,呈指数关系。另外,不管是外压还是内压作用于磨损套管,在临界最小壁厚8.4 mm前,总是内表面的应力大于外表面的应力,在临界最小壁厚8.4 mm后,总是内表面的应力小于外表面的应力。

表8-3 双极坐标下危险截面内、外表面在不同外压作用下的应力(单位:MPa)

磨损深度/mm	0	2	4	6	8	10	12
20 MPa 内表面	151.32	175.59	211.18	268.2	374.66	642.19	2 577.53
20 MPa 外表面	131.32	157.45	195.75	257.2	371.74	659.77	2 743.44
30 MPa 内表面	226.98	263.39	316.77	402.4	561.99	963.29	3 866.29
30 MPa 外表面	196.98	236.17	293.62	385.8	557.61	989.66	4 115.16
50 MPa 内表面	378.3	438.99	527.94	670.68	936.64	1 605.49	6 443.82
50 MPa 外表面	328.3	393.61	489.37	643.02	929.35	1 649.44	6 858.6

表8-4 双极坐标下危险截面内、外表面在不同内压作用下的应力(单位:MPa)

磨损深度/mm	0	2	4	6	8	10	12
20 MPa 内表面	131.32	155.59	191.18	248.27	354.66	622.19	2 557.53
20 MPa 外表面	111.32	137.45	175.77	237.21	351.74	639.77	2 723.44
30 MPa 内表面	196.98	233.39	286.77	372.41	531.99	933.29	3 836.29
30 MPa 外表面	166.98	206.17	263.62	355.81	527.61	959.66	4 085.16
50 MPa 内表面	328.3	388.99	477.94	620.48	886.64	1 555.49	5 393.82
50 MPa 外表面	278.3	343.61	439.37	593.02	879.35	1 599.44	6 808.6

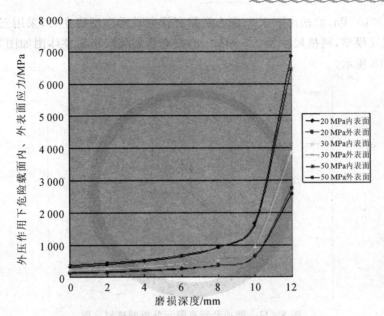

图 8-15 危险截面内、外表面在不同外压作用下的应力

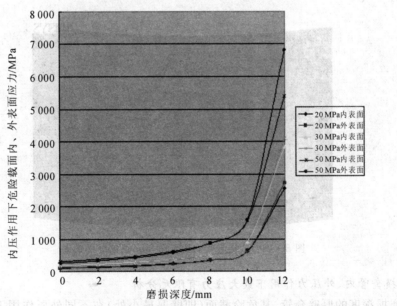

图 8-16 危险截面内、外表面在不同内压作用下的应力

8.3.2 厚壁套管磨损后有限元分析

1. 有限元分析网格划分

套管磨损后,外压作用下各点的应力采用有限元进行分析,有限单元类型采用 plane82,弹

性模量为 210×10^9 Pa,泊松比取 0.3,偏心磨损套管有限元模型建立后,采用三角形网格自由划分套管有限元模型,网格尺寸为 0.5 mm。磨损套管划分网格后整体图如图 8-17 所示,局部图如图 8-18 所示。

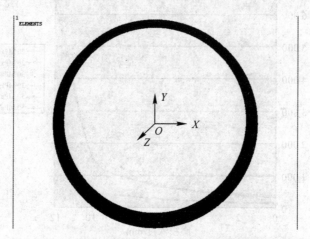

图 8-17　磨损套管有限元分析网格划分图

图 8-18　磨损套管有限元分析网格划分局部图

2. 磨损套管内、外压力作用下最大应力有限元分析

不同磨损深度的厚壁套管,其危险截面(即壁厚最小处)在不同外压作用下最大应力的有限元分析结果见表 8-5,最大应力与磨损深度的关系如图 8-19 所示。不同磨损深度的厚壁套管,其危险截面(即壁厚最小处)在不同内压作用下最大应力的有限元分析结果见表 8-6,最大应力与磨损深度的关系如图 8-20 所示。

表 8-5 不同外压作用下磨损套管最大应力有限元分析结果

外压/MPa	磨损深度/mm						
	0	2	4	6	8	10	12
20	151	176	211	268	375	659	2 720
30	227	263	317	402	562	989	4 080
50	378	439	528	671	937	1 650	6 800

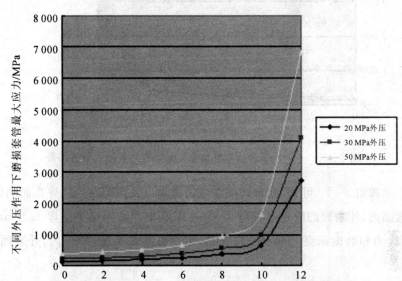

图 8-19 不同外压作用下磨损套管最大应力有限元分析结果

表 8-6 不同内压作用下磨损套管最大应力有限元分析结果

外压/MPa	磨损深度/mm						
	0	2	4	6	8	10	12
20	131	156	191	248	355	639	2 700
30	197	233	287	372	532	959	4 050
50	328	389	478	621	887	1 600	6 750

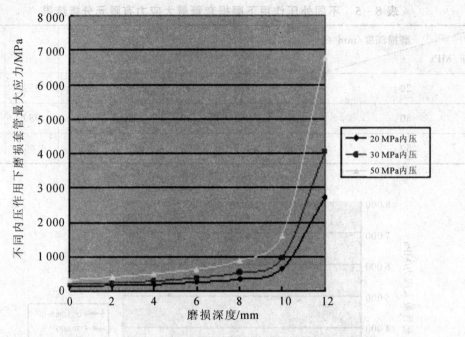

图 8-20　不同内压作用下磨损套管最大应力有限元分析结果

从图 8-19 和图 8-20 可知,随着磨损深度的增加以及作用在内或外表面的压力增大,磨损套管危险截面内、外表面的应力逐渐增大,磨损深度小于临界最小壁厚 8.4 mm,危险截面内、外表面的应力和磨损深度之间呈线性关系,大于临界最小壁厚后,内、外表面应力急剧加大,呈指数关系。

另外,不管是外压还是内压作用于磨损套管,磨损深度在临界最小壁厚 8.4 mm 前,最大应力发生在内表面,在临界最小壁厚 8.4 mm 后,最大应力发生在外表面。表 8-5 和表 8-6 中,当磨损深度为 10 mm 和 12 mm 时,对应应力为外表面应力,其他项为内表面应力。

当厚壁套管磨损 6 mm 时,采用有限元分析得到应力云图如图 8-21 至图 8-26 所示;当厚壁套管磨损 10 mm 时,采用有限元分析得到应力云图如图 8-27 至图 8-32 所示,从图中可以看出套管磨损 6 mm 时,不管外压还是内压作用于磨损套管,最大应力发生在内表面,套管磨损 10 mm 时,不管外压还是内压作用于磨损套管,最大应力发生在外表面。这些都符合双极坐标公式分析的结果。

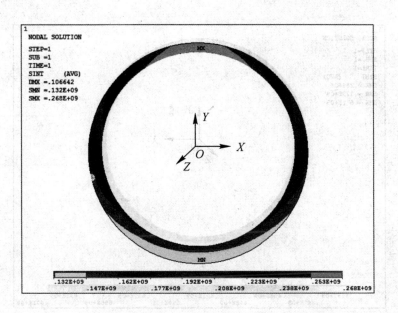

图 8-21 磨损 6 mm 时 20 MPa 外压下应力云图

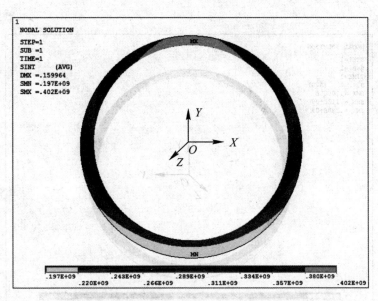

图 8-22 磨损 6 mm 时 30 MPa 外压下应力云图

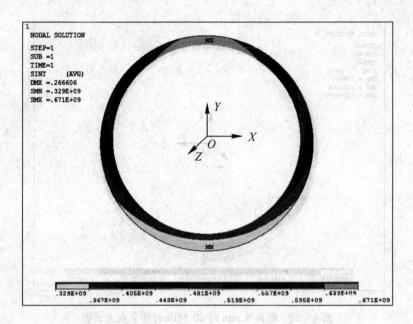

图 8-23 磨损 6 mm 时 50 MPa 外压下应力云图

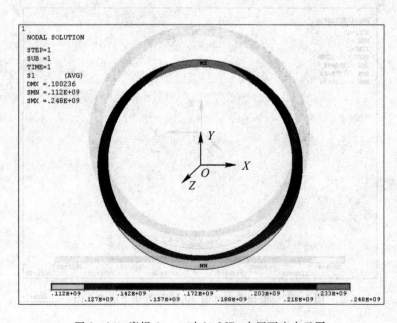

图 8-24 磨损 6 mm 时 20 MPa 内压下应力云图

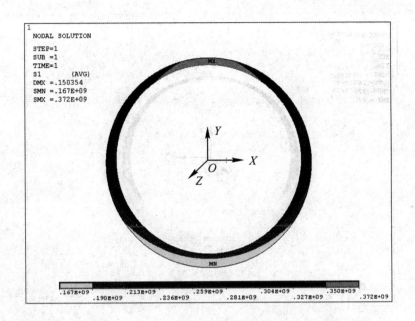

图 8-25　磨损 6 mm 时 30 MPa 内压下应力云图

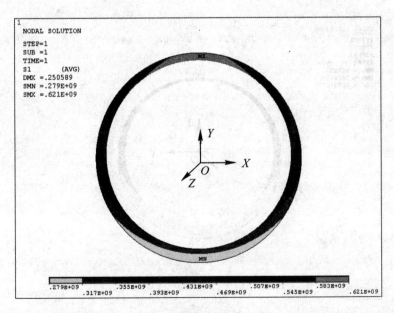

图 8-26　磨损 6 mm 时 50 MPa 内压下应力云图

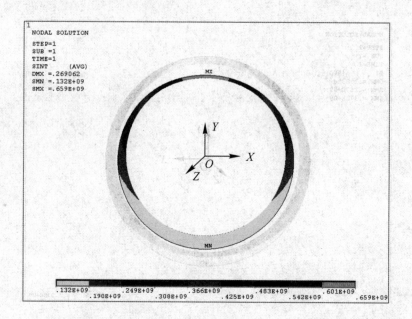

图 8-27　磨损 10 mm 时 20 MPa 外压下应力云图

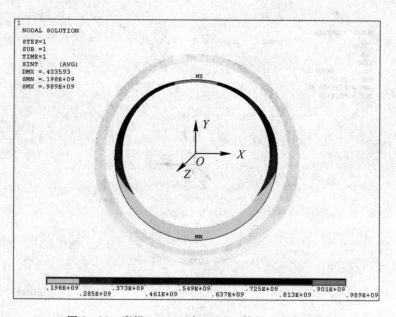

图 8-28　磨损 10 mm 时 30 MPa 外压下应力云图

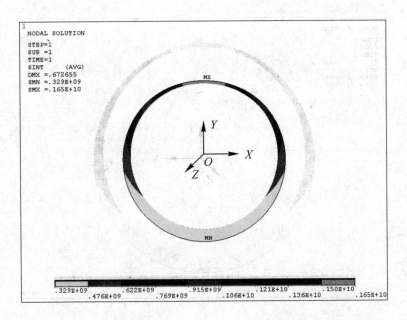

图 8-29　磨损 10 mm 时 50 MPa 外压下应力云图

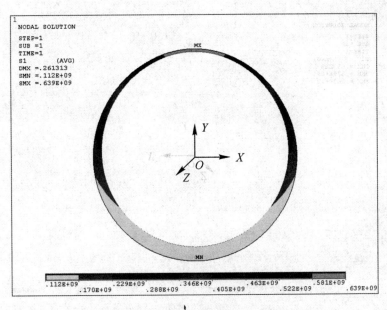

图 8-30　磨损 10 mm 时 20 MPa 内压下应力云图

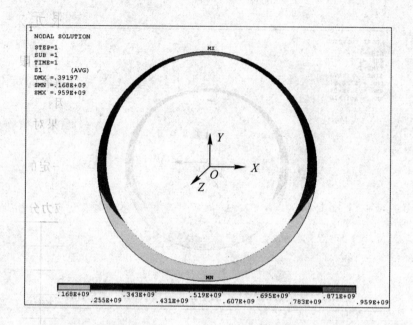

图 8-31 磨损 10 mm 时 30 MPa 内压下应力云图

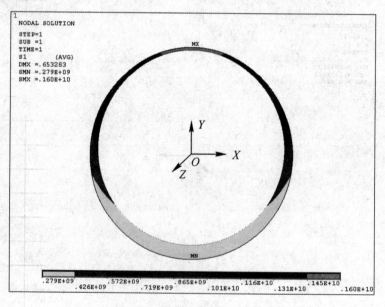

图 8-32 磨损 10 mm 时 50 MPa 内压下应力云图

8.4 厚壁套管磨损后应力双极坐标解答与有限元对比分析

根据前边分析,得出危险截面处不同外压作用下应力双极坐标解答与有限元解答的对比结果(见表 8-7),以及在不同内压作用下应力双极坐标解答与有限元解答的对比结果(见表 8-8)。表 8-7 和表 8-8 中的最大误差不超过 0.9%。误差产生的原因:

(1)磨损较小(小于 10 mm)时,有限元分析时应力云图中显示的结果对精确值进行了四舍五入,造成了舍入误差。

(2)套管磨损大于 10 mm 时,有限元分析时网格划分较大,造成了一定的分析误差,和双极坐标公式计算的理论值相比误差不超过 0.9%,工程上是可行的。

表 8-7 危险截面在不同外压作用下双极坐标和有限元应力分析(单位:MPa)

磨损深度/mm	应力及对比	20 MPa 外压	30 MPa 外压	50 MPa 外压
0	双极坐标解	151.32	226.98	378.3
	有限元解	151	227	378
	误差	0.2%	0%	0.1%
2	双极坐标解	175.59	263.39	438.99
	有限元解	176	263	439
	误差	0.2%	0.1%	0%
4	双极坐标解	211.18	316.77	527.94
	有限元解	211	317	528
	误差	0.09	0.07%	0.01%
6	双极坐标解	268.2	402.4	670.68
	有限元解	268	402	671
	误差	0.07%	0.1%	0.05%
8	双极坐标解	374.66	561.99	936.64
	有限元解	375	562	937
	误差	0.1%	0%	0.04%
10	双极坐标解	659.77	989.66	1 649.44
	有限元解	659	989	1 650
	误差	0.1%	0.1%	0.03%

续表

磨损深度/mm	应力及对比	20 MPa 外压	30 MPa 外压	50 MPa 外压
12	双极坐标解	2 743.44	4 115.16	6 858.6
	有限元解	2 720	4 080	6 800
	误差	0.8%	0.9%	0.9%

表 8-8　危险截面在不同内压作用下双极坐标和有限元应力分析（单位：MPa）

磨损深度/mm	应力及对比	20 MPa 外压	30 MPa 外压	50 MPa 外压
0	双极坐标解	131.32	196.98	328.3
	有限元解	131	197	328
	误差	0.2%	0.01%	0.1%
2	双极坐标解	155.59	233.39	388.99
	有限元解	156	233	389
	误差	0.3%	0.17%	0.002%
4	双极坐标解	191.18	286.77	477.94
	有限元解	191	287	478
	误差	0.09%	0.08%	0.01%
6	双极坐标解	248.27	372.41	620.68
	有限元解	248	372	621
	误差	0.11%	0.05%	0.1%
8	双极坐标解	354.66	531.99	886.64
	有限元解	355	532	887
	误差	0.1%	0.002%	0.04%
10	双极坐标解	639.77	959.66	1 599.44
	有限元解	639	959	1 600
	误差	0.12%	0.07%	0.035%
12	双极坐标解	2 723.44	4 085.16	6 808.6
	有限元解	2 700	4 050	6 750
	误差	0.87%	0.87%	0.87%

第 9 章 射孔段套管强度分析

射孔是利用射孔枪射穿套管,在管体形成孔眼,并穿透水泥环进入地层一定深度的过程,是国内外最为广泛采用的完井方式。射孔后,管体出现孔眼,破坏了套管柱面的连续性,导致孔眼附近应力集中,大大降低了射孔段套管强度,进而影响套管的安全性。射孔段套管强度不仅受套管尺寸及管材的影响,还受相位角、孔径和孔密等射孔参数的影响。本章借助 ANSYS 有限元软件进行射孔段套管抗外挤强度分析,讨论了射孔参数对射孔套管抗外挤强度的影响。考虑到实际工作时套管所受载荷的非均匀性,进行了非均匀载荷作用下射孔套管抗外挤强度计算。考虑到射孔后常不可避免地在孔眼附近存在裂纹,结合断裂力学理论研究了纵向裂纹对套管抗内压强度的影响,计算了含孔边裂纹射孔套管的应力强度因子,得出射孔套管抗内压强度与孔边半裂纹长度的关系。根据实际工况计算出射孔套管等效应力,讨论了射孔参数对射孔段套管等效应力的影响并得到了应力集中因数沿轴向分布规律及与射孔参数的关系。

9.1 射孔段套管抗外挤强度分析

9.1.1 分析思路

抗外挤强度计算方法:除边界条件约束外,只对所建射孔段模型施加 1 MPa 外压,计算结构的 Von Mises 应力。材料屈服强度与所得到的 1 MPa 外压作用下的 Von Mises 应力之比值即等于套管的抗外挤强度。

9.1.2 分析中所做假设

为降低所建射孔段套管模型的复杂性,避免不必要的机时浪费,在保证结果不失真的前提下对实际模型进行了简化。做了如下假设:忽略射孔套管自身椭圆度和不均匀壁厚等几何缺陷;孔眼未被堵塞且不存在偏心,孔眼轴线垂直相交于套管轴线;孔眼均为规则圆柱形,且直径均相等,忽略孔边毛刺。

9.1.3 问题的描述

为了提高射孔段套管强度及油气井产能,套管采用螺旋布孔方式射孔。螺旋布孔属于不对称结构,因此建立模型时,只能按实际的三维空间建模,如图 9-1 所示,其中 A,B 间为一螺距长度,D_e 为套管外径,t_e 为套管壁厚。套管钢级为 TP140V,其屈服强度为 965 MPa,泊松比为 0.25,弹性模量为 2.1×10^{11} Pa。套管外径为 177.8 mm,壁厚为 12.65 mm;射孔相位角 $\varphi=90°$,孔密 $n=16$ 孔/m,孔径 $d=12$ mm;取射孔段套管建模长度 $L=500$ mm。

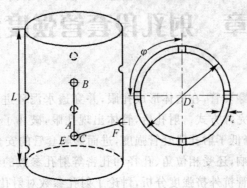

图 9-1 螺旋射孔套管展开示意图

9.1.4 边界条件

孔眼为自由边界。对套管施加的边界约束:套管管体两端部施加对称约束,限制轴向自由度的同时保证两端部约束相同;为避免套管的刚体运动,对管体两端施加全约束。

9.1.5 射孔段套管抗外挤强度有限元计算结果

通过有限元计算得到 1 MPa 外压作用下射孔段套管的最大等效应力为 14.43 MPa,故可知射孔段的抗外挤强度为 (965/14.43)MPa=66.87 MPa。采取同样方法可计算出未射孔套管抗外挤强度为 110.8 MPa。

9.1.6 射孔参数对射孔段套管抗外挤强度的影响

为直观看出射孔参数对射孔段套管剩余抗外挤强度的影响,定义剩余抗外挤强度系数为射孔后套管的抗外挤强度与未射孔时套管抗外挤强度之比值。剩余抗外挤强度系数越大,表明射孔对套管抗外挤强度的影响越小。

1. 相位角对射孔段套管抗外挤强度的影响

孔密 $n=16$ 孔/m,孔径 $d=12$ mm,相位角分别为 30°、60°、90°、120°、180°等油田常用射孔角度,考察相位角的变化对射孔段套管抗外挤强度的影响,得到不同相位下射孔套管抗外挤强度,见表 9-1。

表 9-1 不同相位下射孔套管抗外挤强度

相位角/(°)	抗外挤强度/MPa	剩余抗外挤强度因数
30	43.65	0.394
60	42.93	0.387

续 表

相位角/(°)	抗外挤强度/MPa	剩余抗外挤强度因数
90	43.94	0.396
120	43.36	0.311
180	42.07	0.380

注：未射孔套管抗外挤强度为 110.8 MPa。

从表 9-1 可以看出，射孔后套管抗外挤强度显著降低；当射孔相位角为 90°时，射孔套管抗外挤强度较其他射孔相位角时大，射孔对套管抗外挤作用削弱最小，即 90°射孔最佳。

2. 孔径对射孔段套管抗外挤强度的影响

射孔相位角 $\varphi=90°$，孔密 $n=16$ 孔/m，孔径分别为 8 mm，10 mm，12 mm，14 mm，16 mm 等油田常用射孔弹直径，考察孔径的变化对射孔段套管抗外挤强度的影响，得到不同孔径下射孔套管抗外挤强度，见表 9-2。

表 9-2 不同孔径下射孔套管抗外挤强度

孔径/mm	抗外挤强度/MPa	剩余抗外挤强度因数
8	46.32	0.418
10	44.82	0.405
12	43.94	0.396
14	43.04	0.388
16	41.78	0.377

从表 9-2 可以看出，射孔后套管抗外挤强度显著降低；射孔弹尺寸越大，射孔段套管剩余抗外挤强度越小。当孔径为 16 mm 时套管抗外挤强度达到 41.78 MPa，这是由于孔径为 16 mm时，相邻两孔轴向间距较其他孔径小，对套管几何连续性破坏最大。

3. 孔密对射孔段套管抗外挤强度的影响

射孔相位角 $\varphi=90°$，孔径为 12 mm，孔密 n 分别为 12 孔/m，16 孔/m，20 孔/m，24 孔/m 等油田常用孔密，考察孔密的变化对射孔段套管抗外挤强度的影响，得到不同孔密下射孔套管抗外挤强度，见表 9-3。

表 9-3 不同孔密下射孔套管抗外挤强度

孔密/(孔·m^{-1})	抗外挤强度/MPa	剩余抗外挤强度因数
12	44.13	0.398
16	43.94	0.396
20	43.26	0.390
24	42.77	0.386

从表 9-3 可以看出,射孔后套管抗外挤强度显著降低;随着孔密的增大,套管抗外挤强度不断降低,当孔密为 24 孔/m 时套管抗外挤强度达到最小值 42.77 MPa。这是由于孔密为 24 孔/m 时,相邻两孔轴向间距较其他孔密小,对套管几何连续性破坏最大。

9.2 非均匀地应力下射孔段套管抗外挤强度分析

实施钻井工序后,油井进入试油完井及后续开采阶段,射孔套管还将承受来自地层的地应力作用,其强度进一步被削弱。在套管设计手册中,套管所受水泥环及地层施加的围压被假设为均匀载荷。实际上,地应力存在一定的方向性,最大主应力与最小主应力是不同的,特别是由于地质结构变化地震活动以及油田开发活动的进行直接影响地应力的分布,使地应力的最大主应力与最小主应力之间的差值增大,从而使作用于套管上的力的非均匀性增加。本节采用 ANSYS 有限元软件建立射孔套管有限元模型,对非均匀外挤载荷下的射孔段套管进行强度计算,讨论了载荷均匀度因数对套管强度的影响。所得结果可以预测非均匀载荷下射孔套管的抗挤强度,为套管变形损坏机理的研究提供依据,为预防套管损坏提出有利的建议。

9.2.1 非均匀地应力作用下射孔套管力学模型

如图 9-2 所示,套管所受非均匀载荷力学模型可视为均匀载荷模型和椭圆形载荷模型的叠加,表现为最大地应力方向外载荷增加,最小地应力方向外载荷减小。管体周围的蠕变外载荷随方位的不同而不同,在 0°方向受力最大,45°方向次之,90°方向最小。

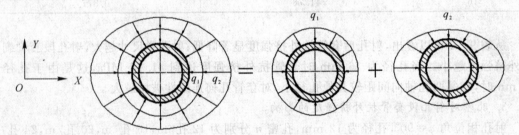

图 9-2 非均匀载荷下射孔套管力学模型

通过对地层蠕变的模拟试验,套管产生的非均匀外载有以下变化:非均匀地应力的作用下,地层蠕变会产生非均匀外载,蠕变载荷的大小随时间增加而增大,经过一段时间后,载荷趋于平稳,不再增加,如图 9-3 所示。

9.2.2 非均匀地应力作用下射孔套管有限元模型的建立

1. 分析中所做假设

在建立非均匀地应力作用下射孔套管有限元模型前需做一定的假设,这些假设条件在简化有限元模型的基础上得到能够为工程实践提供参考的结论,确保油田射孔完井时套管的安全性。分析时所采用的基本假设如下：套管、水泥环、地层均为各向同性的弹性材料；套管、水泥环均为理想圆筒，且与井眼同心；固井质量良好，套管、水泥环、地层完全接触；射孔孔眼为理想圆柱形，孔眼直径、长度均相等，未堵塞、不存在偏心，不考虑孔边毛刺，孔眼中心轴线与套管轴线垂直相交。

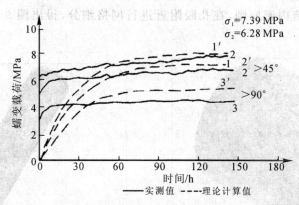

图 9-3 蠕变载荷随时间的变化情况

2. 研究对象

取 1 000 mm 长的射孔段作为研究对象，射孔深度为 714.2 mm；射孔相位角为 90°，孔眼直径为 12.7 mm，孔密为 16 孔/m。分析所用射孔套管、水泥环、地层的材料参数，见表 9-4。

表 9-4 射孔套管、水泥环、地层的材料参数

材料类型	外径 R/mm	壁厚 t/mm	屈服强度 σ_s/MPa	弹性模量 E/MPa	泊松比 μ
TP140V	177.8	12.65	965	2.1×10^5	0.25
水泥环	215.9	19.05		1.1×10^4	0.25
地层	2215.9	1000		2×10^4	0.3

3. 边界条件

为了避免端部约束效应的影响，必须选取足够长的管体为研究对象。理论分析与实践证明，分析对象的径长比必须超过 1/8，这里取直径的 10 倍，足以消除端部约束效应对挤压变形的影响。模型上、下截面限制所有自由度，模型围岩圆柱形表面限制所有自由度；假设射孔套管-水泥环-地层的交界面胶结良好，且紧密地连接在一起，套管与水泥环，水泥环与油层围岩之间采用弹性接触面单元连接，协同工作。

4. 模型建立

由于挤压变形是非均匀载荷所造成的，而且在实体上有许多孔，且不对称，在建立模型过程中不能简化为对称模型，所以建立三维实体模型。选用笛卡儿坐标系，Z 轴是地应力 3 个主轴方向之一，设其与套管轴线重合；其余两个主轴各自分别对应 X 轴和 Y 轴，如图 9-2 所

示。可以认为,在某一范围内,整个系统沿射孔套管长度(即 Z 轴)方向的全部力学量基本保持不变,可建立如图 9-4 所示的射孔段套管-水泥环-地层系统几何模型透视图。采用映射网格划分地层;采用 SOLID92 单元自由网格划分方式对射孔套管划分网格;采用 SOLID45 单元自由网格划分方式对水泥环划分网格。自由网格划分方式本身具有在应力集中区细化网格的优点,因此可按照外疏内密原则,在孔眼附近进行网格细分,得出图 9-5 所示的有限元网格图。

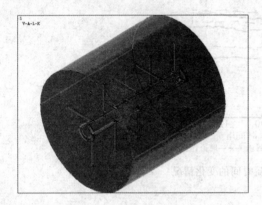

图 9-4 系统模型透视图

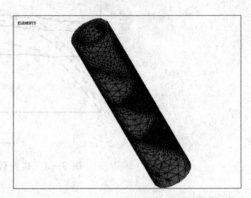

图 9-5 套管-水泥环有限元网格模型

9.2.3 非均匀地应力作用下射孔套管抗外挤强度有限元计算结果

最大地应力 $\sigma_H = 110$ MPa,最小地应力 σ_h 从 60 MPa 开始逐渐增大,增大幅度为 10 MPa,可建立如表 9-5 所示的载荷均匀度因数表。

表 9-5 最小地应力 σ_h 变化时所对应的 k 值

最小地应力 σ_h/MPa	60	70	80	90	100	110
载荷均匀度因数 k	0.545	0.636	0.727	0.818	0.909	1.0

备注:最大主应力 $\sigma_H = 110$ MPa。

套管管体在只施加外压条件下,达到套管材料的屈服强度时,此时加载的外压即为套管抗外挤强度或抗挤毁压力,图 9-6 和图 9-7 所示为部分工况下射孔套管达到抗外挤强度时的应力分布图。

为了看出内压和内外压均作用下射孔套管抗外挤强度随载荷均匀度因数的变化规律,进而确定内外压对射孔套管的影响,本节对仅在内压作用下及在内外压同时作用下均匀度因数变化时的射孔套管抗外挤强度进行了计算,计算过程同上,得到如图 9-8 所示两种情况下射孔套管抗外挤强度随载荷均匀度因数变化曲线。

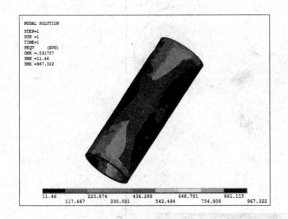 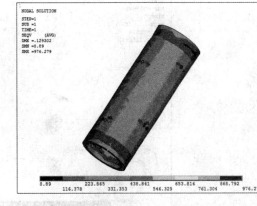

图 9-6　$k=0.545$,外压为 18.4 MPa 时应力分布图　　图 9-7　$k=1$,外压为 58 MPa 时应力分布图

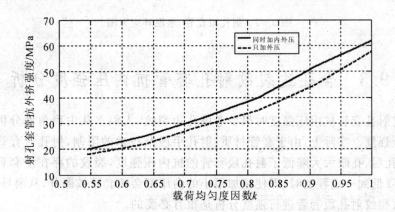

图 9-8　载荷均匀度因数对射孔套管抗外挤强度的影响规律

由图 9-8 可知,射孔套管的抗外挤强度随着载荷均匀度因数的增加而增加,即载荷越均匀,射孔套管的抗外挤强度越大。当 $k=0.5\sim0.8$ 时,套管抗外挤强度随载荷均匀度因数的增加而缓慢增加;当 $k=0.8\sim1$ 时,套管抗外挤强度随载荷均匀度因数的增加而快速增加;同一载荷均匀度因数下,内外压同时施加的射孔套管抗外挤强度高于只施加外压的情况,可知内压有利于射孔套管的抗外挤强度。图 9-9 所示为射孔段套管、水泥环应力分布的数值模拟结果。由图可知,射孔孔眼周围 1 倍尺寸范围内,应力值达到 786 MPa,水泥环发生破坏;射孔套管 TP140V 孔眼周围相同范围内应力值达到 1 150 MPa,套管产生屈服变形。

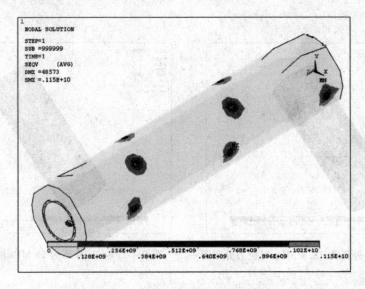

图 9-9 射孔段套管、水泥环应力图

9.3 含孔边裂纹射孔套管抗内压强度分析

目前研究射孔套管抗内压强度时很少考虑孔边裂纹,人们多从失稳角度分析无裂纹射孔套管的抗内压强度。实际上,由于套管材质、射孔手段及技术的限制,射孔后套管孔边往往有裂纹存在,射孔后,孔眼大大降低了射孔段套管的抗内压强度,裂纹的存在使套管抗内压强度进一步降低,降低到一定程度时,即使施加很小的内压都会使套管被撕开,从而导致套管失效,因此对含孔边裂纹射孔段套管进行强度分析是很有必要的。

本节采用 ANSYS 有限元软件建立了含孔边裂纹射孔套管有限元模型,结合断裂力学理论研究了纵向裂纹对套管抗内压强度的影响,计算了含孔边裂纹射孔套管的应力强度因子,得出射孔套管抗内压强度与孔边半裂纹长度的关系。

9.3.1 孔边裂纹的产生

射孔操作是通过电引爆聚能射孔弹来实现的。这种聚能射孔弹引爆后,生成物在弹体凹穴作用下,形成一股定向的高温聚能金属流,以 8 000~10 000 m/s 的速度射向管壁,并在单位面积上产生较大的冲击力,从而击穿管壁成孔。成孔过程伴随着急剧而复杂的塑性变形,并在孔的四周有不少宏观裂纹产生。尽管油层套管壁上成孔的时间非常短,但是它仍然分为两个不同阶段。第一个阶段是急剧的塑性变形阶段,金属承受拉伸、弯曲的复杂变形;直到出现裂纹源时,即开始了成孔的第二阶段,即击穿破坏阶段,裂纹源迅速汇合,扩展成宏观裂纹并导致击穿破坏最后成孔。

成孔的第二阶段是通过裂纹源的汇合扩展成宏观裂纹,造成击穿破坏来实现的。同时在孔的四周形成若干宏观裂纹,这些裂纹一旦达到临界长度即以一定速度扩展。由于材料的特性不同,这种裂纹扩展造成的破坏可以是脆性破坏,也可以是塑性破坏,或者两者兼而有之。属于脆性破坏时,即使没有外功输入,裂纹也会继续扩展,当碰上夹杂时更加速扩展,形成脆性断裂。油层套管的射孔过程是一瞬间完成的动作,只有脆性破坏才有可能导致超过规定长度的射孔裂纹。从射孔性能的观点出发,油层套管的重要性能指标是管材抗裂纹迅速扩展的能力或者说是抵抗脆性破坏的能力。

由于套管材质、射孔手段及技术等限制,射孔后,套管孔边常常伴有裂纹存在。据国内油田的现场统计和研究表明,射孔开裂主要在钢级较低的普通套管中发生。一般裂纹沿套管纵向分布,且从孔眼两对应面产生,裂纹长度从几毫米至几十毫米不等。孔边裂纹极大地降低了套管抗内压强度,特别是在注水油井中,注水时压力若超过套管强度的临界值时,孔边裂纹就会被撕开,整个套管便失去作用。

9.3.2 断裂力学理论

断裂力学的理论基础是弹性力学、塑性力学和黏弹性力学等。从工程应用角度看,断裂力学即在大量实验的基础上研究带裂纹材料的断裂韧度(属于广义的材料强度范围),带裂纹构件在各种工作条件下裂纹的扩展、失稳和止裂的规律,并应用这些规律设计,以保证产品的构件安全可靠。

构件的断裂可分成下面几个阶段:

1. 裂纹的产生

由于环境(腐蚀介质、高温、疲劳及联合作用)的影响,在构件应力集中地方,经过某一段时间后产生宏观裂纹,材料本身存在缺陷,加工时出现微小裂纹。

2. 裂纹亚临界扩展

受到环境影响,在工作的整个过程中,宏观裂纹逐步扩展。

3. 断裂开始阶段

在工作应力影响下,微小裂纹将逐渐扩展,达到裂纹临界长度,构件便构成失稳破坏。

4. 断裂传播阶段

裂纹失稳之后高速传播,速度可以达到声速的 1/4。

5. 断裂停止阶段

裂纹失稳后穿过整个物体结构,使构件结构破坏,或者达到一定条件时,裂纹停止。

以上是宏观裂纹产生并发展的 5 个阶段。断裂应该包括宏观断裂、微观结构破坏机理。断裂力学是从侧面来研究宏观的断裂现象的,包括宏观裂纹的生成、扩展、失稳开裂、传播与止裂;微观结构的破坏机理属断裂物理的研究范围。断裂力学不仅对有缺陷构件进行剩余强度和寿命的分析,以保证产品安全可靠,或制订正确合理的验伤标准,而且在选材、改善工艺、制造新材料等方面的研究,也逐渐地在发挥其作用。

9.3.3 含孔边裂纹射孔套管应力强度因子

应力强度因子是研究材料发生断裂破坏的一个重要指标。现有资料中尚未有圆柱壳体上孔边有裂纹的应力强度因子计算公式。如图 9-10 所示,圆孔边含裂纹无限大板,承受双向均布正应力,其应力强度因子计算公式为

$$K_I = \sigma \sqrt{\pi a} F\left(\frac{L}{r}\right) \qquad (9-1)$$

式中,K_I 为应力强度因子,$MPa \cdot mm^{1/2}$;σ 为作用于板上的载荷应力,N/mm^2;a 为半裂纹长度(含孔半径,即 $a = r + L$,r 为圆孔半径),mm。系数 $F\left(\frac{L}{r}\right)$ 可由表 9-6 查得。

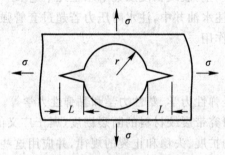

图 9-10 无限大板圆孔边含裂纹示意图

表 9-6 系数 $F\left(\frac{L}{r}\right)$ 表

L/r	一个裂纹		两个裂纹	
	单轴应力	双轴应力	单轴应力	双轴应力
0.00	3.39	2.26	3.39	2.26
0.10	2.73	1.93	2.73	1.98
0.20	2.3	1.82	2.41	1.83
0.30	2.04	1.67	2.15	1.70
0.40	1.86	1.58	1.96	1.61
0.50	1.73	1.49	1.83	1.57
0.60	1.64	1.42	1.71	1.52
0.80	1.47	1.32	1.58	1.43
1.00	1.37	1.22	1.45	1.38
1.50	1.18	1.06	1.29	1.26

续表

L/r	一个裂纹		两个裂纹	
	单轴应力	双轴应力	单轴应力	双轴应力
2.00	1.06	1.01	1.21	1.20
3.00	0.94	0.93	1.14	1.13
5.00	0.81	0.81	1.07	1.06
10.00	0.75	0.75	1.03	1.03
∞	0.707	0.707	1.00	1.00

圆柱壳体上无孔穿透裂纹的应力强度因子计算公式为

$$K_{\mathrm{I}} = M\sigma\sqrt{\pi a} \tag{9-2}$$

式中，M 为圆柱壳体裂纹鼓胀系数，与裂纹的方向有关，可由下式确定：

$$M = \sqrt{1 + 1.61a^2/(Rt)} \quad (\text{纵向裂纹}) \tag{9-3}$$

$$M = \sqrt{1 + 0.32a^2/(Rt)} \quad (\text{环向裂纹}) \tag{9-4}$$

式中，R 为圆柱壳体中面半径，mm；t 为圆柱壳体壁厚，mm。

式(9-1)通过给定系数 $F\left(\dfrac{L}{r}\right)$ 考虑了孔边含裂纹的影响；式(9-2)通过给定系数 M 考虑了圆柱壳体曲率的影响。对于含孔边裂纹射孔套管，既有孔的影响又有壳体曲率的影响，可综合式(9-1)和式(9-2)，给出含孔边裂纹射孔套管的应力强度因子计算公式为

$$K_{\mathrm{I}} = M\sigma\sqrt{\pi a}\, F\left(\dfrac{L}{r}\right) \tag{9-5}$$

射孔开裂套管在内压作用下发生断裂属于低应力断裂，即名义应力 $\sigma <$ 屈服应力 σ_s，不同应力状态的断裂特征也不相同，可分为三类断裂判据。

1. 线弹性断裂判据

$$K_{\mathrm{I}} = K_{\mathrm{IC}} \quad (\sigma < 0.3\sigma_s) \tag{9-6}$$

式中，K_{IC} 为材料临界应力强度因子，MPa·mm²。

将式(9-5)带入式(9-6)得到断裂临界应力为

$$\sigma_{\mathrm{cr}} = \dfrac{K_{\mathrm{IC}}}{MF\sqrt{\pi a}} \tag{9-7}$$

2. 小范围屈服断裂 COD 判据

$$\delta = \delta_{\mathrm{cr}} \quad (0.3\sigma_s \leqslant \sigma < 0.5\sigma_s) \tag{9-8}$$

式中，δ 为裂纹尖端张开位移，mm；δ_{cr} 为临界裂纹张开位移，mm。

$$\delta_{\mathrm{cr}} = K_{\mathrm{IC}}^2/(\sigma_s E \times 1.1) \tag{9-9}$$

由 $D\text{-}M$ 模型建立裂纹尖端张开位移算式

$$\delta = \frac{8\sigma_s a}{\pi E} \ln\sec\frac{\pi\sigma}{2\sigma_s} \quad (9-10)$$

引入膨胀系数 M，得断裂临界应力为

$$\sigma_{cr} = \frac{2\sigma_s}{\pi M}\arccos\left[\exp\left(-\frac{\pi E\delta_{cr}}{8\sigma_s a}\right)\right] \quad (9-11)$$

3. 大范围屈服断裂判据

在式(9-8)～式(9-10)基础上考虑应变强度变化影响，得到断裂临界应力为

$$\sigma_{cr} = \frac{2\sigma_o}{\pi M}\arccos\left[\exp\left(-\frac{\pi E\delta_{cr}}{8\sigma_o a}\right)\right] \quad (0.5\sigma_s \leqslant \sigma < \sigma_s) \quad (9-12)$$

式中，σ_o 为流变应力，取 $\sigma_o = \frac{1}{2}(\sigma_s + \sigma_b)$；$\sigma_b$ 为材料强度极限，MPa。

在上述三个判据中，临界应力强度因子 K_{IC} 是决定所有临界断裂应力 σ_{cr} 的基本数据，可通过实验得出 σ_{cr}。

在不同应力条件下由式(9-7)、式(9-11)、式(9-12)可得到射孔开裂套管的极限承载能力，σ_{cr} 与无裂纹射孔套管临界应力 σ_c 之比，即为射孔开裂套管强度折减系数

$$K_p = \frac{\sigma_{cr}}{\sigma_c} \quad (9-13)$$

式(9-13)反映了孔边存在裂纹时的套管剩余强度。

9.3.4 研究对象

选择 TP140V 和 P110 材料的射孔套管为研究对象，材料参数见表 9-7。首先需对未射孔(即 $a=0$ mm)与无裂纹射孔套管(即 $a=6$ mm)进行抗内压强度计算。可对套管从 10 MPa 加内压直到使套管达到屈服强度为止，进行试算得出套管抗内压强度；另外，讨论了半裂纹长度 a 从 20～50 mm 变化时套管的抗内压强度，得出两种材料的半裂纹长度与抗内压强度的关系曲线。

表 9-7 射孔套管材料参数选取

材料类型	外径 R/mm	壁厚 t/mm	屈服强度 σ_s/MPa	弹性模量 E/MPa	泊松比 μ
TP140V	177.8	12.65	965	2.1×10^5	0.25
P110			758	2.06×10^5	0.3

9.3.5 射孔套管抗内压强度有限元模型的建立

选取射孔套管长度为 500 mm，在孔边建立不同长度的裂纹。应用 Pro/ENGINEER 三维绘图软件建立射孔套管的实体模型，再将其导入 ANSYS 有限元分析软件中进行模型离散、加

载和求解。图 9-11 所示是射孔相位角为 90°,孔密为 16 孔/m,孔径为 12 mm 时,含孔边裂纹射孔套管有限元网格模型。其中,所用单元为 10 节点三角形结构实体单元 SOLID92,采用自由网格划分方式,孔眼处自动细化网格。

图 9-11 射孔套管有限元网格模型

施加的边界条件:射孔孔眼处为自由边界;套管管体两端部施加对称约束,限制轴向自由度的同时保证两端部约束相同,要限制套管管体受到外载作用时发生刚体位移,需对管体两端部施加全约束,射孔套管内施加均布压力。

9.3.6 射孔套管抗内压强度有限元计算结果

如图 9-12 ～ 图 9-17 所示为 TP140V 材质套管达到屈服强度时所能承受的内压值,即 TP140V 材质套管的抗内压强度。

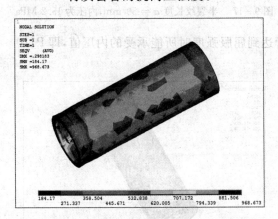

图 9-12 半裂纹长度 $a = 0$ mm(未射孔),内压为 119.5 MPa

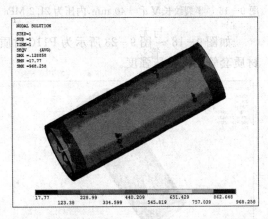

图 9-13 半裂纹长度 $a = 6$ mm(射孔,无裂纹),内压为 50.4 MPa

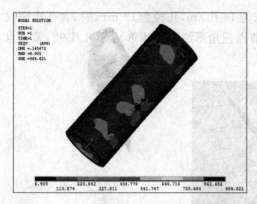

图 9-14　半裂纹长度 $a = 20$ mm，内压为 41 MPa

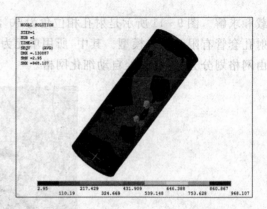

图 9-15　半裂纹长度 $a = 30$ mm，内压为 21.6 MPa

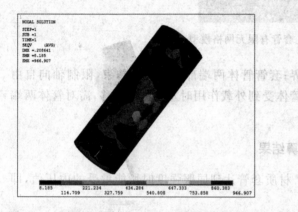

图 9-16　半裂纹长度 $a = 40$ mm，内压为 21.2 MPa

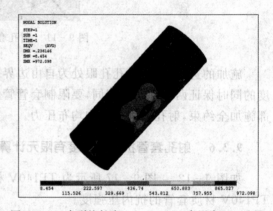

图 9-17　半裂纹长度 $a = 50$ mm，内压为 15.2 MPa

如图 9-18～图 9-23 所示为 P110 材质套管达到屈服强度时所能承受的内压值，即 P110 材质套管的抗内压强度。

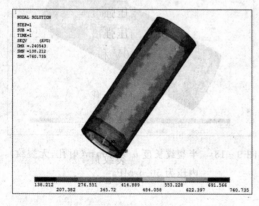

图 9-18　半裂纹长度 $a = 0$ mm（未射孔），内压为 95.8 MPa

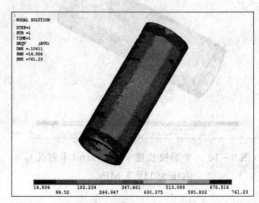

图 9-19　半裂纹长度 $a = 6$ mm（射孔无裂纹），内压为 40.5 MPa

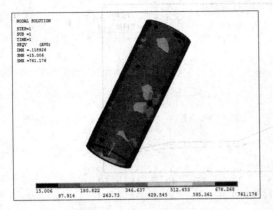

图 9-20　半裂纹长度 $a=20$ mm,内压为 33.1 MPa

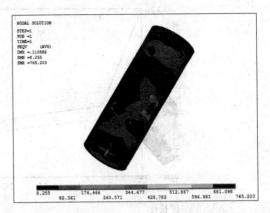

图 9-21　半裂纹长度 $a=30$ mm,内压为 17.8 MPa

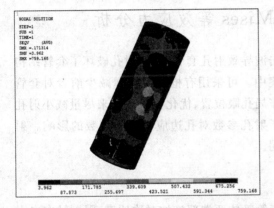

图 9-22　半裂纹长度 $a=40$ mm,内压为 16.9 MPa

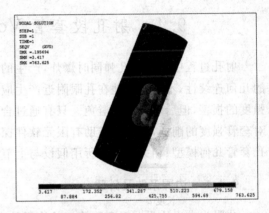

图 9-23　半裂纹长度 $a=50$ mm,内压为 12.2 MPa

由图 9-12～图 9-23 可知,射孔套管最大等效应力出现在裂纹处,管体最大等效应力并不大;套管抗内压强度随着半裂纹长度的增加而减小;未射孔套管的抗内压强度是射孔无裂纹套管的 2 倍多,因此射孔对套管抗内压强度的影响很大,射孔后套管抗内压强度降低很快。

为直观看出裂纹对套管抗内压强度的影响,图 9-24 中给出了 TP140V 和 P110 材料的射孔套管半裂纹长度与抗内压强度的关系曲线。

由图 9-24 可知,两种材料的套管半裂纹长度和抗内压强度的关系曲线变化趋势基本相同——均为半裂纹长度越长抗内压强度越小,但减小程度有所不同;TP140V 较 P110 套管抗内压强度高,TP140V 抗内压性能较好;未射孔套管的抗内压强度是射孔无裂纹套管的 2 倍多,射孔对套管抗内压强度的影响很大,射孔后套管抗内压强度降低很快;出现裂纹后,当 6 mm $<a$ <20 mm 时,抗内压强度随半裂纹长度的增加下降幅度不大,当 20 mm $<a<30$ mm 时,抗内压强度下降较快,之后变化幅度不是很大,趋于平缓。

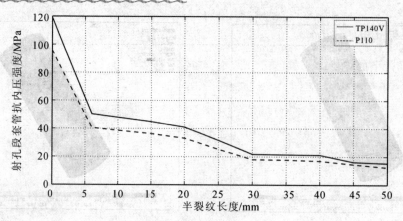

图 9-24 射孔段套管抗内压强度与半裂纹长度关系曲线

9.4 射孔段套管 Von Mises 等效应力分析

射孔过程中多枚射孔弹同时爆炸，产生的冲击波导致射孔套管变形；射孔破坏了套管结构的几何连续性，不可避免地在孔眼附近产生应力集中。可采用有枪身射孔弹减少前者对套管强度的损害，但后者却无法避免。只有通过合理布局孔眼位置、优化孔眼尺寸来尽量减小射孔对套管强度的削弱，本节即借助有限元软件探讨了射孔参数对孔边应力集中因数的影响。射孔套管几何模型、相关参数及所用假设与上节相同。

9.4.1 边界条件及外载

孔眼为自由边界。对套管施加的边界约束：套管管体两端部施加对称约束，限制轴向自由度的同时保证两端部约束相同；为避免套管的刚体运动，对管体两端施加全约束；地层压力因数为 1.8，油套环空液密度为 1.25 g/cm³，折算出射孔套管所受内压 $p_i = 75$ MPa、外压 $p_o = 108$ MPa。考虑到射孔后模型的复杂性，采用自由网格方式进行网格划分，用 10 节点三角形实体单元 SOLID92 进行三维结构分析，射孔段套管有限元网格模型如图 9-25 所示。

图 9-25 射孔段套管有限元网格模型

9.4.2 射孔段套管等效应力有限元计算结果

对所给载荷下的射孔段套管进行结构静力分析,通过通用后处理命令可得到射孔套管等效应力分布图,如图9-26所示。可以看出,套管在射孔孔眼周围出现应力集中;套管内壁等效应力大于外壁;最大等效应力出现在内壁孔边附近。

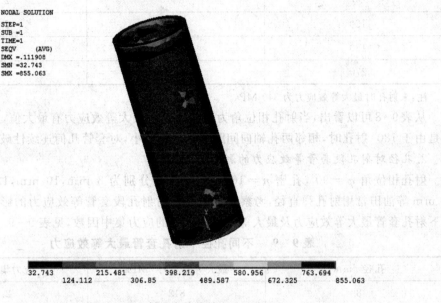

图 9-26 射孔套管等效应力分布图

9.4.3 射孔参数对射孔段套管等效应力的影响

为直观地看出射孔后孔边应力集中程度,定义应力集中因数 K 为同一外压作用下,某一点处射孔后的 Von Mises 等效应力与射孔前的 Von Mises 等效应力之比,即

$$K = \frac{\sigma'}{\sigma} \tag{9-14}$$

式中,σ 为射孔前套管 Von Mises 等效应力值;σ' 为射孔后套管 Von Mises 等效应力值。K 值越大,应力集中现象越明显。

1. 相位角对射孔段套管等效应力的影响

孔密 $n=16$ 孔/m,孔径 $d=12$ mm,相位角分别为 30°、60°、90°、120°、180°、270° 等油田常用射孔角度,考察相位角的变化对射孔段套管等效应力的影响,得到不同相位下射孔套管最大等效应力及最大等效应力点处的应力集中因数,见表 9-8。

表9-8 不同相位下射孔套管最大等效应力及应力集中因数

相位角/(°)	最大等效应力/MPa	应力集中因数
30	861	2.54
60	876	2.58
90	856	2.52
120	867	2.55
180	893	2.63
270	863	2.54

注：未射孔时最大等效应力为340 MPa。

从表9-8可以看出，当射孔相位角为180°时套管最大等效应力有最大值，达到893 MPa。这是由于180°射孔时，相邻两孔轴向间距较其他相位小，对套管几何连续性破坏最大。

2. 孔径对射孔段套管等效应力的影响

射孔相位角 $\varphi = 90°$，孔密 $n = 16$ 孔/m，孔径分别为 8 mm，10 mm，12 mm，14 mm，16 mm 等油田常用射孔弹直径，考察孔径的变化对射孔段套管等效应力的影响，得到不同孔径下射孔套管最大等效应力及最大等效应力点处的应力集中因数，见表9-9。

表9-9 不同孔径下射孔套管最大等效应力

孔径/mm	最大等效应力/MPa	应力集中因数
8	812	2.39
10	835	2.46
12	856	2.52
14	872	2.57
16	900	2.65

从表9-9可以看出，随着孔径的增大，套管最大等效应力也越大，当孔径为16 mm时套管最大等效应力达到900 MPa。这也是由于孔径为16 mm时，相邻两孔轴向间距较其他孔径小，对套管几何连续性破坏最大。

3. 孔密对射孔段套管等效应力的影响

射孔相位角 $\varphi = 90°$，孔径为12 mm，孔密 n 分别为12孔/m，16孔/m，20孔/m，24孔/m 等油田常用孔密，考察孔密的变化对射孔段套管等效应力的影响，得到不同孔密下射孔套管最大等效应力及最大等效应力点处的应力集中因数，见表9-10。

表 9-10　不同孔密下射孔套管最大等效应力

孔密 /(孔·m⁻¹)	最大等效应力 /MPa	应力集中因数
12	852	2.51
16	856	2.52
20	869	2.56
24	879	2.59

从表 9-10 可以看出，随着孔密的增大，套管最大等效应力也越大，当孔密为 24 孔/m 时套管最大等效应力达到 879 MPa。这也是由于孔密为 24 孔/m 时，相邻两孔轴向间距较其他孔密小，对套管几何连续性破坏最大。

9.4.4　应力集中因数沿轴向分布规律及与射孔参数的关系

沿路径 AB 等分 100 份，采用以上计算应力集中因数的方法，分析射孔参数对沿 AB 路径上各点应力集中因数的影响。由于射孔后套管强度降低，从式(9-14)可以看出 $K>1$。

1. 不同相位角时应力集中因数沿轴向的分布

图 9-27 所示孔径为 12 mm，孔密为 16 孔/m，相位角分别为 30°，60°，90°，120° 及 180° 时，应力集中因数 K 沿 AB 路径的变化曲线。

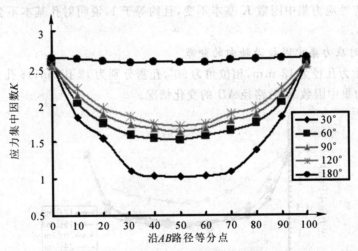

图 9-27　不同相位角时应力集中因数 K 沿路径 AB 的分布

由图 9-27 可以看出，射孔孔眼处应力集中现象最明显；相位为 180° 时，孔眼呈线性排列，相邻两孔间轴向距离最近，应力集中最严重；除 180° 相位外，其他相位角下应力集中因数 K 的变化趋势基本一致，均为先减小后增大，AB 路径中间处 K 约等于 1，即射孔对其影响很小，可忽略不计；60°，90° 或 120° 射孔时，应力集中因数变化不大；相位从 30° 到 60° 及 120° 到 180° 时，应力集中因数增加幅度较大。

2. 不同孔径时应力集中因数沿轴向的分布

图9-28所示为射孔相位角为90°，孔密为16孔/m，孔径分别为8 mm，10 mm，12 mm，14 mm，16 mm时，应力集中因数沿路径 AB 的变化曲线。

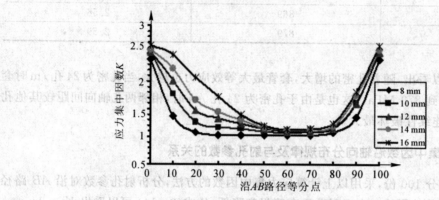

图9-28　不同孔径时应力集中因数 K 沿路径 AB 的分布

由图9-28可以看出，射孔孔眼处应力集中现象最明显；相位、孔密一定时，沿路径 AB 的应力集中因数 K 随孔径的增大而增加，且 K 大于1的比例增加；随孔径的增大，路径 AB 上第50～80个等分点处应力集中因数 K 基本不变，且约等于1，说明射孔基本不会影响远离孔眼处的应力分布。

3. 不同孔密时应力集中因数沿轴向的分布

图9-29所示为孔径为12 mm，相位角为90°，孔密分别为12孔/m，16孔/m，20孔/m及24孔/m时，应力集中因数 K 沿路径 AB 的变化情况。

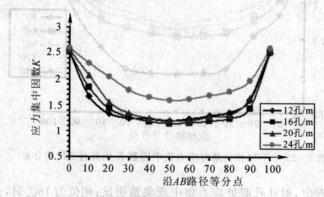

图9-29　不同孔密时应力集中因数 K 沿路径 AB 的分布

从图9-29可见，射孔孔眼处应力集中现象最明显；相位、孔径一定时，随孔密的增加，射孔对套管几何连续性破坏增大，孔边应力集中因数 K 逐渐增大。

第10章 管柱振动特性及振动对管体影响分析

理论与实践表明,由于产量与储层压力的波动、开关井作业、管柱截面积变化(突然变大、缩小)及(弯曲管柱)构形变化导致天然气流动压力与速度的变化,由于压力、排量、温度、流体密度变化引起的管柱变形,井下管柱在动态条件下工作,动态工作条件下的完井井下管柱会产生振动。当流速达到一定值时,由于空气动力和结构弹性振动的相互影响,甚至会产生一种称之为颤振的自激振动。振动和颤振(激励)对完井管柱的影响如下:

(1) 放大管柱的工作载荷和工作应力:由于管柱的振动(或颤振冲击),管柱的工作载荷和工作应力(远)大于管柱静力学分析所得到的载荷与应力。材料强度理论就要求"动载下工作构件应取较大的安全系数"。

(2) 引起裂纹疲劳扩展:众所周知,由于金属晶格与金相组织的作用,以及制造、储运等原因,管柱管体不可避免地存在初始缺陷(裂纹)。此外,振动载荷也会萌生裂纹。根据金属疲劳理论,在交变载荷作用下,裂纹不可避免地会扩展,当裂纹长度扩展至临界裂纹长度时,导致管柱断裂破坏。

(3) 影响螺纹接头应力和密封完整性:气密封螺纹接头(特殊螺纹 Premium Connection)靠金属密封面之间的过盈配合实现金属密封。为了确保过盈密封,油管入井时要保证足够的上扣扭矩。在实际工作过程中,由于管柱的振动,螺纹接头处于交变应力下工作,金属密封面之间的接触应力也会随之发生变化,严重时将不能保证足够的接触应力,从而影响接头的密封完整性,甚至产生脱扣现象。

(4) 轴向压力及振动会引起管柱的屈曲:管柱屈曲时,管柱接头首先与套管接触,随着轴向力增大,整个管柱都靠在套管内壁上,在交变载荷作用下,油套管之间不断磨损,降低了管柱的剩余强度。

开采或特殊作业过程中,无论是光油管还是带封隔器的复合管柱,由于有气体或其他流体的高速流动,都会引起管柱的振动。寿命期内管柱的完整性是指管柱工作期间管柱不被破坏,具有足够强度以及管柱不泄露,具有良好的密封性。对管柱的振动特性进行研究,有助于减少管柱事故,提高管柱的可靠性和疲劳寿命,很有针对性和现实意义。

10.1 管柱振动特性分析

目前,国内外很多学者已通过建立钻柱振动方程及采用多种力学分析、仿真方法对钻柱振动做了深入的研究。钻柱振动与管柱振动本质是不同的:钻柱由外界转盘带动工作,钻柱的振动是一种简谐振动,其振动频率与转盘工作频率相同;而管柱的振动主要是由管柱内、外流体不稳定流动和管柱的固液耦合作用引起的,是一种随机受迫振动。鉴于管柱工作时所受外力的复杂性,目前关于管柱振动方面的研究还很少。

10.1.1 管柱流固耦合振动模型

天然气在管柱内流动时,以一定的振荡频率作用于管柱,对管柱产生振荡的作用力,此作用力的大小和频率完全由振荡流确定,而与管柱的固有频率和振型无关。当管柱上的阀门开启或关闭、管柱截面变化及有弯曲时,天然气在管柱内流动产生的对管柱作用的压力将发生变化,进而诱发了管柱的振动。

在油管柱流固耦合分析中,油管柱的分析通常采用位移作为变量,但在分析流体部分时则可采用位移、压力以及速度势作为变量。如果采用位移作为流体变量,存在着自由度太多且出现大量零能或虚假模态的缺点,此处采用速度势作为流体的变量。

流体为无旋运动,其速度在直角坐标系中三个分量 v_x,v_y,v_z 满足如下条件:

$$\left.\begin{aligned}\frac{\partial v_z}{\partial y}-\frac{\partial v_y}{\partial z}=0\\\frac{\partial v_x}{\partial z}-\frac{\partial v_z}{\partial x}=0\\\frac{\partial v_y}{\partial x}-\frac{\partial v_x}{\partial y}=0\end{aligned}\right\} \quad (10-1)$$

必定存在一个速度势 φ,使得

$$\left.\begin{aligned}v_x=\frac{\partial \varphi}{\partial x}\\v_y=\frac{\partial \varphi}{\partial y}\\v_z=\frac{\partial \varphi}{\partial z}\end{aligned}\right\} \quad (10-2)$$

设 p 为流体压力,ρ 为流体密度,则平衡方程为

$$\left.\begin{aligned}\frac{\partial p}{\partial x}=-\rho \dot v_x\\\frac{\partial p}{\partial y}=-\rho \dot v_y\\\frac{\partial p}{\partial z}=-\rho \dot v_z\end{aligned}\right\} \quad (10-3)$$

联合式(10-1)和式(10-3),可将流体对管柱压力表示为

$$p=-\rho\dot\varphi \quad (10-4)$$

管柱在小变形、线弹性状态下的运动方程为

$$\boldsymbol{M\ddot u}+\boldsymbol{C\dot u}+\boldsymbol{Ku}=\boldsymbol{F}(t) \quad (10-5)$$

式中,K 为结构弹性刚度矩阵;M 为结构的质量矩阵;C 为阻尼矩阵(通常采用比例阻尼,$C = \alpha M + \beta K$);$u, \dot{u}, \ddot{u}$ 分别为系统的位移、速度和加速度矢量。

可采用直接积分法对式(10-5)进行求解。

10.1.2 基于综合因素的高产气井完井管柱应力强度分析

本节综合考虑内外压沿深度变化及管柱自重力等影响因素,分析了完井管柱的应力强度。图 10-1 所示为算例井的井身与管柱结构示意图:88.9 mm×6.45 mm P110 油管下入深度 5 500 m 的井中,封隔器位于 5 000 m 处,环空完井液密度为 1 300 kg/m³。取管材的弹性模量为 2.06 GPa,泊松比为 0.3,密度为 7 800 kg/m³,重力加速度为 9.8 m/s²,井口加压 55 MPa,天然气密度为 300 kg/m³。

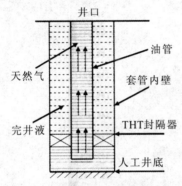

图 10-1 井身结构与管柱示意图

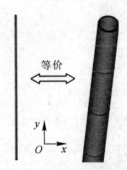

图 10-2 管柱有限元模型

考虑到油管为回转体结构,在保证计算结果准确又降低机时的前提下可采用二维轴对称模型进行建模。所用单元为 ANSYS 有限元分析软件中的 4 节点平面单元 PLANE42,参数 K3 属性设置为 axisymmetric。采用映射方式进行网格划分,沿管柱长度划分 550 份,沿壁厚划分 3 份。管柱有限元模型如图 10-2 所示,取人工井底处 y 坐标为 0,划分网格后,通过 ANSYS 的轴对称扩展功能可看到二维平面与三维实体分析是等价的。考虑到井口油管挂和封隔器的限位与固定作用,井口与封隔器处为固定约束,而封隔器管柱为自由悬挂。

如图 10-3 所示,管柱所受内外压沿深度变化斜率与流体密度有关(p_i 代表内压,p_o 代表外压),而 ANSYS 默认施加的载荷为均匀载荷,需通过 SFGRAD 命令指定倾斜率来施加沿深度变化载荷。

ANSYS 通过引入惯性力的方式引入自重力,默认的对称轴沿 y 轴方向。通过对加速度及倾斜度赋相应数值,引入了管柱内外压沿深度线性变化及自重力的影响,进行静态分析后得到管体 Von Mises 应力分布结果,如图 10-4 所示。

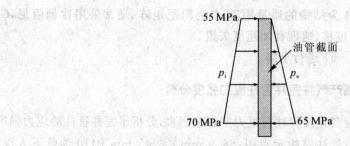

图 10-3 高产气井完井管柱受内外压作用示意图

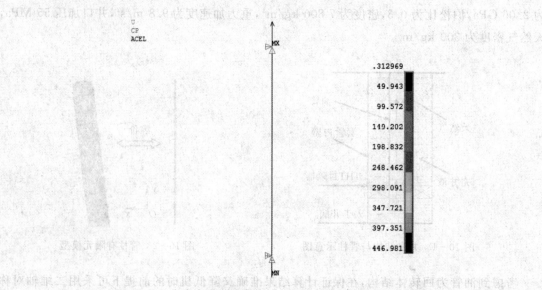

图 10-4 考虑自重力及内外压变化的高产气井管柱应力分布

通过 ANSYS 中 *GET 命令可获得最大应力节点编号为 508,坐标为(38,−10 000),即位于井下 10 m 管柱内壁处。可得出如下结论:考虑内外压沿深度变化及自重力的影响,在井口处管柱内壁所受应力最大。将最大应力(447 MPa)与 P110 材质的屈服强度(758 MPa)相比较,得到管柱最小应力强度安全系数为 1.69,说明此时管柱是强度安全的。

为了确定应力沿管柱横截面的分布规律,得到危险位置,对图 10-4 所示的应力分布图进行局部放大,结果如图 10-5 所示,根据代表应力大小的显示条颜色变化趋势可知管柱内壁所受应力大于外壁所受应力。

为了直观看出应力沿管柱深度方向(管体长度方向)的分布规律,通过 ANSYS General Postproc 中 path

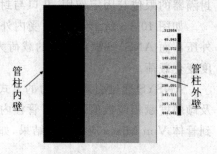

图 10-5 管柱所受应力局部放大图

operations 命令,沿管柱内壁深度方向和沿管柱外壁深度方向定义两条路径,将应力值映射到所定义路径上即可得到管柱内壁应力和管柱外壁应力沿深度方向分布图,结果分别如图 10-6 和图 10-7 所示,其中图 10-6(a)、图 10-7(a)为沿整个管柱长度应力分布示意图,图 10-6(b)、图 10-7(b)为应力值密集区的放大图,横轴表示各节点距井口距离。

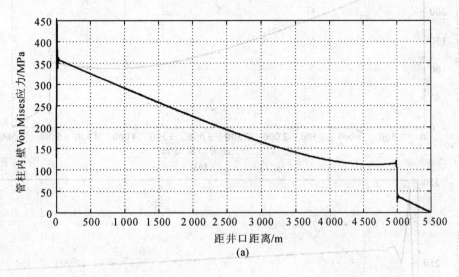

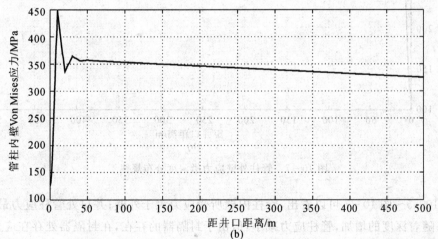

图 10-6 管柱内壁应力沿深度分布规律

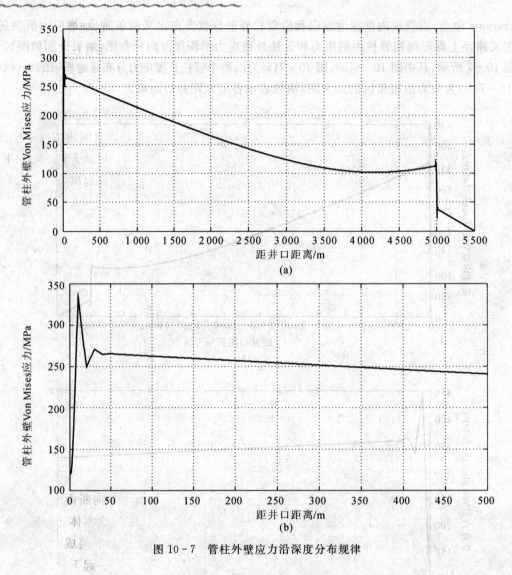

图 10-7 管柱外壁应力沿深度分布规律

从图 10-5~图 10-7 可以看出,管柱内壁所受应力大于外壁;井口处管柱应力最大,为应力危险点;随着深度的增加,管柱应力减小,但由于封隔器的存在,在封隔器处存在应力突然增大的趋势。

10.1.3 高产气井完井管柱振动特性分析

由于完井管柱所受外界载荷的复杂性,须借助有限元软件的随机响应分析功能实现完井管柱在外界载荷作用下的位移、应变、应力及力实时动态分析。由于缺乏井下管柱动态载荷数据,目前的管柱应力强度分析主要针对某一工况,在设定的内外压力、轴向力、弯矩下进行。有鉴于此,西安石油大学设计了一种井下测试短节,内置三向加速度传感器,随管柱一起下入井内,可以测取井下管柱的振动数据。将实测的振动数据作为动载荷作用在管柱上,分析管柱的瞬态响应,分析动载荷作用下管柱的应力,以提高管柱强度安全分析的针对性与准确性。

1. 完井管柱振动载荷实测

如图10-8所示,为了得到试油井下管柱的动态载荷,研制了井下管柱振动测试器。该测试器的机械部分由中心管与外筒组成,在中心管与外筒之间密闭的环形空间内放置三向加速度传感器与数据处理、存储器件。将测试器随管柱下入井内,可以测量、记录下钻、坐封、射孔、排液及开关井过程中管柱的振动加速度。试油施工结束后,测试器随管柱起出,再回放即可得到实测的管柱振动数值。

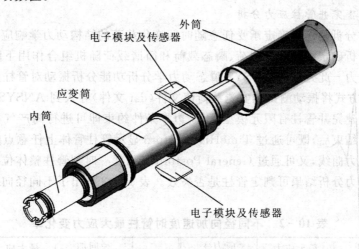

图10-8 完井井下管柱振动测试器原理图

完井井下管柱振动测试器包括井口和井底管柱振动测试器(仪器轴向断面上标识的钢号不同,井口仪器钢号为1,井底仪器钢号为2)。两组仪器均由机械部分(含本体、外筒、密封件、附件等)和电气部分(含振动传感器、电子线路、供电电池和数据回放系统)组成。井下管柱振动测试器测量对象为三维方向振动量。现场实测时,测试器短节与管柱一起下井,管柱所受三维振动的动态变化被三轴加速度传感器感知,三轴加速度传感器输出与振动加速度呈线性关系的电压信号,该信号经放大后由置于内外筒之间的电路板(微处理器)采集并记录下来。测试结束后,回放即可得到实测的三维管柱振动值。

2. 完井管柱振动测试器实测数据记录

根据管柱井下振动测试器的现场实测,发现由于外界载荷及流体脉动,管柱存在振动加速度。表10-1所示为实测管柱放喷排液过程中管柱径向振动加速度随时间的变化规律。

表 10-1 放喷排液过程中管柱振动测试器记录数据(摘录)

序号	时间	径向振动加速度/g	序号	时间	径向振动加速度/g
1	10:25	0.32	6	10:30	0.32
2	10:26	0.30	7	10:31	0.33
3	10:27	0.30	8	10:32	0.32
4	10:28	0.31	9	10:33	0.33
5	10:29	0.31	10	10:34	0.30

3. 动载作用下完井管柱应力分析

瞬态动力学分析是用于确定承受任意随时间变化载荷的结构动力学响应的一种方法。可用瞬态动力学分析确定结构在静载荷、瞬态载荷和简谐载荷随机组合作用下随时间变化的位移、应变、应力及力。此处借助 ANSYS 瞬态动力学分析功能分析振动对管柱应力的影响。借助 Table Array 方式将振动测试器实测载荷值文件(dat 文件)导入到 ANSYS 软件中,并将外界载荷施加于所建完井管柱有限元模型,引入边界条件约束即可进行高产气井完井管柱瞬态响应分析。分析结束后,既可通过 TimeHist Postpro 显示管柱管体上任意点随时间变化的位移、应变、应力及力曲线,又可通过 General Postpro 显示任一时刻管柱整体位移、应变、应力及力曲线。根据应力分析结果可判定管柱是否失效。表 10-2 列出了不同径向加速度作用下管柱所受最大应力。

表 10-2 不同径向加速度时管柱最大应力变化率

序号	径向加速度/g	最大应力 MPa	应力变化率/(%)	序号	径向加速度/g	最大应力 MPa	应力变化率/(%)
1	0.32	584	30.6	6	0.32	584	30.6
2	0.30	579	29.5	7	0.33	590	32.0
3	0.30	579	29.5	8	0.32	584	30.6
4	0.31	581	30.0	9	0.33	590	32.0
5	0.31	581	30.0	10	0.30	579	29.5

从表 10-2 可以看出,管柱振动所产生的径向加速度对管柱所受应力影响很大,0.33g 的加速度能产生 32% 的最大应力增长,因此振动载荷作用下管柱更容易失效。

10.1.4 结论

考虑内外压沿深度线性变化及自重力,分析正式投产高产气井完井管柱的静态特性和动态特性,得到如下结论:

(1)管柱内壁所受应力大于外壁所受应力;

(2)井口处管柱应力最大,井口处是危险点;

(3)随着深度的增加,管柱应力减小,但由于封隔器的存在,在封隔器处存在应力突然增大的趋势;

(4)管柱振动所产生的径向加速度对管柱所受应力影响很大,0.33g 的径向加速度能产生 32% 的最大应力增长量。

10.2 完井管柱疲劳寿命分析

管柱作为油气生产中的重要工具,它的使用寿命一直是工程技术人员关注的焦点。管柱内外流体不稳定流动使高产气井完井管柱工作时处于复杂交变载荷作用状态。在交变载荷作用下,应力集中区萌生裂纹,萌生裂纹不断扩展,当裂纹长度扩展至临界裂纹长度时,管柱断裂。为保证采气工作正常进行,需根据当前管柱组合及产量估计管柱正常服役(安全工作)寿命,或通过选择管柱组合及控制产量使管柱在规定的年限内安全服役。

目前常用的疲劳设计方法大致可分为四种:名义应力疲劳设计法、局部应力应变分析法、损伤容限设计法和疲劳可靠性设计法。由于在加工、运输、上扣和下入等过程中高产气井完井管柱不可避免地会产生初始裂纹,而名义应力疲劳设计法与局部应力应变分析法都是以材料内没有缺陷和裂纹为前提的,因此,为考虑管柱初始裂纹的影响,此处采用损伤容限设计法(断裂力学法)分析高产气井完井管柱的疲劳寿命。

10.2.1 管柱疲劳寿命计算流程

管柱在工作过程中由于外界载荷是随机变化的,故管柱所受的应力也是交变的,需借助雨流计数法,将应力-时间历程简化为一系列的全循环或半循环的过程,这样每一次开井或关井周期就形成了一个循环块。计算管柱实测载荷作用下的疲劳寿命步骤如下:将管柱振动井下测试器下入井中,实测生产过程中管柱的载荷谱;建立管柱的有限元模型,将实测载荷作用在管柱有限元模型上,进行瞬态响应分析,得到随时间变化的管柱应力谱;根据雨流计数法的原理,编制相应的程序,对有限元分析得到的随机应力谱进行处理,进而将一个生产周期内的随机载荷谱转化为一系列的常幅应力谱;根据无损探伤得到管柱上的初始裂纹;根据管柱结构及裂纹形状确定适用于含缺陷管柱的应力强度因子表达式,结合实测得到的管柱材料断裂韧度,得到临界裂纹;根据应力强度因子表达式及实测裂纹扩展速率表达式中的 C,m 等参数,确定疲劳裂纹扩展速率;根据初始裂纹、临界裂纹、疲劳裂纹扩展速率,采用变幅应力下寿命估算方法,可得到以循环块计的裂纹扩展寿命。据此,可得到图 10-9 所示的高产气井完井管柱实测载荷作用下疲劳寿命计算流程图。

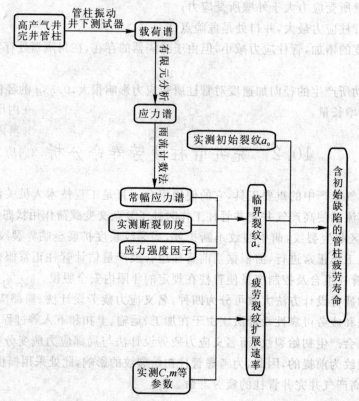

图 10-9 高产气井完井管柱实测载荷作用下疲劳寿命计算流程图

变幅应力作用下高产气井完井管柱疲劳寿命的计算非常复杂,此处进行了前期探索研究,计算了常幅应力作用下高产气井完井管柱疲劳寿命,并分析了初始裂纹长度、变化的内压及管柱壁厚对疲劳寿命的影响。后期将在前期探索研究的基础上,基于图 10-9 所示的流程图考虑实测振动载荷作用下高产气井完井管柱的疲劳裂纹扩展寿命。

10.2.2 常幅应力作用下高产气井完井管柱疲劳寿命计算

高产气井完井管柱为 88.9 mm×6.45 mm P110 材质,假设高产气井完井管柱内压波动范围为 50~80 MPa,外压为 20 MPa,管材断裂韧度 $K_{Ic}=98.9$ MPa·$\sqrt{m}$,材料常数 $c=6.14\times10^{-14}$,$m=3.16$,初始裂纹尺寸为 0.5 mm。

1. 高产气井完井管柱所受三向应力

由材料力学厚壁筒理论可知,在内外压共同作用下管柱任意一点处的径向应力 σ_r、周向应力(环向应力)σ_θ 和轴向应力(纵向应力)σ_z 的表达式为

$$\sigma_r = \frac{p_i d_t - p_o D_t}{D_t - d_t} - \frac{D_t^2 d_t^2 (p_i - p_o)}{D_t - d_t} \frac{1}{(2r)^2}$$

$$\sigma_\theta = \frac{p_i d_t - p_o D_t}{D_t - d_t} + \frac{D_t^2 d_t^2 (p_i - p_o)}{D_t - d_t} \frac{1}{(2r)^2}$$

$$\sigma_z = \mu(\sigma_r + \sigma_\theta) \tag{10-6}$$

式中,p_i 为管柱所受内压;p_o 为管柱所受外压;$\mu = 0.3$,为管材泊松比。

在高产气井完井管柱加工、运输等过程中容易在外表面形成裂纹,且环向裂纹在轴向应力作用下不断扩展,轴向裂纹在环向应力作用下不断扩展。因此,需计算出在内压变化时完井管柱外表面处轴向应力和环向应力的变化范围。根据式(10-6)可计算出当内压从 50～80 MPa 变化时,完井管柱外表面环向应力变化范围 $\sigma_\theta = 349 \sim 718$ MPa,轴向应力变化范围 $\sigma_z = 98.7 \sim 209$ MPa。

2. 高产气井完井管柱裂纹扩展速率

帕里斯(Paris)最早通过实验得到了 da/dN 与 ΔK 之间的经验关系式,即

$$da/dN = C (\Delta K)^m \tag{10-7}$$

由于 P110 油管的管材断裂韧度 $K_{Ic} = 98.9$ MPa $\cdot \sqrt{m}$,材料常数 $c = 6.14 \times 10^{-14}$,$m = 3.16$,将其代入式(10-7)中,可得到裂纹在 P110 材质完井管柱中扩展速率为

$$da/dN = 6.14 \times 10^{-14} \times (\Delta K)^{3.16} \tag{10-8}$$

3. 高产气井完井管柱应力强度因子

高产气井完井管柱是典型的圆柱壳体结构,应力强度因子表达式如下:

$$K = Y\sigma\sqrt{\pi a} \tag{10-9}$$

对于环向裂纹和纵向裂纹,形状因子 Y 分别为

$$Y = \sqrt{1 + 0.32 a^2/(Rt)} \quad \text{(环向裂纹)} \tag{10-10}$$

$$Y = \sqrt{1 + 1.61 a^2/(Rt)} \quad \text{(纵向裂纹)} \tag{10-11}$$

以上两式中,R 为圆柱壳体中面半径;t 为圆柱壳体壁厚。

4. 高产气井完井管柱裂纹扩展寿命

根据式(10-8)～式(10-11),考虑初始裂纹和临界裂纹尺寸,即可得到裂纹沿环向或纵向扩展的疲劳寿命。

在轴向应力作用下高产气井完井管柱环向裂纹不断扩展,根据断裂韧度计算可得到临界裂纹为 60.7 mm,大于壁厚,但由于壁厚的限制,临界裂纹应取为壁厚 6.45 mm,通过编制相应的 MATLAB 程序可算出此时疲劳裂纹循环周数 $N = 1.03 \times 10^8$。

在环向应力作用下高产气井完井管柱轴向裂纹不断扩展,根据断裂韧度计算可得到临界裂纹为 6 mm,通过编制相应的 MATLAB 程序可算出此时疲劳裂纹循环周数 $N = 2.23 \times 10^6$。

10.2.3 初始裂纹长度对高产气井完井管柱疲劳寿命的影响

初始裂纹长度不同,管柱裂纹扩展寿命也不相同。本节分别针对环向裂纹和纵向裂纹两种裂纹类型,考察初始裂纹长度分别为 0.5 mm,0.8 mm,1 mm,1.5 mm,2 mm 时高产气井

完井管柱的疲劳寿命,结果在表 10-3 中给出。

表 10-3　不同初始裂纹时高产气井完井管柱疲劳寿命

初始裂纹长度/mm	疲劳寿命循环周数		疲劳寿命降低量/(%)	
	环向裂纹	纵向裂纹	环向裂纹	纵向裂纹
0.5	1.03×10^8	2.23×10^6	0	0
0.8	7.09×10^7	1.53×10^6	31.2	31.4
1	5.87×10^7	1.26×10^6	43.0	43.5
1.5	4.01×10^7	8.54×10^5	61.1	61.7
2	2.93×10^7	6.17×10^5	71.6	72.3

从表 10-3 中可以看出,随着初始裂纹长度的增大,疲劳循环周数急剧降低。以初始裂纹长度 0.5 mm 为比较基准点,当裂纹为环向裂纹时,初始裂纹长度增大至原裂纹长度 2 倍时,疲劳寿命降低 43.0%,初始裂纹长度增大至原裂纹长度 4 倍时,疲劳寿命降低 71.6%;当裂纹为纵向裂纹时,初始裂纹长度增大至原裂纹长度 2 倍时,疲劳寿命降低 43.5%,初始裂纹长度增大至原裂纹长度 4 倍时,疲劳寿命降低 72.3%。初始裂纹对疲劳裂纹扩展寿命影响很大,因此应尽量避免在加工、运输、操作过程中高产气井完井管柱的擦伤。相对于环向裂纹,纵向裂纹初始裂纹长度对疲劳寿命影响更大。另外,由于环向应力分量远远大于轴向应力,而纵向裂纹在环向应力作用下不断扩展,所以裂纹为纵向时高产气井完井管柱疲劳寿命更短。

10.2.4　变化内压对高产气井完井管柱疲劳寿命的影响

随着采气过程的不断进行,高产气井完井管柱内部所受压力渐渐变小,此处考察了初始裂纹长度为 0.5 mm,外压保持 20 MPa 不变,内压分别从 50~80 MPa,40~70 MPa,30~60 MPa 变化时高产气井完井管柱的疲劳寿命,结果在表 10-4 中给出。

表 10-4　不同内压下高产气井完井管柱疲劳寿命

变化内压 p_i/MPa	环向应力 σ_θ/MPa	轴向应力 σ_z/MPa	临界裂纹尺寸/mm		疲劳寿命循环周数	
			环向裂纹	纵向裂纹	环向裂纹	纵向裂纹
50~80	349~718	98~209	6.45	6	1.03×10^8	2.23×10^6
40~70	226~595	61~172	6.45	6.9	1.01×10^8	2.28×10^6
30~60	103~472	24~135	6.45	9.3	1.01×10^8	2.38×10^6

从表 10-4 可以看出,保持内压变化范围不变,随着内压的减小(采气的进行),由于环向应力的显著减低,纵向裂纹可容许的长度(临界裂纹尺寸)明显增加,纵向裂纹疲劳循环周数增

大明显;而因受壁厚的影响,环向裂纹临界裂纹尺寸值仍为壁厚,环向裂纹扩展寿命变化不大。

10.2.5 不同管柱厚度对高产气井完井管柱疲劳寿命的影响

10.2.2 节中是以 6.45 mm 壁厚的 3-1/2″高产气井完井管柱为研究对象的,在实际情况中,根据应用工况不同,3-1/2″油管可选用不同的厚度规格。此处分析了壁厚为 7.34 mm 的 3-1/2″高产气井完井管柱的疲劳寿命,并将与 6.45 mm 壁厚的对比结果在表 10-5 中给出。除管柱壁厚变化外,其他参数同上。

表 10-5 不同管柱厚度的高产气井完井管柱疲劳寿命

壁厚/mm	临界裂纹尺寸/mm		疲劳寿命循环周数	
	环向裂纹	纵向裂纹	环向裂纹	纵向裂纹
6.45	6.45	6	1.03×10^8	2.23×10^6
7.34	7.34	6.6	1.64×10^8	3.60×10^6

从表 10-5 中可以看出,随着管柱壁厚的增加,在相同内外压作用下,完井管柱所受环向应力和轴向应力得到了降低;虽然环向裂纹临界尺寸受壁厚的影响,但对于 7.34 mm 壁厚来说,其环向裂纹和纵向裂纹临界长度与壁厚为 6.45 mm 时相比都有所增加,而环向应力和轴向应力却有所降低,在初始裂纹长度相同时,无论是环向裂纹还是纵向裂纹,7.34 mm 壁厚管柱疲劳寿命与 6.45 mm 壁厚管柱疲劳寿命相比均有所增加。以 6.45 mm 壁厚得到的疲劳寿命为基准,壁厚增加 13.8% 至 7.34 mm,环向裂纹疲劳寿命增加 59.2%,纵向裂纹疲劳寿命增加 61.4%。疲劳寿命增加的比例远远大于管柱壁厚增加的比例,故在条件允许时为延长高产气井完井管柱疲劳寿命,应尽量选用厚壁管柱。

10.2.6 结论

(1)初始裂纹对疲劳裂纹扩展寿命影响很大,应尽量避免在加工、运输、操作过程中高产气井完井管柱的擦伤;相对于环向裂纹,纵向裂纹初始裂纹长度对疲劳寿命影响更大;由于环向应力分量远远大于轴向应力,而纵向裂纹在环向应力作用下不断扩展,所以裂纹为纵向时高产气井完井管柱疲劳寿命更短。

(2)保持内压变化范围不变,随着内压的减小,由于环向应力的显著减低,纵向裂纹临界尺寸明显增加,纵向裂纹疲劳循环周数增大明显;而因受壁厚的影响,环向裂纹临界裂纹尺寸值仍等于壁厚,环向裂纹扩展寿命变化不大。

(3)由于管柱壁厚的增加,相同内外压作用下,完井管柱所受环向应力和轴向应力得到了降低,环向裂纹和纵向裂纹临界长度都有所增加,疲劳寿命也有了极大的增加,故在条件允许时为延长高产气井完井管柱疲劳寿命应尽量选用厚壁管柱。

10.3 振动管柱与井壁磨损分析

管柱内流体的不稳定流动诱发了管柱的振动,轴向压力及振动会引起管柱的屈曲。管柱屈曲时,管柱接头首先与套管接触,随着轴向力增大,整个管柱都靠在套管内壁上,在交变载荷作用下,管柱外壁及套管内壁不断摩擦,产生磨损。油套管抗外挤强度、抗内压强度降低,当磨损严重,超出其承载能力时,会发生变形、挤毁、破裂、泄漏,引发油气井控制问题,导致井下事故甚至全井报废。塔里木油田柯深101井及牙哈注气井油管接头的磨损现象说明振动管柱和套管之间的磨损是不容忽视的,因此此处开展了油套管磨损研究。

10.3.1 管柱磨损模型的建立

油管与套管的磨损和钻柱与套管的磨损类似,均为金属与金属之间的磨损。钻柱与套管之间的不断摩擦形成了套管的月牙形磨损(见图10-10),而油管与套管之间的不断摩擦不仅形成了套管的月牙形磨损,也对管柱表面造成了磨损。两者的不同之处在于钻柱与套管磨损时,套管上形成的月牙形缺陷的半径为钻柱半径,而油管与套管磨损时,套管上的月牙形缺陷的半径为油管(或接头)半径,油管上的月牙形磨损的半径为套管半径。

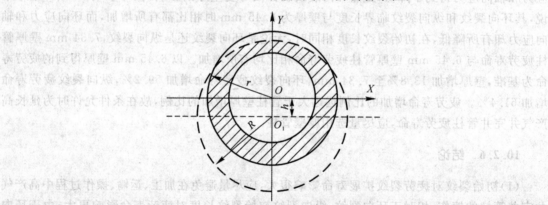

图 10-10 油管内壁磨损后月牙形缺陷

通过几何关系可知

$$h = kr_{油管厚度} + r_{套管内半径} - r_{油管外半径} \qquad (10-12)$$

式中,h 为油、套管柱之间的中心距;k 为磨损率(磨损深度与油管厚度之比)。

10.3.2 磨损管柱强度分析

分析对象:88.9 mm,6.45 mm 壁厚的 P110 油管下到 177.8 mm,12.65 mm 壁厚的套管中。

1. 未磨损管柱强度计算公式

为验证建模的正确性,后期需将由 API 公式计算得到的管柱未磨损强度公式与有限元分析

结果进行对比。根据 API5C3 标准可知关于管柱失效常用的抗内压强度和抗外挤强度公式为

抗内压强度

$$P = \left[\frac{2Y_p t}{D}\right] \quad (10-13)$$

抗外挤强度

$$P_{YP} = 2Y_p\left[\frac{(D/t)-1}{(D/t)^2}\right] \quad (10-14)$$

式中,Y_p 为屈服强度,对于 P110 材质为 758 MPa;D 为外径;t 为壁厚。使用过程中,为考虑壁厚引起的误差 ±12.5%,会引入因数 0.875。

2. 磨损管柱有限元建模

建立管柱在不同程度下的磨损模型,并进行抗内压和抗外挤强度分析。根据分析可知磨损处月牙形半径为套管内径。为减小分析结果误差,划分网格时采用映射网格方式。将模型沿周向划分为 120 份(周向分为 4 段,每段中非磨损段 20 份,磨损段 10 份),沿径向划分为 20 份。磨损 10% 和 50% 后管柱的有限元模型分别如图 10-11 和图 10-12 所示。

图 10-11　管柱被磨损掉 10%　　　　图 10-12　管柱被磨损掉 50%

3. 磨损管柱抗内压和抗外挤强度分析

通过对管柱施加内压或外压进行其抗内压强度和抗外挤强度分析。具体计算方法:对管柱施加 1 MPa 内压,计算此时的 Mises 应力,与材料屈服强度的比值即为抗内压强度,与未磨损管柱的抗内压强度相比即可得到抗内压强度减少量;对管柱施加 1 MPa 外压,计算此时的 Mises 应力,与材料屈服强度的比值即为抗外挤强度,与未磨损管柱的抗外挤强度相比即可得到抗外挤强度减少量。表 10-6 列出了管柱抗内压和抗外挤强度与管柱磨损程度的关系。

表 10-6　抗内压和抗外挤强度与管柱磨损程度关系

磨损程度/(%)	0		10	20	30	40	50
	理论值	有限元解					
抗内压强度/MPa	109	108	97	72	55	43	34
抗外挤强度/MPa	102	102	91	69	53	42	33
抗内压强度减少百分比/(%)			10.2	33.3	49.1	60.2	68.5
抗外挤强度减少百分比/(%)			10.8	32.4	48.0	58.8	67.6

为了直观地看出管柱抗内压强度和抗外挤强度随磨损程度变化趋势,图 10-13 所示为管柱抗内压强度和抗外挤强度随磨损程度变化曲线,图 10-14 所示为抗内压强度减少百分比和抗外挤强度减少百分比随磨损程度变化曲线。

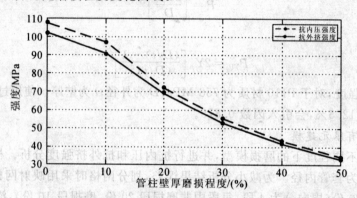

图 10-13　抗内压强度和抗外挤强度随管柱壁厚磨损程度变化曲线

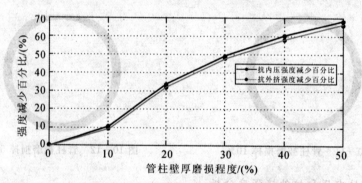

图 10-14　抗内压强度减少百分比和抗外挤强度减少百分比随磨损程度变化曲线

10.3.3　结论

(1)采用有限元方法可高效地分析磨损管柱的抗内压和抗外挤强度,且能保证精度。

(2)一般来说,管柱抗外挤强度小于管柱抗内压强度。

(3)随着磨损程度的增加,抗内压强度和抗外挤强度不断降低,且相比来说抗内压强度下降更快。

(4)当磨损程度达到 30% 时,抗内压和抗外挤强度降低约 50%;当磨损程度达到 50% 时,抗内压和抗外挤强度降低 60% 以上,因此现场施工时应根据工作管柱的承受能力严格控制工况,以免造成安全事故。

第11章 螺纹接头完整性分析

在实际生产中,通常将油管及井下工具通过带有螺纹的接头连接,形成数千米的生产管柱。目前,油气田生产中所采用的螺纹接头可大致分为标准 API 螺纹接头及特殊螺纹接头两大类。两者在密封机理上是截然不同的:标准 API 螺纹接头通过螺纹间的过盈配合与螺纹脂封堵实现密封,而特殊螺纹接头通过独立的密封面及扭矩台肩实现多级密封。因此,特殊螺纹接头比 API 螺纹接头具有更高的连接强度及气密封性。常规井中的油管多采用 API 螺纹接头连接,但随着石油勘探技术的不断提高,高温井(井底温度大于 150 ℃)、高压井(井底压力大于 70 MPa 或井口关井压力大于 35 MPa)、深井(大于 5 000 m)的大量开发,井下管柱服役环境不断恶化,对油管接头的连接性能、密封性能及抗粘扣性能提出了更高的要求,普通 API 螺纹接头的连接及密封性能已经不能满足高温高压深井的要求,对于压力较高的油气井,多选用特殊螺纹接头。

11.1 螺纹接头完整性分析方法简介

目前国内外学者主要采用解析法、实验法和有限元法三种方法进行 API 螺纹接头和特殊螺纹接头完整性分析。

对于螺纹接头完整性的研究,解析法始于 20 世纪 20 年代。Weiner P D 和 True M E 较早研究了油套管接头螺纹的应力特性,给出了接头拧紧后啮合螺纹间产生的环向应力和径向应力的计算公式,并提出了计算上扣扭矩的方法。70 年代,Blose T L 和 Weiner P D 用圆柱体收缩配合法计算出内、外螺纹啮合后产生的接触压力,得出啮合螺纹间的接触压力决定接头的密封性能,为特殊螺纹接头的密封设计提供了参考。山本晃系统整理了有关连接用螺纹强度设计的资料,研究了螺纹连接法的系统化方法,给出了上扣扭矩及卸扣扭矩计算公式。80 年代,Clinedinst W O 对管螺纹接头的强度及密封性能进行了研究,指出拉力易于减小齿侧接触压力并造成泄漏事故的发生。此外,肖建秋等运用弹塑性力学基本知识,采用解析方法将套管和接箍简化为过盈装配的组合厚壁筒,从理论上分析并计算出 API 偏梯形套管螺纹接头在机紧装配、拉伸、内压、地层外挤压力等载荷工况下的弹塑性极限承载能力及应力状态。解析法分析计算程序较简单,可用于管接头各尺寸、各扣型的螺纹力学性能分析,但也具有一定的局限性:假设接头在上紧和受力以后,所有的变形都在弹性范围内,用弹性力学的本构关系对接头进行分析。但实际情况是接头上紧后,内、外螺纹的接触面是一个空间螺旋曲面;接头受力不是单一载荷;啮合螺纹的局部应力会超过材料的屈服强度。因此,解析法是在做了很多假设的基础上,应用传统的弹性力学理论对螺纹接头进行的分析,结果的准确性较差。

实验法是早期研究油管螺纹性能及开发特殊螺纹接头的重要手段,它能够真实地模拟油管井下受力情况。接头拧紧后内外螺纹都处于复杂的三向应力状态,采用解析法分析其应力时,为降低难度,做了很多近似假设,必须通过实验法对其正确性进行验证。1971年日本住友金属开发出了带有金属/金属径向密封结构的 SA、SB 接头和带有弹性密封结构(插入 teflon 密封环)的 SSB 接头。在研发过程中,Yoshihiro N 等以 API RP37 评价程序为依据,通过全尺寸实验法对接头进行对比分析,反复修改设计,最终开发出了满足设计指标的接头结构。1996年,Tsuru E 等通过实验,测量了不同结构形式的特殊螺纹在轴力、内压下的密封性能和连接强度。1980年以前,API RP37 实验程序以单纯静态载荷作为评判特殊螺纹性能的标准。1990年以后,API RP 5C5 实验程序以动态循环复合载荷实验评判特殊螺纹接头的性能。但由于螺纹失效是瞬间发生的,人们无法及时采集瞬时应变,且当螺纹连接部位承受较大拉伸载荷时,表面应变超出了普通应变片的量程,难以准确测量螺纹进入屈服状态后的应力应变,所以全尺寸实验法也具有一定的局限性。

随着有限元技术的发展及计算机处理水平的提高,有限元法在螺纹接头完整性分析方面的应用越来越多。Asbill W T 等利用有限元技术对 API 标准螺纹套管接头进行了详细分析,取得了比较好的结果,但限于当时的技术,计算模型假设不够合理,影响了分析结果的精度。Allen,Schwind M B 等通过有限元法和实验法研究 API 标准螺纹的抗泄漏性能,计算结果与实验结果较接近,进一步证明了用有限元法计算螺纹力学性能的可靠性。此后,国内外广大学者开始采用有限元法广泛、深入地研究了油套管螺纹接头尤其是 API 接头螺纹参数、上扣扭矩、井下工况及外部载荷对接头的连接性能和密封性能的影响。与前两种分析方法相比,有限元分析方法具有分析效率高、对模型结构要求低且成本低的优点,越来越受到人们的青睐。

本章根据常规井中 API 标准螺纹接头和高温高压深井中某特殊螺纹接头的几何尺寸,通过有限元软件直接建模和从其他三维软件建模方式后导入有限元软件中对两种螺纹接头建模,施加相应的边界条件和载荷工况,进行有限元结构分析,进而实现了两大类螺纹接头的完整性分析。

11.2 API 标准螺纹接头完整性有限元分析

一般情况,对于压力较低、较浅的油气井来说,使用 API 标准螺纹接头,不必选用成本较高的特殊螺纹接头即可满足完整性(即强度安全性和密封性)等需要。API 标准螺纹接头采用锥度螺纹密封形式,通过啮合螺纹间的过盈配合及螺纹脂封堵内、外螺纹间泄漏通道实现密封。本节以 API 标准螺纹接头为研究对象,介绍了其有限元建模方法,分析了不同工况下螺纹接头的强度安全性及密封性能。

11.2.1　API标准螺纹接头过盈量与上扣圈数之间的关系

连接螺纹接头时,对接头施加扭矩,接头旋转并沿轴线方向前进,达到设计上紧程度后,公母螺纹啮合、连接成功,实现接头的连接与密封。采用有限元方法进行 API 螺纹接头完整性分析时,通常的做法是将上扣扭矩转化为螺纹间的过盈量(即接触配合之间的过盈量),以模拟扭矩的加载。因此,需首先弄清楚接头过盈量与上扣圈数之间的关系。API 标准螺纹接头的过盈量与上扣圈数有关,可由上扣圈数或扭转角度通过如下关系式换算:

(1)旋转整圈,即接头移动距离为螺距的整数倍时:

$$L = \sqrt{1+32^2}\,\delta \tag{11-1}$$

式中,L 为上扣时油管沿轴向平移的距离;δ 为牙根过盈量。

(2)旋转非整圈:

$$\beta = 360° \times 16 \times 2\delta/T \tag{11-2}$$

式中,β 为上扣时接头旋转角;δ 为牙根过盈量;T 为螺距。

11.2.2　API标准螺纹接头完整性分析工况

进行了 5 大工况下 API 螺纹接头完整性分析,工况 1～工况 5 分别为在机紧 2 扣的基础上施加 0 MPa,10 MPa,40 MPa,70 MPa 和 100 MPa 的内压。

11.2.3　API标准螺纹接头有限元建模

选取 API 88.9 mm×6.45 mm P110 不加厚油管标准螺纹接头为分析对象,螺纹段锥度为 1∶16,每英寸 10 牙,API 圆螺纹基本尺寸如图 11-1 所示,详细参数参见 API SPEC 5CT 和 API SPEC STD 5B 标准。材料弹性模量为 2.1×10^5 MPa,泊松比为 0.3,摩擦因数为 0.02,屈服极限为 758 MPa。

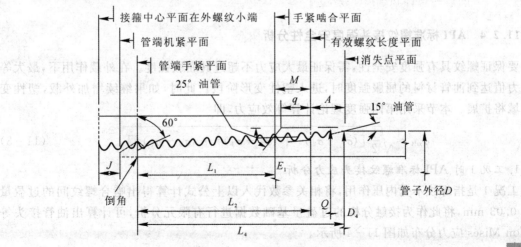

图 11-1　API 圆螺纹基本尺寸

建模过程中采用如下假设:由于螺旋升角小于2°,忽略接头螺纹螺旋升角的影响;由于油管接头几何尺寸及施加的载荷均关于中心轴对称,将模型简化为轴对称结构;接头和油管为各向同性材料,且材料屈服后各向同性强化。为消除边界效应的影响,油管长度应大于管端至螺纹消失点距离的2倍,接头沿轴向取至中面处,所得油管简化模型如图11-2所示。

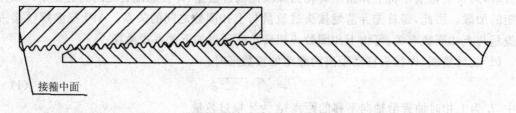

图11-2 油管简化模型

考虑到油管和接头连接后的实际工况,可等价于在所建模型上施加如下边界条件:为消除刚性位移,在接箍中间平面处施加轴向位移约束;接箍中间平面径向和环向不施加约束,保持自由。据此,可选用PLANE82轴对称单元建立油管和接头连接模型。油管与接头螺纹的接触类型为面-面接触,选用TARGE169和CONTA172接触单元生成面-面接触对。啮合螺纹面有限元模型网格划分及面-面接触单元如图11-3所示。

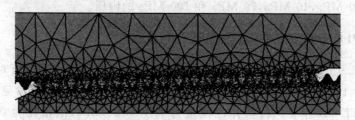

图11-3 啮合螺纹面-面接触单元

11.2.4 API标准螺纹接头强度安全性分析

要保证螺纹具有强度安全性,需保证最大应力不超过其屈服强度。在外载作用下,最大等效应力值达到油管材料的屈服强度时,进入塑性变形阶段。此时,如果继续增加外载,塑性变形区域将扩展。本节采用第四强度理论计算等效应力,即

$$\sigma_{xd4} = \sqrt{\frac{1}{2}\left[(\sigma_1 - \sigma_2)^2 + (\sigma_2 - \sigma_3)^2 + (\sigma_3 - \sigma_1)^2\right]} \qquad (11-3)$$

1. 工况1时API标准螺纹接头应力分析

工况1是指螺纹不受内压作用,将相关参数代入以上公式计算得出啮合螺纹间的过盈量约为0.03 mm,将此作为接触分析的过盈量基础数据进行有限元分析,可计算出油管接头等效Von Mises应力分布如图11-4所示。

第 11 章 螺纹接头完整性分析

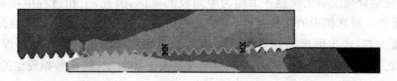

图 11-4 工况 1 油管接头等效 Von Mises 应力分布图

由图 11-4 可知,接头等效应力大于管体;接头两端螺纹等效 Von Mises 应力较大,且最大等效应力出现在油管接头大端 1~2 牙处。综合上述分析,油管接头大端 1~2 牙处为螺纹连接的危险区域;油管接头是整个管柱的薄弱环节。

2. 不同内压对 API 标准螺纹接头应力的影响

通过工况 2~工况 5 的分析,可在上扣圈数不变的情况下讨论不同内压对强度安全性的影响,如图 11-5 所示。

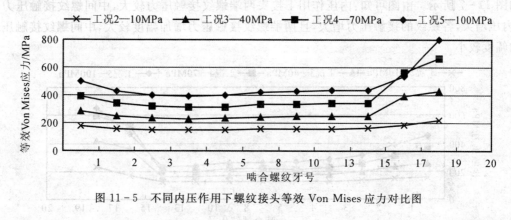

图 11-5 不同内压作用下螺纹接头等效 Von Mises 应力对比图

由图 11-5 可见,内压作用下接头两端螺纹应力较大且分布不均匀,中间螺纹应力较小且分布均匀;接头螺纹等效应力随内压增大而增大,且接头两端螺纹等效应力增大幅度较大。当内压大于 40 MPa 时靠近接头大端的螺纹出现应力集中,当内压大于 70 MPa 时大端螺纹进入塑性变形阶段,接头可能首先从此处发生泄漏。

11.2.5 API 标准螺纹接头密封性分析

油管接头的密封性能由啮合螺纹间的接触压力保证,若接触压力过小,接头的密封性就难以保证;而过大的螺纹接触压力可能导致粘扣,严重影响油管使用寿命,甚至导致管柱落井事故。

1. 工况 1 时 API 标准螺纹接头接触压力分析

图 11-6 所示为工况 1 时螺纹齿面接触压力分布图,可以看出:接头两端 1~2 牙齿面的接触压力较大且不均匀,最大接触压力在油管接头大端第 1 牙处;中间各牙接触压力较小且分

布较均匀;两端啮合螺纹最大接触压力约为中间段的4倍,因此,上扣过程中接头两端螺纹处易发生粘扣现象。对算例中的接头而言,机紧2扣时,内、外螺纹表面局部区域的接触压力都很高。若继续上扣,产生的摩擦热量和接触压力会使局部区域达到钢材的冷焊温度,发生粘结、粘扣。因此,现场入井作业时应合理控制油管接头上扣扭矩,防止粘扣现象的发生。

图 11-6 工况 1 螺纹齿面接触压力分布图

2. 不同内压对 API 标准螺纹接头接触压力的影响

在机紧2扣的基础上,对油管接头内壁施加 10~100 MPa 的内压,螺纹啮合面的接触压力如图 11-7 所示。由图可知:内压作用下接头两端螺纹接触压力较大,中间螺纹接触压力较小;内压增大,各螺纹的接触压力增大,且两端螺纹接触压力增加幅度较大,中间螺纹接触压力增加幅度较小。

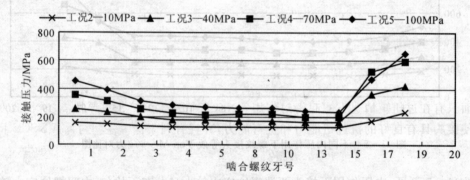

图 11-7 不同内压作用下螺纹啮合面接触压力对比图

注:油管接头小端啮合第 1 牙为起始牙

11.2.6 结论

本节以 API 88.9 mm×6.45 mm 不加厚油管接头为研究对象,建立了油管接头有限元模型,分析了最佳上扣扭矩及不同内压载荷作用下油管接头的应力分布规律,了解了不同内压载荷对 API 油管接头连接性能及密封性能的影响,通过分析得出以下结论:

(1)在上扣扭矩及内压作用下,API 油管接头螺纹接触压力及等效应力呈两端高、中间低的分布规律,接头两端螺纹处为应力危险区域。

(2)内压增大,各螺纹的接触压力增大,且两端螺纹接触压力增加幅度较大,中间螺纹接触压力增加幅度较小;内压越高,油管接头螺纹等效应力越大。对算例 API 88.9 mm×6.45

mm P110 不加厚油管标准螺纹接头而言,若内压大于 70 MPa,接头两端螺纹应力已超过材料屈服极限,进入塑性变形阶段,接头有可能因此而从此处失去密封,甚至失效。

(3)对预计压力较大的井,选用 API 油管接头时,建议模拟井况进行有限元分析,若分析结果不能满足井况的需要,推荐选用特殊螺纹油管接头。

11.3 特殊螺纹接头完整性有限元分析

本节以高温、高压深井所用某特殊螺纹接头为研究对象,由于特殊螺纹接头几何结构的复杂性,通过 PROENGINEER 三维软件建模后导入 ANSYS 软件中,施加相应的边界条件和载荷工况,进行了完整性分析。

11.3.1 几种常见特殊螺纹接头

目前,国内外各公司已开发出 100 多种特殊螺纹接头,按接头主密封面类型可分为锥面-锥面,锥面-球面及球面-球面;按接触方式可分为线接触和面接触。油田较常用的特殊螺纹接头有以下几种。

1. NSCC 特殊螺纹接头

NSCC 特殊螺纹接头由日本新日铁公司生产,其螺纹牙形及密封结构如图 11-8 所示。螺纹为偏梯形,与 API 偏梯形扣一样能承受较大的轴向载荷。密封结构由双台肩及之间的圆弧面组成。主密封为双台肩之间的径向曲面密封,副密封为主密封面之后的台肩面扭矩密封,公扣端面只有在过扭矩情况下才起密封作用。NSCC 特殊螺纹接头主要特点:阶梯式双直台肩结构使接头具有良好的抗过扭能力和抗弯能力,并且有利于保护主密封面。NSCC 特殊螺纹接头螺纹参数及密封形式见表 11-1 和表 11-2。

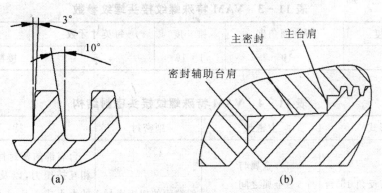

图 11-8 NSCC 特殊螺纹接头牙形和密封结构
(a)螺纹牙形; (b)密封结构

表 11 - 1 NSCC 特殊螺纹接头螺纹参数

承载面角度	导向面角度	锥度	每英寸牙数
3°	10°	1:16	5

表 11 - 2 NSCC 特殊螺纹接头密封结构

密封形式	主密封	副密封	特点
锥面对锥面,面接触,90°双内扭矩台肩	双台肩之间的径向曲面密封	台肩面扭矩密封,公扣端面只有在超扭矩情况下才起密封作用	阶梯式双直台肩结构使接头具有良好的抗过扭能力和抗弯能力,并且有利于保护主密封面

2. VAM 特殊螺纹接头

VAM 特殊螺纹接头由法国瓦鲁瑞克公司开发,接头密封结构如图 11 - 9 所示。VAM 特殊螺纹沿用 API 偏梯形螺纹牙型,因而继承了 API 偏梯形螺纹较高连接强度的优点;改进了螺纹结构密封形式,解决了密封性能欠佳的问题;并采用锥面对锥面、反角 15°台肩双重金属密封接触形式,提高了连接的密封性能。但各螺纹牙之间载荷分布不均匀的问题没有解决。它的密封结构由斜端面和圆周上的曲面组成,其主密封为金属与金属之间的曲面密封,副密封为斜端面的扭矩密封。VAM 特殊螺纹接头螺纹参数及密封结构见表 11 - 3 和表 11 - 4。

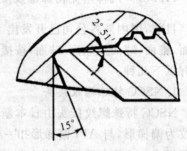

图 11 - 9 VAM 特殊螺纹接头密封结构

表 11 - 3 VAM 特殊螺纹接头螺纹参数

承载面角度	导向面角度	锥 度	每英寸牙数	表面处理
-3°	10°	1:16	5	接箍镀锌或镀铜

表 11 - 4 VAM 特殊螺纹接头密封结构

密封形式	主密封	副密封	特 点
锥面对锥面、反角 15°台肩双重金属接触形式	金属与金属之间的曲面密封	斜端面的扭矩密封	台肩部的密封性与密封面上的相互挤压力,以及管子的内压力的大小成正比关系,依靠管子的径向密封部位的相互挤压保证接头的密封性

3. FOX 特殊螺纹接头

FOX 特殊螺纹接头由日本川崎公司于 1985 年研制,如图 11-10 所示。FOX 特殊螺纹接头采用了 API 偏梯形螺纹牙型,但母扣采用变螺距结构,其密封面形式是球面对球面,扭矩台肩为反向角设计。它的密封结构由 3 个连续的圆弧面组成,主密封是公扣外圆弧面,副密封是公扣前端的圆弧面扭矩密封。FOX 特殊螺纹接头螺纹参数及密封结构见表 11-5 和表 11-6。

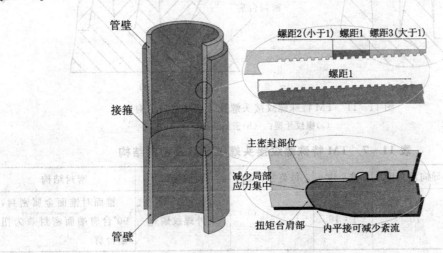

图 11-10 FOX 特殊螺纹接头

表 11-5 FOX 特殊螺纹接头螺纹参数

承载面角度	导向面角度	锥度	每英寸牙数
3°	10°	1:16	5

表 11-6 FOX 特殊螺纹接头密封结构

密封形式	主密封	副密封	特点
球面对球面金属密封结构	公扣外圆弧面	公扣前端的圆弧面扭矩密封	球面对球面金属密封,该密封球面同时还起扭矩台肩的作用,提高了接头的抗过扭矩紧螺纹能力

4. TM 特殊螺纹接头

TM 特殊螺纹接头是在 VAM 特殊螺纹接头的基础上经过改进而设计的,图 11-11 所示为 TM 特殊螺纹接头牙形和密封结构。TM 扣具有较高的密封性能、防粘扣性能和抗过扭矩性能,上扣扭矩范围宽,接头加工、修理简便。TM 特殊螺纹接头的螺纹为 API BTC 的改进型,增加了双金属密封,具体参数见表11-7。

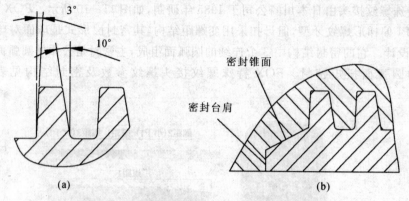

图 11-11 TM 特殊螺纹接头螺纹牙型及密封结构
(a)螺纹牙型; (b)密封结构

表 11-7 TM 特殊螺纹接头螺纹参数及密封结构

承载面角度	导向面角度	锥 度	每英寸牙数	表面处理	密封结构
3°	10°	1:16	5	内外螺纹磷化	锥面对锥面金属密封,90°台肩端面密封兼为扭矩台肩

5. NK3SB 特殊螺纹接头

NK3SB 特殊螺纹接头套管由日本钢铁公司生产,其螺纹牙型及密封结构如图 11-12 所示。螺纹为偏梯形,但其螺纹的嵌入面为 45°角斜面,大于其他偏梯形扣;螺纹根部延伸到外表面,减小了应力集中,螺纹连接强度相当于管体强度。密封结构由圆周上正切点金属与金属接触的变形密封,随内压的增加,金属的接触压力增加,密封效果增加。副密封是公扣前端面扭矩密封,另一个副密封是锥形螺纹与高压密封脂配合在一起形成的支撑密封。NK3SB 特殊螺纹接头螺纹参数及密封结构见表 11-8 和表 11-9。

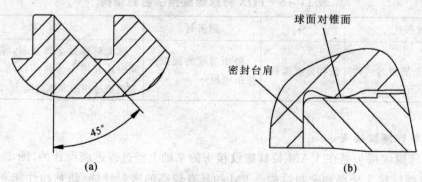

图 11-12 NK3SB 特殊螺纹接头螺纹牙型及密封结构
(a)螺纹牙型; (b)密封结构

表 11-8　NK3SB 特殊螺纹接头螺纹参数

承载面角度	导向面角度	锥度	每英寸牙数	表面处理
0°	45°	1:16	5	接箍镀锌或镀铜

表 11-9　NK3SB 特殊螺纹接头密封结构

密封形式	主密封	副密封	副密封	特点
球面对锥面线接触,90°台肩密封	圆周上正切点金属与金属接触的变形密封	公扣前端面扭矩密封	锥形螺纹与高压密封脂配合的支撑密封	随内压的增加,金属的接触压力增加,密封效果增加

11.3.2　特殊螺纹接头密封机理介绍

与传统的 API 标准螺纹接头不同,特殊螺纹接头通过独立的密封结构实现多级密封,而不单纯依靠螺纹过盈配合与螺纹脂封堵实现密封。API 啮合螺纹间存在一定的间隙,若螺纹脂封堵失效,此处将成为泄漏通道,如图 11-13 所示。螺纹脂在高温或长期服役过程中将逐渐挥发或变质,从而导致螺纹密封性能下降。特殊螺纹接头具有独立的密封结构,通过密封面及台肩的过盈配合实现密封,螺纹部分主要起连接作用。因此特殊螺纹接头具有较好的密封性能,如图 11-14 所示。

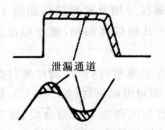

图 11-13　API 标准螺纹泄漏通道示意图

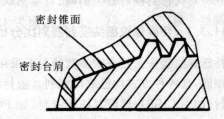

图 11-14　某特殊螺纹接头密封结构

特殊螺纹接头密封机理主要包括密封面接触压力、接触宽度、表面粗糙度及处理方式对密封性能的影响。日本新日铁公司研究结果表明,气密封性能是由气体通过间隙所遇阻力决定的,接触压力高和接触面积大是气密封接头必不可少的条件。当材料强度一定和局部接触压力有限时,提高气密封压力的最好途径是保证足够的接触面积。日本住友金属的研究发现,表面接触压力和泄漏压力成正比,且与接触宽度密切相关;表面粗糙度对金属密封压力有很大的影响;采用螺纹脂和表面镀金属膜有利于密封。日本 NKK 公司的主要研究结论:要保证整个金属接触部位具有较高的接触压力是困难的,而实际接头密封部位的高面压区是一条带状区域,因此高面压区应选择较"窄"的设计思路。

对于金属/金属密封结构来讲，防止流体泄漏的条件为密封面上的接触压力大于内部流体的压力。许多 API 标准螺纹和特殊螺纹的研究者把这一条件作为密封设计的依据，美国石油学会在研究 API 标准螺纹的密封问题时，也是基于这一原则。但是，上述密封判据是建立在密封面完全光滑的基础上的，实际上，由于加工的原因，密封面的粗糙度只能维持在一定水平，不可能完全光滑。由于表面粗糙度，密封面配合后仍存在微小的间隙。根据流体力学，流体通过间隙时产生的局部阻力 ΔR 取决于间隙的截面积 S 和泄漏路径的长度 Δl，可表示为

$$\Delta R \propto \Delta l / S \tag{11-4}$$

因接触面上的接触压力 p_t 与间隙的截面积 S 成反比，代入式(11-4)得

$$\Delta R \propto p_t \Delta l \tag{11-5}$$

当气体或液体通过间隙时，产生的阻力为

$$\Delta R \propto \int p_t \mathrm{d}l \tag{11-6}$$

ΔR 相当于沿泄漏路径 l 累积的接触压力。该接触面的临界密封压力 p_{cr} 可表示为

$$p_{cr} \leqslant K \int p_t \mathrm{d}l \tag{11-7}$$

因此，设计特殊螺纹接头密封结构时，应尽量保证接触压力尽可能大，以使泄漏路径的面积较小；接触面积尽可能大，以使泄漏路径的长度较长。

综上所述可知：在弹性极限范围内，密封面的接触压力越高，接头的气密封性越好；接触部位的面压不论多高，若有间隙存在，气体则会从间隙窜出；密封面有较宽接触面积时，泄漏通道距离长，漏气的阻力大，即使在接触压力较低的情况下，仍具有一定的密封作用；表面粗糙度和表面处理对气密封性有较大影响。

11.3.3 特殊螺纹接头密封面对比分析

特殊螺纹接头虽然在大多数情况下采用金属过盈配合实现密封，但在设计密封结构时却互不相同，且各种方式均已取得专利。密封面的种类有锥面对锥面密封（如 NSCC）、锥面对球面密封（如 NK3SB）、球面对柱面密封（如 FOX）等；扭矩台肩的种类有直角台肩、逆向台肩及双直角扭矩台肩。以上密封结构因接触方式不同可分为线接触结构与面接触结构。一般情况下这两类接头都具有较好的密封能力，而在极端情况下二者均会受到不同程度的影响。在相同的极限密封压力下，线接触密封过盈量较高，面接触则较低。在轴向力作用下，当密封面接触点有轴向位移时，线接触密封过盈配合量会略有变化，但仍能保证较高接触压力；面接触密封在内外螺纹密封锥面公差匹配不好时，可使接触面宽度变小，因此对密封锥面锥度的公差匹配要求较高。前者密封面容易压出条痕，后者接触面宽，密封面不容易压出条痕。

密封面有单金属密封、双金属密封和目前最高水平的三金属密封 3 种类型。单金属密封结构简单，便于加工，成本较低，但密封效果不如多金属密封结构。两级或三级密封结构复杂，其主密封和辅助密封的接触压力较高，而且主密封接触压力基本上不受拉伸载荷的影响，辅助密封的接触压力受拉伸载荷的影响也相对较小，从而保证了接头具有良好的密封性能。

11.3.4 特殊螺纹接头螺纹结构分析

特殊螺纹接头普遍采用连接强度较高的偏梯形螺纹,但在形状方面有适当变化。如承载面从$-3°\sim3°$,导向面从$10°\sim45°$,主要目的是提高接头抗复合载荷的能力,同时兼顾上卸扣操作方便。有的接头虽然仍采用 API 偏梯形螺纹,但是在加工公差上进行了调整,这些参数包括齿高、锥度和螺距等,目的是减小螺纹干涉量,改善应力分布,降低峰值应力。螺纹形式方面,特殊螺纹接头的螺纹大多采用了高连接效率的偏梯形或与之相类似的钩形螺纹或楔形螺纹。由于以上设计要素的改进,特殊螺纹接头的抗拉强度已经达到管体的抗拉强度,扭矩台肩的设计提高了接头的抗压缩性能。

各厂家根据自己产品的特点采用了一些特殊技术措施来提高接头的连接强度。

(1)对于接箍式连接接头,各厂家均采用"全退刀"加工技术,以提高危险截面的管体面积,其核心是通过精确控制各尺寸要素以保证外螺纹的非完整螺纹全部拧入内螺纹,使螺纹处于最佳啮合状态。

(2)对整体式连接接头,往往采用端部加厚或缩径、扩径制造,如 VAMFJL、MUST 和 NK 接头采用加厚方式,OMEGA、BIG OMEGA 及 HYDRIL 系列整体式接头采用缩径、扩径方式。

(3)在锥度设计方面,一些接头采用 API BTC 接头的锥度 1/16,而另外一些接头锥度大于 API 标准锥度。采用锥度较大的接头主要是为了提高接头的对扣性能和改善接头的应力分布。但是锥度增大受壁厚的限制,较大的锥度适用于厚壁套管,对于普通壁厚的套管,如果要求大锥度,只能采用管端缩径、扩径等工艺来完成。

(4)FOX 接头采用独特的接箍变螺距方式,变螺距技术的一种具体做法是增加接近接箍端面这段的螺纹螺距,减少接近接箍台肩这段的螺纹螺距,而管子外螺纹螺距不变。另一种做法是减少接近接箍台肩段的螺纹螺距以及外螺纹消失区的螺纹螺距。在正确组装情况下,只有中间部位的管子螺纹和接箍螺纹牙侧面相接触,该处接头两构件的螺纹螺距是相同的。中间部位以外的任一侧,接头两构件的螺纹牙侧面之间存在一些很小间隙,这些间隙逐渐向两侧扩大。在对接头施加扭矩产生预载荷时,管子外螺纹端承受轴向压力,在螺纹中间部位及管端之间存在的螺纹牙侧面间隙逐渐闭合,直到螺纹牙侧面(包括中间部位的)最后对预载荷起反作用为止。在施加拉伸载荷时,螺纹中间部位及接箍外端面之间存在的螺纹牙侧面间隙也逐渐闭合,直到螺纹牙侧面(包括中间部位)最后对拉伸载荷起反作用为止。由于螺纹中间部位传递绝大部分的拉伸载荷,峰值载荷比普通螺纹的载荷要低,从而减少接箍向外胀大和螺纹脱扣的危险。再者,螺纹轴向载荷分布得以改善,减少了局部应力集中现象,从而获得了较高的疲劳抗力。

(5)曼内斯曼公司认为厚壁管接头加大螺纹齿形(螺距和齿高)可提高接头强度与上扣速度。

(6)住友公司在整体式接头 VAM FJL 上,采用钩式螺纹,并适当减小螺纹的螺距和齿高,有利于各齿均匀承载以提高抗滑脱能力,其中采用钩式螺纹是主要技术措施,而减少齿高的目的是为了保证管壁厚度。

11.3.5 不同因素对特殊螺纹接头工作性能的影响分析

随着石油勘探技术的不断提高,高温井、高压井、深井大量开发,井下管柱服役环境不断恶化,这对油管接头的连接性能、密封性能及抗粘扣性能提出了更高的要求。上扣扭矩、轴向力、内压及弯矩等载荷对接头部位的完整性均有影响。此外,在实际井况中,温度及酸性气体等因素对接头部位的影响也要考虑。

1. 上扣扭矩对特殊螺纹接头工作性能的影响

连接油管接头时,对接头施加扭矩,接头旋转并沿轴线方向前进,达到设计拧紧位置后,公母螺纹啮合、连接成功,实现接头的连接与密封。特殊螺纹接头上扣过程可分螺纹啮合与密封面啮合(包含主密封面啮合及台肩面啮合)两个阶段。如图 11-15 所示,AB 段为拧紧时螺纹啮合阶段,此时上扣扭矩用来克服螺纹间的摩擦阻力,因此上扣扭矩增大缓慢;BC 段为密封面啮合阶段,首先是密封面接触,然后密封面产生过盈量,继续拧紧使台肩面接触,最后密封面与台肩面达到设计的过盈量,实现过盈密封。其中拐点 B 对应密封面刚开始啮合时的扭矩,是特殊螺纹接头上扣过程的特有现象。

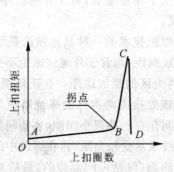
图 11-15　上扣扭矩曲线

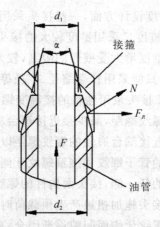
图 11-16　特殊螺纹接头受力分析简化图

由特殊螺纹接头的上扣特性可知,作用在特殊螺纹接头上的上扣扭矩可分为三部分:用来克服螺纹牙之间的摩擦阻力矩;阻止接箍和油管之间的相对轴向运动,产生轴向止推力的圆锥面之间的摩擦阻力矩;因密封面发生弹、塑变形产生的摩擦阻力矩。因此,分析上扣扭矩对特殊螺纹接头工作性能的影响即为分析以上三种力矩对其工作性能的影响。

油管螺纹与接箍螺纹连接后,内、外螺纹之间的接触面为空间螺旋曲面,连接部位的受力属于复杂的空间受力,难以建立准确的力学模型。因力学分析涉及材料非线性、几何非线性以及复杂的接触摩擦等问题,需对模型做如下假设:忽略螺纹升角,采用轴对称模型;螺纹变形在弹性范围内;用平均节径代替锥管螺纹的节径;忽略密封面对扭矩的影响,其简化模型如图 11-16 所示。

图 11-16 中,F 为上扣扭矩产生的轴向力,N 为锥面法向力,F_R 为锥面径向力,α 为圆锥角,d_2 为管螺纹节径,d_1 为扭矩台肩的平均直径,由静力平衡关系得

$$N = F/\sin(\alpha/2) \tag{11-8}$$

$$R = F/\tan(\alpha/2) \tag{11-9}$$

上扣扭矩计算公式为

$$T = T_1 + T_2 + T_3 \tag{11-10}$$

式中

$$T_1 = F\frac{d_2}{2}\tan(\lambda + \rho') \tag{11-11}$$

$$T_2 = fN\frac{d_2}{2} \tag{11-12}$$

$$T_3 = fF\frac{d_1}{2} \tag{11-13}$$

以上各式中,T 为总上扣扭矩;T_1 为螺纹牙之间的摩擦阻力矩;T_2 为产生轴向止推力的圆锥面之间的摩擦阻力矩;T_3 为密封面发生弹、塑性变形产生的摩擦阻力矩;f 为摩擦因数;λ 为螺纹升角;ρ' 为螺纹副当量摩擦角,$\rho' = f/\cos\beta$,β 为螺纹牙型角。

由式(11-8)~式(11-13)得

$$T = F\left[\frac{d_2}{2}\tan(\lambda + \rho') + f/\sin(\alpha/2) + f\frac{d_1}{2}\right] \tag{11-14}$$

则有

$$F = T/\left[\frac{d_2}{2}\tan(\lambda + \rho') + f/\sin(\alpha/2) + f\frac{d_1}{2}\right] \tag{11-15}$$

由此可见,上扣扭矩对特殊螺纹油管作用后,油管的轴向力分为两个部分:一是扭矩台肩变形产生的轴向力;另一个是锥管螺纹变形产生的轴向力。由于存在扭矩台肩,特殊螺纹接头可以承受比 API 螺纹更大的上扣扭矩,极大地提高了油管接头的连接强度。

2. 轴向力对特殊螺纹接头工作性能的影响

根据管柱力学分析,油管接头在井下受力情况复杂,上部油管承受轴向拉伸,下部油管承受轴向压缩。轴向拉力对油管的主要影响为强度破坏,当管体应力超过材料的屈服强度时,管柱可能发生失效甚至断裂。轴向压力对油管的主要影响表现为管柱的屈曲,即当轴向压力大于管柱临界屈曲载荷时,管柱发生屈曲。

特殊螺纹接头的抗拉强度等于或大于管体,当管体应力超过材料的屈服强度时,管柱可能发生失效甚至断裂。因此,首先分析轴向力对管体的影响。管体应力与轴向拉力的方程为

$$\sigma_z = \frac{F}{\pi(R_1^2 - R_2^2)} \times 10^{-3} \tag{11-16}$$

式中,σ_z 为油管轴向正应力,受拉为正,受压为负;F 为轴向力;R_1 为油管内半径;R_2 为油管外半径。

螺纹属于空间结构,用解析法对油管螺纹进行分析时,应对模型进行相应的简化。所做简化如下:忽略油管螺纹螺旋升角的影响;螺纹变形在弹性范围内;管体和接箍面积在 $0 \sim x$ 区间内视为常数。

图 11-17 所示为油管螺纹牙轴向力分析简化模型。取内外螺纹啮合的第一牙为坐标原点,以外螺纹为研究对象,将螺纹牙上的分布力转换为集中力,有

$$F = F_1 + F_2 + \cdots + F_m = \sum_{i=1}^{m} F_i \qquad (11-17)$$

式中,m 为螺纹有效扣数;F_i 为第 i 扣螺纹所受的力。

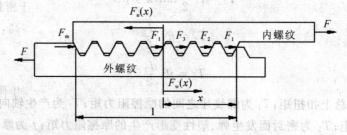

图 11-17　油管螺纹牙轴向力分析简化模型

设在轴向力 F 作用下,位置 x 处,垂直于外螺纹截面上的轴向力为 $F_w(x)$,其作用在内螺纹上的反作用力为 $F_n(x)$,有

$$F_w(x) = F - (F_{x/p} + F_{1+x/p}(x) + \cdots + F_n) = F - \sum_{i=x/p}^{n} F_i = \sum_{i=1}^{x/p} F_i \qquad (11-18)$$

式中,p 为螺距。

$$F_n(x) = F - F(x) \qquad (11-19)$$

对 $F(x)$ 求导得

$$Q(x) = \frac{dF(x)}{dx} \qquad (11-20)$$

式中,$Q(x)$ 即为轴向力的分布强度,称为单位旋合长度轴向力。则有

$$F = \int_0^L Q(x) dx \qquad (11-21)$$

$$F(x) = \int_0^x Q(x) dx \qquad (11-22)$$

可以得出螺纹任意一牙上的轴向力为

$$F_p = \int_x^{x+p} Q(x) dx \qquad (11-23)$$

受井深和油管重力的影响,越靠井口的油管所受的拉力越大。在轴向拉伸载荷作用下,内

外螺纹接头密封面位置会产生很微小的相对位移,减小密封面接触压力,最终降低接头密封性能。

3. 内压对特殊螺纹接头工作性能的影响

油套管柱在井下位置越深,其承受的内压也就越大。一般 5 000 m 深井井口关井压力达到 50 MPa,对于异常高压地区井口关井压力达到 70 MPa,甚至在有的固井设计中提出高于 100 MPa 的要求。如此高的内压力,不但要求油套管抗内压强度足够,更重要的是对螺纹连接强度和密封性提出了苛刻的要求。接头承受内压的极端情况是油套管泄漏或破裂。对于高于 70 MPa 的高压气体,普通的 API 标准螺纹已经难以承受,必须考虑选择其他螺纹形式。

压力对特殊螺纹接头的影响包括两部分。当管内压力大于管外压力时,管柱向外鼓胀,管柱缩短,当管柱运动受限时,鼓胀效应使管柱产生轴向拉力,即可转化为轴向力对接头的影响;当管内压力大于密封面接触压力时,接头发生泄漏,反之,当管内压力小于密封面接触压力时,接头能够保证密封。然而,当密封面存在较大的间隙时,不管接触压力多高,气体仍会通过间隙泄漏。

4. 弯矩对特殊螺纹接头工作性能的影响

在油管弯曲段上作用有垂直于油管轴线的弯矩,弯矩会在油管上产生附加应力,计算公式为

$$\sigma_{M\max} = \frac{4MR_2}{\pi(R_2^4 - R_1^4)} \tag{11-24}$$

式中,$\sigma_{M\max}$ 为弯矩作用在油管上的最大应力,MPa;M 为油管所受弯矩,kN·m。

在曲率为 R_j 时,油管弯矩计算公式为

$$M = \frac{EI}{R_j} \times 10^{-5} \tag{11-25}$$

式中,R_j 为油井轨迹的曲率半径,m。

通常情况下,弯矩会在油管截面上产生轴向应力,外侧截面为拉应力,内侧为压应力,这种非对称应力会影响管柱接头的密封性能。

11.3.6 特殊螺纹接头完整性分析

特殊螺纹接头多应用于受载工况复杂的高温、高压、深井中,其主要受拉力、压力、内压、弯矩及上扣扭矩的作用。为了了解组合载荷工况作用下特殊螺纹接头的接触压力与应力分布规律,本节分析了轴向力及组合载荷作用下密封面、扭矩台肩及连接螺纹的接触压力与应力分布规律。

1. 特殊螺纹接头有限元建模

如图 11-18 所示,某特殊螺纹油管接头采用主密封面与扭矩台肩双重金属密封形式,密封面锥度为 1∶2,扭矩台肩为 -15° 角,采用连接强度较高的偏梯形螺纹,螺纹锥度为 1∶16,承载面为 -3° 角,导向面为 10° 角。取油管材料弹性模量为 2.1×10^5 MPa,泊松比为 0.3,屈服

极限为 758 MPa。

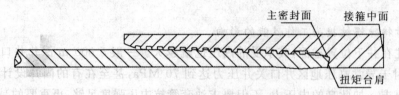

图 11-18 某特殊螺纹接头结构图

为了消除边界效应,模型油管长度应大于管端至螺纹消失点距离的 2 倍以上,而接箍则沿轴向取其长度的一半。考虑到接头与油管关于中心轴对称,采用轴对称力学模型,忽略螺纹螺旋升角的影响;假设接头和油管材料为各向同性的强化材料。考虑到简化模型的轴对称性和材料的塑性强化,采用具有轴对称功能的 PLANE82 号单元;油管接头螺纹的接触是典型的面-面接触,用 TARGE169 和 CONTA172 接触单元生成面-面接触对,接触表面间的摩擦为滑动库仑摩擦,摩擦因数为 0.02。设接箍中面的轴向位移为零,采用第四强度理论计算等效应力。

2. 特殊螺纹接头完整性分析工况

根据管柱力学分析,油管接头在井下受力情况复杂,上部油管承受轴向拉力,下部油管承受轴向压力;当轴向压力超过管柱临界屈曲载荷时,管柱将发生屈曲变形,此时接头部位将产生弯矩;同时整个管柱承受管内流体的高压作用。表 11-10 所示为特殊螺纹接头完整性分析所用工况。在标准上扣的基础上,将载荷工况作用在特殊螺纹接头有限元分析模型上,即可得到接触压力及应力分布情况。

表 11-10 某特殊螺纹接头加载工况

内压/MPa	轴力/kN	0	-10	-50	-100	-300	-500	200	400	600	800	1 000
0		●	●	●	●	●	●	●	●	●	●	●
40		●										
80		●	●	●	●	●	●	●	●	●	●	
120		●										

3. 特殊螺纹接头强度安全性分析

(1) 上扣工况下特殊螺纹接头应力分析。图 11-19 所示为等效应力分布云图,最大等效应力(683 MPa)在主密封面处,而扭矩台肩处最大等效应力稍小(682 MPa)。可以看出,主密封面与扭矩台肩处均有较大的应力集中现象,表明扭矩台肩承担了上扣扭矩产生的主要轴向力,起到了过扭保护作用,而连接螺纹所受的应力较小,提高了接头的连接强度;除靠近主密封面的前3牙螺纹根部应力较大外,其余螺纹应力值较小且分布较均匀,因此,接头螺纹应力分布理想,保证了良好的连接性能。

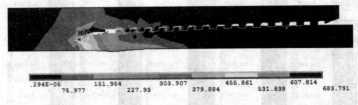

图 11-19　上扣时某特殊螺纹油管接头等效应力分布云图

(2) 轴向力作用下特殊螺纹接头应力分析。图 11-20 所示为不同轴向拉力作用下接头等效应力分布云图。随着轴向拉力的增大,密封面及扭矩台肩处应力数值及分布变化不大,而接头两端啮合螺纹及管体应力增大,说明在一定范围内轴向拉力对接头密封性能影响不大,不过,若轴向拉力过大,部分啮合螺纹应力大于屈服强度,可能会产生粘扣甚至局部失效。

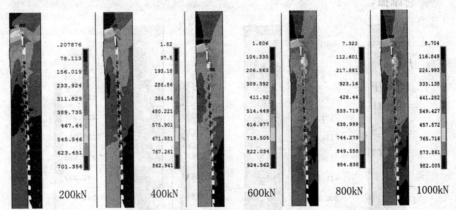

图 11-20　不同轴向拉力下油管接头等效应力分布云图

图 11-21 所示为等效应力分布云图。可以看出,密封部位及靠近密封面处前 2 扣啮合螺纹应力较大;随着轴向压力的增大,由密封面逐渐向扭矩台肩处转移,当轴向压力大于 100 kN 时,最大等效应力出现在扭矩台肩处,此时,扭矩台肩分担大部分轴向压力,可提高接头的抗压缩性能。

(3) 内压作用下特殊螺纹接头应力分析。图 11-22 所示为不同内压作用下等效应力分布云图,内压增加,等效应力也增大,且最大等效应力均出现在密封面处。内压为 40 MPa 时,密封面处最大等效应力已超过管材的屈服极限,因为该处为压应力,所以密封面仍能够发挥密封作用;然而,当内压达到 120 MPa 时,管体等效应力接近或超过管材的屈服极限,此时,管体及接头密封将因此而失效。

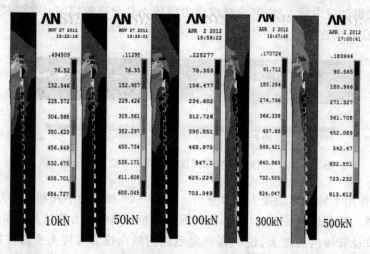

图 11-21　不同轴向压力下油管接头等效应力分布云图

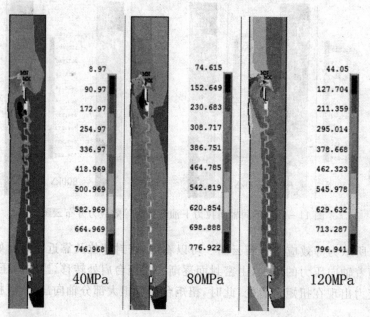

图 11-22　不同内压下油管接头等效应力分布云图

(4)轴向力与内压作用下特殊螺纹接头应力分析。图 11-23 所示为等效应力分布云图。随着轴向拉力的增大,最大等效应力点由密封面逐渐向大端螺纹处转移,轴向拉力为 200 kN 时最大等效应力点在密封面处,而当轴向拉力为 400 kN,600 kN,800 kN,1 000 kN 时,最大等效应力分别出现在第 1,2,9,10 啮合螺纹处。

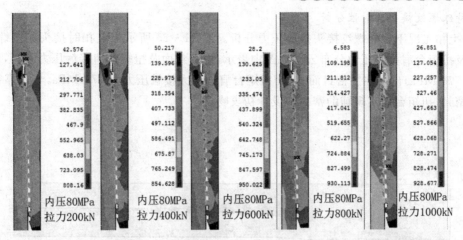

图 11-23 80 MPa 内压与不同轴向拉力作用下油管接头等效应力分布图

对上述内压与轴向拉力复合作用下油管接头最大等效应力变化原因简要分析如下：初始上扣时因密封面的过盈配合及螺纹锥度的影响，密封面及靠近密封面前几扣的应力较大；随拉力的增加，前几牙螺纹承载面轴向载荷增大，若应力超过材料屈服强度，螺纹发生塑性变形，应力逐渐向后面的螺纹传递；当轴向拉力大于 600 kN 时，靠近密封面的螺纹发生塑性变形，受载螺纹齿数增多，分担部分应力，使后端螺纹最大等效应力相对减小。

图 11-24 所示为等效应力分布云图。可以看出，当轴向压力小于 300 kN 时，最大等效应力集中在密封面或扭矩台肩处，当轴向压力大于 300 kN 时，最大等效应力出现在管体螺纹处。因此，说明在内压与轴向压力共同作用下，一定范围内的轴向压力对该特殊螺纹接头密封面应力值及密封性能影响不大。

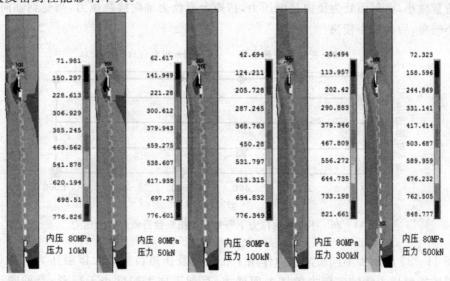

图 11-24 80 MPa 内压与不同轴向压力作用下油管接头等效应力分布云图

4. 特殊螺纹接头密封性分析

(1) 上扣工况下特殊螺纹接头接触压力分析。图 11-25 所示为上扣时接头连接螺纹、主密封面及扭矩台肩接触压力分布云图。图中表示，主密封面及扭矩台肩接触压力较高，最大接触压力(774 MPa)出现在主密封面上，而扭矩台肩处最大接触压力为 579 MPa，与依靠密封面实现主密封、扭矩台肩实现辅助密封的设计初衷吻合。

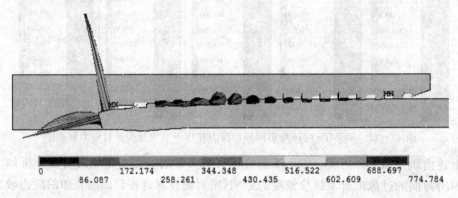

图 11-25　上扣时某特殊螺纹油管接头接触压力分布云图

(2) 轴向力作用下特殊螺纹接头接触压力分析。图 11-26 所示为不同轴向拉力作用下密封面及扭矩台肩处最大接触压力数值。可以看出，随轴向拉力的增大，密封面最大接触压力小幅降低。即使轴向拉力达到 1 000 kN 时，密封面接触压力仍大于 700 MPa，仍可保证密封效果；随轴向拉力增大，扭矩台肩最大接触压力减小，且减小幅度较大，轴向拉力达到 600 kN 时，扭矩台肩处接触压力为 0。造成上述现象的原因：轴向拉伸使油管从接箍中向外滑动，接触面过盈量减小，密封面处为径向接触压力，扭矩台肩处为轴向接触压力，当受到轴向拉力时，前者减小较慢，后者减小较快。

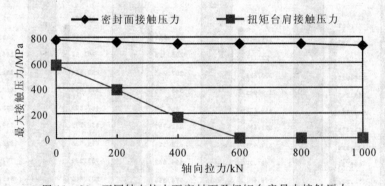

图 11-26　不同轴向拉力下密封面及扭矩台肩最大接触压力

如图 11-27 所示为不同轴向压力作用下密封面及扭矩台肩最大接触压力。密封面及扭矩台肩最大接触压力随轴向压力的增大而增大，且前者增大幅度小于后者，当轴向压力大于

400 kN 时,扭矩台肩处接触压力大于密封面处。轴向压缩使油管从接箍中有向内滑动的趋势,因密封面的锥度及扭矩台肩的设计,两者接触面过盈量增大,从而接触压力增大。

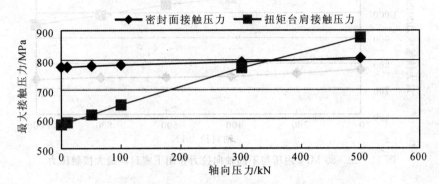

图 11-27　不同轴向压力下密封面及扭矩台肩最大接触压力

(3) 内压作用下特殊螺纹接头接触压力分析。图 11-28 所示为不同内压作用下密封面及扭矩台肩最大接触压力数值。可以看出,内压增加,密封面最大接触压力也增加,而扭矩台肩最大接触压力减小,且前者增加幅度较大,后者减小幅度较小。这说明内压使管体与接箍膨胀,管体的膨胀量大于接箍,管体与接箍越压越紧。

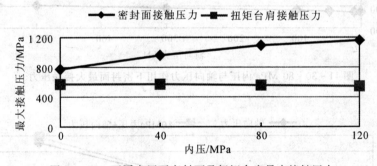

图 11-28　不同内压下密封面及扭矩台肩最大接触压力

(4) 轴向力与内压作用下特殊螺纹接头接触压力分析。图 11-29 所示为 80 MPa 内压及不同轴向拉力时密封面最大接触压力数值。可以看出,在 80 MPa 内压作用下密封面最大接触压力随着拉力的增加而减小;与单纯轴向拉力工况相比,80 MPa 内压的作用使密封面接触压力增加,原因在于密封面处接触压力与内压作用方向相同。

如图 11-30、图 11-31 所示,分别给出了 80 MPa 内压与不同轴向压力复合作用时密封面和扭矩台肩最大接触压力数值,与单一轴向压力工况相比,在内压与轴向压力复合工况作用下,主密封面最大接触压力增加,扭矩台肩最大接触压力随轴向压力的增大而先减小后增加。

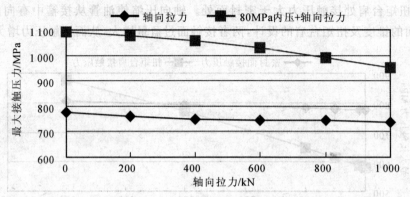

图 11-29　80 MPa 内压与不同轴向拉力作用下密封面最大接触压力

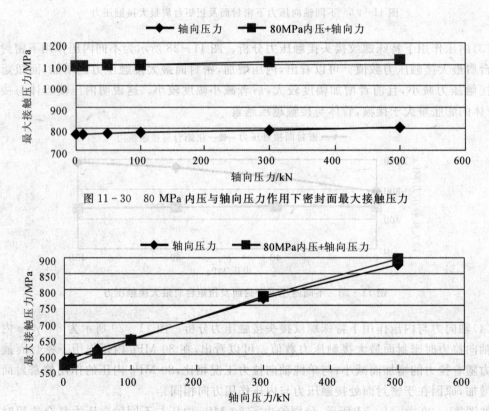

图 11-30　80 MPa 内压与轴向压力作用下密封面最大接触压力

图 11-31　80 MPa 内压与轴向压力作用下扭矩台肩最大接触压力

11.3.7　结论

本章以某 88.9 mm×6.45 mm P110 特殊螺纹油管接头为例,通过有限元应力分析,得到

了上扣扭矩、内压、轴向力及复合载荷作用下密封面、扭矩台肩及连接螺纹的接触压力与应力分布规律,分析表明:

(1)轴向拉伸使油管从接箍中向外滑动,接触面过盈量减小,密封面最大接触压力有所降低。但只要轴向拉力在一定范围内,密封面有足够的接触压力,不会影响特殊螺纹接头的密封性能。不过,若轴向拉力过大,部分啮合螺纹应力大于屈服强度,可能产生粘扣甚至发生局部失效,失去密封。

(2)内压使管体与接箍膨胀,而管体的膨胀量大于接箍,管体与接箍越压越紧,因此,内压增加,密封面最大接触压力也增加。

(3)内压与轴向拉力复合作用时,随着轴向拉力的增大,最大等效应力点由密封面逐渐向大端螺纹处转移。

(4)内压与轴向压力复合作用时,主密封面最大接触压力增加,说明在一定范围内复合载荷对该特殊螺纹接头密封性能影响不大。

(5)在复合载荷作用下,该特殊螺纹接头两端仍有较大的应力集中现象,存在应力不均问题,应该进一步优化设计螺纹参数。

参 考 文 献

[1] 傅永华.有限元分析基础[M].武汉:武汉大学出版社,2003.

[2] 祝效华,余志祥.ANSYS高级工程有限元分析范例精选[M].北京:电子工业出版社,2004.

[3] 李黎明.ANSYS有限元分析实用教程[M].北京:清华大学出版社,2005.

[4] 张朝晖.ANSYS 8.0结构分析及实例解析[M].北京:机械工业出版社,2006.

[5] 王富耻,张朝晖.ANSYS 10.0有限元分析理论及工程应用[M].北京:机械工业出版社,2006.

[6] 姜年朝.ANSYS和ANSYS/FE-SAFE软件的工程应用及实例[M].南京:河海大学出版社,2006.

[7] 周昌玉,贺小华.有限元分析的基本方法及工程应用[M].北京:化学工业出版社,2006.

[8] 朱伯芳.有限单元法原理与应用[M].北京:中国水利水电出版社,2009.

[9] 王耀锋.油水井套管抗挤强度研究[D].西安:西安石油大学,2009.

[10] 邹云.高温高压深井射孔段套管强度安全性分析[D].西安:西安石油大学,2012.

[11] 于洋.特殊螺纹接头选用技术研究[D].西安:西安石油大学,2012.

[12] 曹银萍,张福祥,杨向同,等.不同载荷作用下特殊螺纹油管接头密封性分析[J].制造业自动化,2012,34(13):87-89.

[13] 曹银萍,张福祥,杨向同,等.不同载荷作用下特殊螺纹油管接头应力有限元分析[J].制造业自动化,2012,34(14):95-97.

[14] 曹银萍,唐庚,唐纯洁,等.振动采气管柱应力强度分析[J].石油机械,2012,40(3):80-82.

[15] Dou Yihua, Cao Yinping, Zhang Fuxiang, et al. Analysis of influence to the connect and seal ability of tubing connection of inner pressures[C]. Advanced Materials Research,2012:790-793.

[16] Cao Yinping, Zhang Fuxiang, Chen Rong, et al. Measurement of loads on well testing tubing strings and stress analysis[C]. Advanced Materials Research,2012:1679-1682.